天下文化
BELIEVE IN READING

黑天鵝投資大師們

洞悉極端事件的本質，
在混沌時局發現投資機會的那群人

史考特・派特森 著
Scott Patterson
洪慧芳 譯

CHAOS KINGS

How Wall Street Traders Make Billions in the New Age of Crisis

目錄

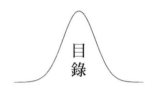

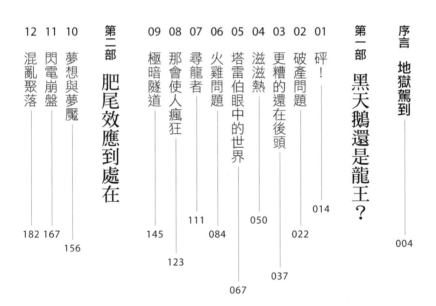

序言 地獄駕到

在紐約的隆冬，比爾・艾克曼（Bill Ackman）夢見了疾病。那是二〇二〇年一月，一種病毒正在中國境內傳播，以驚人的速度複製、感染民眾，呈指數級擴展——一個病人變成兩個，接著變成四個，然後變成十六個，之後變成兩百五十六個，最後變成成千上萬個。死亡率很高，每一百名患者就有兩、三人死亡。他從噩夢中驚醒，渾身冷汗。

這位身價數十億美元的避險基金經理人，開始瘋也似地追蹤這種疾病的消息。當他得知病毒的發源地武漢，在封城以前，已有五百萬人逃離當地，他更加擔心。**那個病毒沒有被封住！**許多感染病毒的人並不知道自己染疫。這些無症狀的帶原者，把病毒傳播給他們遇到的幾乎每個人。**這可能會蔓延到所有地方！**多數人不了解狀況，不知道指數成長的數學有多可怕。機率原理顯而易見，病毒會迅速擴散，全球可能會有半數的人感染病毒。多數政府採取的措施根本不足以遏制危機。艾克曼看到威脅未來的厄運黑洞：全球經濟蕭條，世界各地有數百萬人死亡，其中有多達一百萬是美國人。

這是簡單的數學。

一月三十日，世界衛生組織（WTO）宣布，新冠病毒的爆發，構成全球衛生的緊急狀態。儘管警訊日益嚴峻，WTO依然勸各國不要限制差旅移動。WTO的祕書長譚德塞（Tedros Adhanom Ghebreyesus）說：「現在是講科學的時候，而不是散播謠言的時候。」艾克曼看到大家仍無憂無慮地跨境旅行，簡直無法置信。壓垮他的最後一根稻草，是米蘭時裝週。儘管義大利北部爆發嚴重的疫情，但時裝週依然在二月舉行。那些該死的時尚達人都將飛回世界各地人口稠密的城市，到處傳播病毒。

艾克曼心想，完蛋了！病毒已擴散到全世界。他是紐約避險基金潘興廣場資本管理（Pershing Square Capital Management）的創辦人兼執行長，也是著名的維權投資者。

他開始認真思考他的公司所持有的數十億美元投資。他應該全部賣掉嗎？全球經濟會崩盤嗎？他是希爾頓（Hilton）的大股東。如果我們無法控制住這場疫情，旅館會停業。他也持有很多墨西哥速食連鎖店奇波雷（Chipotle）的股票，那是另一個定時炸彈。他瀏覽公司的投資組合時，看到一個充滿風險的火藥桶，可能會爆炸。相較於他預見的大規模死亡，這一切都顯得微不足道，但這是他的工作。

這時出清所有的持股，好像不太對。潘興廣場是長期投資者，他相信他投資的那些公司都有根本的實力，至少在正常的世界裡是如此。但世界再也不正常了，他開始打電話給全球各大金融機構的高層，看他們是否也有同樣的擔憂。結果發現，沒有人跟他一樣。他發電郵給巴菲特（Warren Buffett），他一直把巴菲特視為價值投資領域的導師，並告訴他，由於疫情即將席捲美國，他將不得不取消波克夏海瑟威公司（Berkshire Hathaway）原定於五月初舉行的熱鬧年會。但這位無所不知的「奧馬哈先知」聽到這個建議，只覺得艾克曼是哪根筋不對（巴菲特後來在三月中旬取消了波克夏海瑟威的年會）。

二月初的某天，艾克曼在潘興廣場位於曼哈頓中城的會議室裡開一對一的會議，他向對方說明他對病毒的擔憂。沒想到，對方開始咳嗽，艾克曼慌張地衝出會議室。他開始擔心他個人的風險，擔心他年邁的父親可能感染那個病毒。他也開始意識到，繼續到潘興廣場的辦公室上班，可能讓員工置身險境。他決定關閉辦公室，讓每個人在家工作。他沒有把原因推給病毒，擔心要是怪罪病毒，可能會嚇到那些不知道自己面臨威脅的員工，所以他說這是短期的災難復原測試。私底下，他擔心公司可能整整一年都不會回辦公室辦公，甚至更久也說不定。

這位滿頭銀髮的五十歲投資者越來越相信，這是一場快速蔓延的全球災難。所以，二月二十三日週日，他開始想辦法避免他的公司及投資者受到這場災難的衝擊。以前遇到這種混亂時期，他也做過類似的舉動。在二〇〇八年的全球金融危機中，艾克曼因大舉放空房利美（Fannie Mae）與房地美（Freddie Mac）等擁有龐大房市曝險的公司而海撈了一筆。他認為，新冠疫情危機可能讓二〇〇八年的金融危機看起來像在公園裡悠哉散步一樣。他在市場上尋找出路時，注意到債券市場並沒有反映他所看到的風險，而且是一點也沒有反映。經濟穩定發展太久了，以至於投資者似乎無法想像經濟的單向攀升可能突然改變軌跡。

對艾克曼來說，那代表一個機會。他可以放空指數中的債券組合（像道瓊工業指數那樣把三十家公司組合在一起的指數）。如果債券指數只下跌一點點，他可能失去一切。如果債券指數重挫，他可以海撈一票，那是對混亂時局的巨大押注。

艾克曼迅速建立很大的投資部位，他為四百二十億美元的美國投資級債券、逾兩百億美元的歐債指數、三十億美元的垃圾債券買了保險合約，亦即所謂的信用違約交換（credit default swaps，CDS）。他還為總計七百一十億美元的公司債買了保險。他只花兩千六百萬美元下這些賭注。就像火災保險一樣，如果疫情燒毀這些債券指數，他的押注就有回報了。

不久，債券市場開始震盪，因為其他的投資者慢慢意識到，艾克曼早在一月就預見的噩夢開始成真。如果新冠疫情失控，整個產業——旅館、遊樂園、餐飲、運動、航空、娛樂等——都可能破產。其他的投資者突然也想買艾克曼以低價購入的保險，於是保險價格開始上漲，接著是飆漲。這些保險的價格一度飆升到極高，使那些投資部位占了潘興廣場的管理資產總值的三分之一。

三月十二日，週四下午，艾克曼從居家辦公室檢視他的投資部位。那些部位已狂飆好幾天了，現在簡直漲到了外太空。當天，他賺了七．八億美元。但這種漲勢不會持續太久，他聽到白宮與聯準會有意干預市場以阻止血流成河的消息。

賣出的時候到了！就在他下注幾週後，他迅速開始把投資變現。他賣出以下的曝險部位：價值四十五億美元的投資級債券、四十億美元的歐債指數、四億美元的垃圾債券。他完成這些交易時，已累積二十六億美元的獲利，幫他抵銷持股的損失。自新冠疫情引發恐慌以來，股市已暴跌三〇％。

接著，艾克曼做了一件瘋狂的事，超瘋的！他把羅斯柴爾德男爵（Baron Rothschild）的建議付諸實踐：市場血流成河時，正是買進股票的時機。他把那些突然獲得的意外之財投入股市，買進希爾頓、波克夏．海瑟威、星巴克、勞氏公司（Lowe's）等股票，而且是在三月疫情仍加速蔓延的時候。

這舉動非常大膽，甚至可能很愚蠢，畢竟多數的投資者正驚恐地逃離股市。艾克曼擔心，萬一美國控制不住疫情，這一切都將化為烏有。新聞報導顯示，青少年趁春假期間在佛州的羅德岱堡市（Fort Lauderdale）開狂歡派對的畫面，他越看越恐懼。三月十七日晚上，他聽到更多有關新冠的壞消息後，整晚輾轉難眠。翌日早上，他上推特（X），直接向川普總統發推文：

@BillAckman

總統先生，唯一的解方是在未來三十天內關閉國家及關閉邊境。告訴所有的美國人，你要讓大家在家裡與家人共度延長的春假。只開放必要的服務。政府會支付工資，直到我們重新開業。

隨著染疫人數呈指數級成長，政府每延遲關閉一天，就會多幾千人喪生，很快就會變成數十萬人喪生，然後是數百萬人喪生，並摧毀經濟。

財經新聞網CNBC的主持人史考特・瓦普納（Scott Wapner）看到那則推文後，打電話給艾克曼。瓦普納說：「這很嚴重。」一問他願不願意上節目受訪，艾克曼答應了。

艾克曼告訴瓦普納，以及數以萬計的觀眾（其中有許多人在華爾街任職）：「好吧，地獄駕到了。大家不習慣每天思考指數複合成長。我算過，機率定律告訴我，這個病毒會傳遍世界各地，全球半數的人都會感染這個病毒。」

他說，可能有數百萬美國人已經感染病毒了。「這種東西怎麼有可能不會傳播到世界各地？大家怎麼還不明白？因應這種病毒的唯一方法是關閉全球經濟。」

他再次呼籲，美國應該全國封鎖三十天。他說：「除非做這樣的選擇，否則美國終將滅亡。」他告訴瓦普納，紐約的唐人街就像煤礦坑裡的金絲雀，大家已經不再去那裡用餐了，許多餐廳都關門了。從餐廳的打雜工到服務生，再到餐廳的老闆，每個人都停工了。如果大家不立即採取積極的行動，整個美國經濟都會跟著停擺。

這位避險基金經理人以狂妄自大出名，向來大膽過人，但此刻他聽起來語帶恐懼，甚至嚇壞了。沒錯，他確實感到害怕。「海嘯要來了，你可以從空氣中感覺到。潮水開始滾滾而來，但海灘上，大家依然玩得很開心，好像什麼都沒有發生似的。這就是我過去兩個月來的感覺，公司的同事都覺得我瘋了，根本是瘋子！」

艾克曼的大聲疾呼震驚了觀眾，他是全美最知名的避險基金經理人之一，是大師中的大師，靠著高調投資星巴克、溫蒂（Wendy's）等知名品牌成名。艾克曼每次買賣一檔股票，都會成為頭條新聞。他更出名的投資是放空股票，例如放空營養保健品公司賀寶芙（Herbalife

Nutrition）十億美元。艾克曼說賀寶芙是傳銷公司，並與另一位投資大師卡爾・艾康（Carl Icahn）展開多空大戰，結果艾克曼輸了。

艾克曼受訪時，當天已大跌的股市又進一步重挫。市場跌得太快，導致交易暫停。等市場重新開盤時，道瓊工業指數跌了兩千多點。英國《衛報》（*Guardian*）稱艾克曼的表現近乎「歇斯底里」，「充滿悲觀」。《富比士》（*Forbes*）說，整個訪談「很瘋狂」，艾克曼從「避險基金經理人變成了業餘的公衛專家」。

但是，艾克曼之所以會在一月意識到這種威脅，並不是因為他對新冠病毒的生物功能診斷，而是因為他很了解**指數傳播**的驚人、失控本質——複利計算（compounding）的非線性數學。在複利計算中，小東西會迅速變大，就像滾雪球一樣。那種認知是管理風險的關鍵——不僅在隨時可能爆發危機的華爾街是如此，全世界的經濟也是如此。從各種跡象來看，全世界的風險都在持續增加。即使許多專業的流行病學家告誡大家，在獲得更多的病毒資訊以前，不要做出極端反應，但艾克曼可以比多數人更早感覺到危機正在展開，因為他對指數級的爆炸性風險很敏感，他知道那會致命。

因此，艾克曼做了所有卓越的混沌之王（Chaos Kings；編按：指的是在混亂、不確定性高的時刻裡，利用極端事件賺取高報酬的人）都會做的事。他很早就恐慌。因為他若是像小鹿那樣愣在車頭燈前，等著了解危機漫延會發生什麼事，並試圖更深入了解危機，獲得更多的資訊、更多的資料，**就會太遲了**。房子已經淹了，大樓燒垮了，飛機墜毀了。

批評人士說，他根本是在炒作他的投資部位，試圖讓市場進一步下跌，以便靠大幅放空賺更多錢。但艾克曼接到瓦普納的電話以前，已經出清很多的投資部位，並開始大量買進股票（他如此告訴瓦普納），所以股市崩盤其實對他不利。他的動機是防止飛機墜毀，防止房子燒毀，也是為了保護自己與他的投資客戶。雖然川普沒有理會他的警告，但事實證明，他一時瘋狂押注的股票，績效相當好。在聯準會推出史無前例的紓困方案及國會狂灑數兆美元的推動下，美國股市在經歷三月的震盪暴跌後，出現前所未有的強勁反彈。艾克曼的投資最終又淨賺了十億美元，他最早那兩千六百萬美元的賭注，總共賺進三十六億美元——《巴倫周刊》（*Barron's*）後來說，那是有史以來最出色的交易之一。

艾克曼不是唯一明白二〇二〇年初爆炸性指數成長的風險本質的人，也不是唯一明白那可能帶來數十億美元收益的人。那年冬天，另一位隱身在密西根州北部凍林裡的交易員，也在股市崩盤上押了巨額賭注。他可說是混沌之王的始祖之一。

第一部

黑天鵝還是龍王？

01 砰！

馬克・史匹茲納格爾（Mark Spitznagel）驚訝地盯著電腦螢幕。那是二〇二〇年三月十六日週一的清晨，他不敢相信世界各地的市場竟然已經完全失控。全球市場基本上已經死了，毫無交易。亟欲拋售部位以免損失慘重的投資者根本辦不到、動彈不得，因為從股票到大宗商品、再到債券，所有的市場都崩盤了。交易員連全球流動性最強的資產「美國公債」（國庫券）都賣不出去，彷彿美國政府公債的價值已化為烏有似的。

隨著新冠疫情在二〇二〇年初蔓延，全球金融市場開始震盪，接著崩盤。三月初，道瓊工業指數史無前例地重挫，單日大跌逾兩千點，隨後出現令人震驚的兩千點反彈，而且這種大起大落似乎已經變成常態。市場正經歷一場前所未有的劇烈波動。

這對寰宇投資公司（Universa Investments）的創辦人史匹茲納格爾來說是好事。寰宇是一家避險基金，有獨特的操作策略。在市場混亂時，它的投資績效特別出色。史匹茲納格爾當時正坐在位於密西根州北港角（Northport Point）的住家工作，他那棟百年歷史的木屋位於樹木繁茂的半島上。隨著全美各地的城市紛紛開始封城，他上週才決定飛到那裡與家人團聚。窗外，隔著密西根湖的北港灣，他可以看到田園農場（Idyll Farms）連綿起伏的山丘覆蓋著皚皚白雪。他和妻子在那裡飼養山羊，生產得獎的乳酪。

一九八〇年代，十六歲的史匹茲納格爾目瞪口呆地看著芝加哥交易大廳的混亂場面。從那時起，他就一直在為這樣的混亂時刻做準備。身為基督教牧師的兒子，他放棄前途光明的音樂家生涯（他獲得茱莉亞音樂學院〔Juilliard school〕的入學許可），轉而從事大宗商品交易。他從芝加哥期貨交易所（Chicago Board of Trade）的最底層開始做起，一路晉升到紐約大銀行的資深職位，最終選擇在一九九九年幫忙創立一支頂尖的避險基金：經驗資本公司（Empirica Capital）。史匹茲納格爾是天生的交易員。二〇二〇年三月，全球市場陷入混亂時，他整個人極度冷靜。

寰宇公司的總部位於邁阿密椰林（Coconut Grove）一座濱海高樓的二十樓，史匹茲納格爾透過對講機與他的交易小組溝通，他正在追蹤公司精心調整的部位，那些投資部位是為了從混亂中獲利而特別設計。他抱著一種既恐懼又著迷的心態，盯著崩解的市場。寰宇為世界各地的客戶管理著四十三億美元的風險，多年來一直在為這樣的災難做準備。

史匹茲納格爾的身材修長，理光頭，髮際線後退，他是寰宇的創辦人兼首席架構師。寰宇是一個交易機器，其交易策略最早是在一九九〇年代末期，由他與長期合作夥伴納西姆・尼可拉斯・塔雷伯（Nassim Nicholas Taleb）在經驗資本公司一起設計。塔雷伯是黎巴嫩裔的美國交易員兼數學家，以逆向投資著稱，後來成為全球知名的作家，以暢銷書《黑天鵝效應》（*The Black Swan*）與《反脆弱》（*Antifragile*）聞名全球。經驗資本公司成立時，塔雷伯仍沒沒無聞，他在紐約大學擔任計量金融學教授，擅長交易複雜的金融工具（亦即衍生性金融商品）。他日益覺得，金融市場與金融機構的風險越來越高，遠比許多人所想的還高。一九八七年十月的黑色星期一，他海撈了一筆，當時道瓊工業指數單日下跌二二・六%。他和史匹茲納格爾一樣，見證一九九〇年代的所有崩盤，包括一九九四年加州橘郡破產、一九九七年由貨幣貶值引發的亞洲金融危機、一九九八年大型避險基金長期資本管理公司（Long Term Capital Management）在錯押俄羅斯債務（及其他交易）後倒閉。塔雷伯開始把那種危機稱為黑天鵝——亦即沒有人能預測到的極端事件（比如突然的市場崩盤）。歐洲人一度以為所有的天鵝都是白的，直到他們在澳洲發現黑天鵝以後才改觀。黑天鵝是一種完全脫離常規的東西，違背所有過往已知的類別與假設。

一九九九年，這一切都還是理論。為了驗證這個理論是否成立，塔雷伯與史匹茲納格爾創立經驗資本公司，這支避險基金的目的，是從股市崩盤中得到巨額獲利。他們自稱是危機獵人，這是終極的空頭基金，也是這類基金中的第一支。當時幾乎所有的交易機構都是靠多頭賺錢，但經驗資本公司不一樣，它只在熊從洞穴中咆哮而出時，才會大賺一筆。每天它都會買進股價暴跌時可產生極端報酬的部位。平常這些交易會損失一小筆錢——因為市場沒有崩盤，這些交易最終會變得一文不值。但市場真的崩盤時，經驗資本公司的投資部位會變得非常有價值。

二〇〇四年，塔雷伯與史匹茲納格爾關閉經驗資本公司，部分原因在於塔雷伯不喜歡管理避險基金的日常工作，而且在他為門外漢所寫的第一本書《隨機騙局》（*Fooled by Randomness*）大賣以後，他希望專注投入寫作（一九九〇年代，他寫了一本名為《動態避險》〔Dynamic Hedging〕的技術交易手冊）。二〇〇七年，一心只想當交易員的史匹茲納格爾在寰宇重新啟用他們那套投資策略，並繼續精進它。塔雷伯掛名擔任寰宇的資深科學顧問，但從未參與日常運作。寰宇只利用他身為全球知名作家兼思想家的聲譽，來吸引富有投資者的注意。

二〇〇八年全球金融危機期間，寰宇大賺了一筆。其他的動盪時期（比如二〇一〇年的閃電崩盤、二〇一一年美國信用評等下調、二〇一五年的一次反常內爆，使寰宇在一週內賺了十億美元），以及大幅波動的情境（比如二〇一八年的「波動性末日」

〔Volmageddon〕），寰宇的獲利也非常可觀。寰宇把它的策略稱為黑天鵝保護協定（Black Swan Protection Protocol）。該協定的目標是：避免投資者受到黑天鵝事件的衝擊。

二〇二〇年三月，市場與全球經濟的發展，似乎正在形成終極的黑天鵝事件——比一九三〇年代經濟大蕭條以來發生的任何情況還糟。隨著勞工與家人只能窩在家裡，國家經濟陷入停滯，數百萬美國人突然失業了。三月中旬，從股票到債券、再到大宗商品，所有東西的價值都直線下墜。

三月十六日，史匹茲納格爾從北港角追蹤市場崩解時，動盪已從香港蔓延到歐洲，再到美國，寰宇的交易員徹夜未眠，通宵達旦地管理該公司的投資部位。週一的凌晨五點左右，幾名資深交易員來到公司的辦公室，那裡正播放著巴哈清唱劇的平靜和絃。其他人因公司疫情期間的規定，在家裡工作。寰宇的十六名程式設計師與交易員——其中有博士、電腦技客、數學家——都筋疲力竭了，但他們幾乎沒有時間休息。史匹茲納格爾度過當天混亂的開盤後，搭上私人飛機，從密西根州住家附近的簡易草地機場起飛。下午，他已經像往常一樣，坐在辦公桌前，桌子旁邊是一扇落地窗，可以一覽無遺地眺望邁阿密與遠處比斯坎灣（Biscayne Bay）的碧綠海景。

「切記！我們是海盜！不是海軍！」他偶爾會借用賈伯斯（Steve Jobs）的名言（「與其

加入海軍，不如當海盜」），對著公司的衍生性商品交易團隊如此大喊。

新冠疫情為全球金融體系帶來一波衝擊。道瓊工業指數週一大跌一三％，創下繼一九八七年黑色星期一以來的第二大單日跌幅。債券市場凍結，貨幣市場基金出現有史以來最大規模的贖回潮，散戶投資者正徹底遭到殲滅。華爾街的資深人士從未見過這種景象，即使在全球金融危機期間也沒看過。「二〇〇八年的金融危機有如一場慢動作版的車禍。」花旗集團（Citigroup）短期信貸部門的負責人亞當・洛羅斯（Adam Lollos）告訴《華爾街日報》，「這次則是『砰！』的一聲就發生了。[1]」

接下來那一週，隨著劇烈震盪重創市場，寰宇那一小群交易員幾乎很少睡覺，許多人只在辦公室的沙發上或在家裡的辦公室裡小睡片刻，就起床狂灌咖啡，悄悄累積大筆財富。

史匹茲納格爾和他的團隊看到他們的投資價值像火箭一樣垂直升空。截至三月底，寰宇黑天鵝保護協定基金三個月的漲幅超過四一四四％。史匹茲納格爾投入約五千萬美元的資金，轉眼間獲得近三十億美元的驚人收益。

這樣的報酬有如天文數字，一些專家對此表示懷疑。有些人說，不可能出現那樣的報酬。華爾街的資深風險經理亞倫・布朗（Aaron Brown）——他也是塔雷伯的老友——懷疑寰宇是不是在對崩盤加碼投機。也就是說，史匹茲納格爾嗅到空氣中的混亂氣息後，刻意加倍下注，以便獲得更好的報酬。史匹茲納格爾說，寰宇**從來不做**投機交易，只是為客戶維持合理的衝擊保護。無論市場發生什麼事，寰宇都不會增加或削減投資。

但布朗就不是那麼肯定了。

布朗告訴我：「他們雖然否認投機，但他們肯定有某種沒透露的預測因素。不然的話，不可能辦到。也許他們破解深奧的祕密，但這不合理。他們的投資績效遠比其他人好太多了。」

史匹茲納格爾只會承認，他的最後一句話確實所言不虛。

◌◌◌◌

雖然塔雷伯使黑天鵝的概念得以普及，但寰宇完全是由史匹茲納格爾獨自創立。在收掉經驗資本公司後，塔雷伯變成具有一定知名度的知名思想家兼哲學大師。他把黑天鵝的概念大幅擴展到交易與金融之外。雖然塔雷伯掛名寰宇的顧問讓他變得非常富有，但他渴望成為知名的科學家與哲學家，而非知名的交易員（他從寰宇基金獲得的金錢，遠遠超過暢銷書帶來的豐厚收益）。

他投入研究的一個領域是流行病，那是一種特別致命的黑天鵝。二〇一〇年，他在《經濟學人》（*Economist*）雜誌上預測，世界將面臨「嚴重的生物與電子流行病，這是全球化附帶的另一項贈品」[2]。在二〇一二年出版的《黑天鵝效應》續集《反脆弱》中，他寫道，全球化會增加全球病原體的風險，「彷彿整個世界變成一個巨大的房間，只有狹窄的出口，大家都湧向同一扇門」。在二〇一四年發表的論文〈預防原則〉中，他和幾位合撰者寫道：「緊密相連的全球體系，意味著單一偏離事件最終將主導全面的影響，例如疫情、入侵物種、金融危機。」[3]

換句話說，在現今這個高度移動、緊密交織的世界裡，爆發疫情等極端事件的風險比以往更大。二〇二〇年一月，塔雷伯預見這種極端事件的到來，並發出警語，但他的警告幾乎無人理會。

02 破產問題

塔雷伯瞇著眼，緊盯著蘋果筆電螢幕上的一個圖表。那時是二〇二〇年一月，他在寰宇的邁阿密辦公室裡工作。他聽說席捲武漢的新冠病毒有一個令人不安的特徵。當時，新冠病毒已導致數百人死亡，另有數千人是重症患者，中國政府已對該地區實施全面封鎖。但這一切似乎都太遙遠了。

很少人認為，中國以外的地區需要採取措施，以認真面對當時的情況。美國總統川普與英國首相鮑里斯・強森（Boris Johnson）都覺得新冠病毒只是另一種季節性的流感，將隨著春季的到來而逐漸消退。美國、歐洲、亞洲的股市都創下歷史新高，前景看似美好。

塔雷伯原本黝黑的鬍子最近變白了，他得知一些流行病學家估計新冠病毒的R0（基本傳染數，念為R nought或R zero）是三到四，也許更高。那表示一個人染上病毒後，通常會感染三到四個人，高於標準流感的R0。

如此高的傳染率令人擔憂。塔雷伯使用電腦程式 Wolfram Mathematica 計算數字後，越來越不安。萬一這種疾病失控了，那可能是毀滅性的，可能導致數百萬人喪生。從武漢傳來的影片，顯示人滿為患的醫院及穿著類似太空防護服的醫生，那景象嚇壞了塔雷伯。他打電話給友人亞尼爾・巴爾楊（Yaneer Bar-Yam）。巴爾楊是複雜系統理論的專家，那門學問是廣泛的跨學科研究，探索系統內部與系統之間的相互作用（系統不分大小，小至細胞，大至森林，再大到全球氣候等都算是系統），以及現代世界中流行病令人不安的動態。

「你應該關注一下武漢正在發生的事情。」塔雷伯告訴他。

巴爾楊說好。

巴爾楊是新英格蘭複雜系統研究院（New England Complex Systems Institute，NECSI）的創辦人，多年來他日益擔心全球疫情爆發。他曾與聯合國一起因應伊波拉病毒（Ebola），目睹伊波拉病毒差點就突破非洲邊界，向外擴散。二〇一六年，他提出一份報告《轉向滅絕：緊密世界中的流行病》（*Transition to Extinction: Pandemics in a Connected World*）。致命性高的病原體往往一開始傳播得很快，然後隨著它們殺死所有的宿主而耗盡。這也是為什麼最致命的細菌比較不可能感染廣泛的人群。巴爾楊警告，現在不再是這樣了。隨著遠距傳播的普遍存在，「有一個臨界點是，病原體會變得攻擊性很強，使整個宿主群都喪命，我們稱之為『轉向滅絕』階段。隨著全球運輸水準的提升，人類文明可能正逼近這樣的臨界點。」

塔雷伯想知道川普政府是否正在制定計畫，以因應這個迫在眉睫的危機。為了找出答案，他打電話給白宮國家安全委員裡一位熟識的朋友。「你們看到武漢發生的事情了嗎？」塔雷伯問他，「你們有認真看待這件事嗎？」

「我們看到了。」那位官員回答。但是對於第二個問題，他不太確定。川普似乎一點也不把新冠病毒當回事，他的資深顧問也是如此。他問塔雷伯能不能寫一份備忘錄給白宮，概述他的擔憂。

塔雷伯打電話告訴巴爾楊：「我們該寫點什麼。」那時是一月二十四日。

塔雷伯與巴爾楊一樣，多年來一直在研究流行病的駭人數學。幾十年前，他已經知道金融市場的運作特點與流行病有幾分相似。突如其來的衝擊很極端，通常是無法預測的事件——比如瘟疫與流行病。他知道，傳染性高的病毒可呈指數級傳播，導致大規模死亡。他在《黑天鵝效應》中寫道：「隨著我們在地球上的旅行次數增加，流行病將變得更嚴重……我看到一種非常奇怪的急性病毒在全球各地傳播的風險。」

就像潘興廣場的艾克曼一樣，塔雷伯也知道，多數人不曉得指數級成長的可怕。IBM的高層約翰．凱利（John E. Kelly）向《紐約時報》的專欄作家湯馬斯．佛里曼（Thomas Friedman）貼切地描述了我們與指數之間過於人性化的關係。佛里曼在二〇一六年出版的

《謝謝你遲到了》（*Thank You for Being Late*）一書中，提到了這段對話。凱利對佛里曼說：「我們人類活在一個線性世界裡，我們的距離感、時間感、速度感都是線性的。但技術正以指數曲線的速度成長。我們唯一經歷過的指數級現象，是某物加速的時候（例如汽車加速行駛），或緊急煞車下，突然減速的時候。那種情況發生時，你會感到非常不確定與不安……現在很多人的感覺是，他們一直處於這種加速狀態。」

不斷發展的新技術主導著現代的生活。馬克・祖克柏（Mark Zuckerberg）於二〇〇四年創立臉書（Facebook）；二〇〇七年 iPhone 才問世；二〇〇八年特斯拉（Tesla）推出第一款全電動跑車。預防新冠病毒的ｍＲＮＡ疫苗是很少人了解的現代科技奇蹟。**我們活在一個日益指數級發展的世界裡，但我們的大腦先天喜歡線性思考。**

研究指數是塔雷伯的本業，他的黑天鵝世界觀是以指數為基石。流行病當然不是什麼新鮮事，它們和文明一樣古老，但新的病毒可能具有黑天鵝的特質——未知的未知。它們第一次爆發時，沒有人知道它們對人體有什麼影響，如何治癒它們，它們的傳染性有多強，人們是否可能在不知道自己已感染的情況下傳播這種致命的病毒，或領導人該如何因應疫情的爆發。塔雷伯擔心這種新型病毒可能有幾個這樣的未知特性。

塔雷伯、巴爾楊與ＮＥＣＳＩ的另一位研究員喬・諾曼（Joe Norman）迅速草擬一份備忘錄，概述該病毒的存在風險，以及因應那些風險所需的措施。接著，塔雷伯把那份備忘錄提交給白宮。幾天後的一月二十六日，多數美國人幾乎都沒意識到疫情即將來襲時，他們把那份備忘錄公諸於世。

〈新型病原體大流行的系統性風險——新冠病毒：一份備忘錄〉（Systemic Risk of Pandemic via Novel Pathogens - Coronavirus: A Note）是一篇單頁的警訊[4]，猶如尖銳刺耳的警鈴，敦促大家迅速採取全面的行動，以阻止疾病的發展，例如維持社交距離、實施檢疫、關閉邊境。該報告指出，病毒的傳播速度可能遠比多數人所想的還快。

備忘錄寫道：「由於我們之間的連結日益緊密，增加了非線性的傳播，我們因應的是一種極端的肥尾（fat tail）過程。肥尾過程有特殊的屬性，傳統的風險管理方法並不足以因應肥尾。」

「尾」是指鐘形曲線的外緣，那是衡量發生某事件的機率，例如過去五十年股市的每日平均漲跌，或一個世紀以來紐約的每日平均氣溫。常態分布曲線的形狀是鐘形，多數的樣本集中在中間（例如漲跌在〇．一%到五%之間），其他不太可能發生的事件是落在曲線的尾部。「肥尾」是指邊緣事件發生的數量或規模，遠比常態分布還大，例如一九八七年的黑色星期一。

常態鐘型曲線

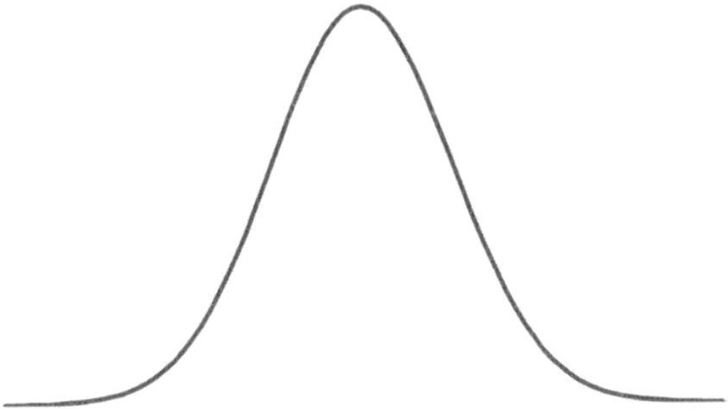

流行病是極其肥尾的事件。

這是因為流行病是**非線性的**。在統計學中，如果某個事物的輸出與其輸入不成比例，那就是非線性的。與線性現象（1、2、3、4、5、6）相反，非線性輸出可能是指數型（1、2、4、16、256、65536……）。換句話說，非線性的事件往往會以極快的速度變得非常大。一名可能無症狀的感染者會把病毒傳播給兩個人。那兩個人會把病毒傳播給四個人，四個人傳給十六個人，十六個人會傳給兩百五十六個人……然後繼續擴散給數百萬人。就是這種動態在二〇二〇年一月嚇壞了艾克曼。如今，拜現代世界的緊密連結、航空飛行、大城市的因素交雜混合所賜，病毒的擴散（也就是R0）可能更加非線性，更加指數級。

這份「系統性風險」備忘錄解釋：「全球的緊密相連性正處於歷史新高，中國又是全球互連度最高的社會之一。基本上，病毒傳染事件取決於實體空間中媒介的相互作用。」

解決辦法是：切斷連結。**現在慌，趁早慌**（Panic now—panic early）——塔雷伯與該備忘錄的合撰者在整個新冠疫情危機中，持續喊出這個口號。該口號也成為混沌之王教戰手冊的一大標誌。

失敗不是一種選項。人類面臨的風險，在統計學與複雜的賭博領域中，被稱為破產問題（ruin problem）。也就是說，**人類的毀滅**。想像一下，一個賭徒共有一千美元的賭金，他每賭輸一次，就加倍下注。輸五美元，下次就賭十美元；輸十美元，下次就賭二十美元。這種策略稱為平賭（martingale），最終無可避免會導致賭徒破產——這是一種註定會破產的策略（除非賭徒有無限的賭本）。

流行病是非線性的，可以對人類構成類似的威脅，就看病毒的致命性與傳染性，以及傳播速度而定。二〇二〇年一月，沒有人知道這些。

那份「系統性風險」備忘錄寫道：「這些都是破產問題。隨著時間的推移，尾部事件的曝險將會導致某種最終的滅絕。雖然人類在單次這類事件中倖存下來的機率很高，但隨著時間的推移，反覆地暴露在這類事件中，倖存下來的機率最終是零。雖然壽命有限的個人可以反覆承擔風險，但是系統層級與集體層級永遠無法承擔破產（毀滅）風險。」

歷史上的疫情（諸如黑死病、一九一八年的病毒等）是發生在一種全然不同的世界裡。那種世界裡，沒有廣泛的國際航空旅行，沒有聯合航空（United Airlines）與漢莎航空（Lufthansa），沒有很多擠滿數百萬人的市中心。如今，這個超級緊密相連的全球化社會使破產問題的極端風險比以前更具威脅性。

塔雷伯與那份備忘錄的合撰者認為，如果人類能從新冠疫情中記取教訓，我們依然還有一絲希望。在未來的疫情中，因應措施需要與威脅強度成正比。世界必須表現出一切都岌岌可危的樣子。這表示我們必須採用「預防原則」，根據那份備忘錄，預防原則「規定哪些情況下必須採取行動以降低破產風險，而且絕對不能使用傳統的成本效益分析」。

該備忘錄指出：「疫情無可避免，但適當的預防措施可以減輕全球面臨的系統性風險。」

二〇二〇年初，很少人聽到公衛學者或政界人士主張：我們應該採取高度預防性的因應措施。許多生物專家或政界人士更擔心激進的措施對經濟的影響，而不是疫情可能導致大規模的死亡。「塔雷伯一直不厭其煩地主張『預防原則』很重要，而且大致上幾乎都是孤軍奮戰。這個現象反映出西方社會的醫學、公衛、領導階層的狀態實在很差。」當時蘇珊・韋伯（Susan Webber）以伊夫・史密斯（Yves Smith）的筆名，在熱門財經網站赤裸資本主義

（Naked Capitalism）上發表這樣的觀點。

我們不知道白宮是否針對塔雷伯的警告做出反應。他認為，那份備忘錄寄給國安委員會的朋友幾天後，美國宣布關閉美國通往中國的邊境，可能有把他的警告納入考量。無論如何，沒過多久，川普就預測病毒將「奇蹟般的」消失，白宮的其他人也提出與備忘錄的建議迥異的看法。那群人認為，由於這種疾病的性質（傳染性與致命性）非常不確定，在採取可能擾亂經濟及川普連任希望的激進措施以前，最好先收集更多的資料以了解風險。他們認為，大家知道的還不夠，還需要更多的資訊。治癒不可能比疾病更糟。當時美國總統身邊都是這種人，其他國家（包括英國）也採取觀望的態度。

塔雷伯後來說，談到黑天鵝與全球的系統性風險以及流行病時，觀望派根本是本末倒置。他告訴我：「缺乏知識，應該是讓你更加確定該做什麼。如果你不確定飛行員的飛行技能，就不要上飛機。」

○○○○

當寰宇的獲利逾四〇〇〇%的消息傳開時，華爾街的競爭對手都羨慕不已，也像布朗一樣感到難以置信。高盛（Goldman Sachs）的資料顯示，截至三月中旬，只投資股票的避險基金平均虧損一四％。其他降低風險的策略也成效不佳，因為股票與債券同時下跌。股市與債市的走勢通常是相反的，本來可以在崩盤時為投資者提供一定程度的保護。但這次崩盤重創許多美國人賴以退休的經典「六〇／四〇」股債組合。

也許寰宇只是幸運罷了，也許史匹茲納格爾跟艾克曼一樣，對新冠病毒感到恐慌，於是大舉押注市場會崩盤。

其實不然。寰宇**一直以來的定位**，始終是在危機中獲得爆炸性的報酬。由於市場隨時都有可能在毫無預警下崩盤，沒有人能預測崩盤什麼時候發生。這表示避險基金的投資者不必擔心崩盤，他們晚上可以睡得安穩。危機發生後，史匹茲納格爾在寫給寰宇投資者的信中表示：「展望未來，我們有充分的理由相信，寰宇防止基金暴跌的方法，應該仍是降低風險的最佳策略。那可以幫你省下多數金融工程與現代金融方案不必要的成本與風險，同時在危機持續時，提供更『物有所值』的風險保障。」

寰宇二〇二〇年獲得的暴利，其實是醞釀幾十年的成果。到了二〇〇〇年代末期，它管理的資產總值高達數十億美元，這讓史匹茲納格爾變得非常富有（他用二〇〇九年的部分獲利，以七百五十萬美元的價格，從珍妮佛・羅培茲〔Jennifer Lopez〕的手中買下貝萊爾〔Bel Air〕的一棟豪宅）。寰宇的成功，引發避險基金與大型資產管理公司（如太平洋投資管理公司（PIMCO））的模仿潮。華爾街甚至如法炮製了黑天鵝品牌的ETF，例如Amplify黑天鵝成長與公債ETF（Amplify BlackSwan Growth & Treasury ETF）。

二〇二〇年該策略的驚人績效不僅登上新聞頭條，也鞏固該策略在華爾街的地位。二〇二〇年六月，《華爾街日報》指出：「市場以前是由認為股市會上漲的多頭（牛）以及認為股市會下跌的空頭（熊）所主導。如今，另一隻動物正在崛起，這些投資者關注的是波動性，亦即價格隨著時間變化的幅度。近年來，波動性已經從衍生性商品交易員的專長變成一種交易工具。」

史匹茲納格爾與塔雷伯對於自己變成大家模仿的對象，並沒有感到很榮幸。他們覺得多數的模仿者其實不知道自己在做什麼，那反而為他們的策略蒙上不好的名聲。

史匹茲納格爾與塔雷伯的交易策略背後，有三個指導理念。第一，未來將由重大、有影響力的事件所主導，這種未來即使不是不可能預測，也很難預測。任何事情都有可能發生（黑天鵝）。第二，極端事件比許多人想像的破壞力還大，因為像鐘形曲線那樣的標準風險指標並無法抓住它們。那表示，在金融市場上，極端事件往往遭到低估：那是賺錢的機會。那也表示多數投資者承擔的風險比他們想像的還大。儘管我們周遭有種種變化的跡象，但認為明天的世界將與今天一樣是人之常情。大家關注的是鐘形曲線中央的平凡凸起，而不是曲線尾部的狂野爆發。

第三，避免基金大跌比追求獲利更重要。幾年前，史匹茲納格爾意識到一個很重要的事實：避免基金單次大幅下跌，遠比追求一連串的小獲利更重要。假設你在一檔股票上投資一千美元。後來基於某種原因（例如財報很糟，高層發生醜聞，或顧客不再購買該公司生產的小配件），導致該公司股價下跌五〇%。你的投資現在只剩五百美元。

重點來了：想賺回你的錢（也就是說，只是回本），那檔股票需要上漲一〇〇%，而不是你損失的五〇%。

這個例子給我們的啟示是：**避免重大損失非常重要**。寰宇藉由購買崩盤時可大賺一筆的選擇權（而且是只有崩盤時才大賺的選擇權）來達到這個目標。選擇權是一種合約，賦予買家在特定時間內以特定價格買賣股票的權利。

每天，寰宇都會買入在崩盤時可賺錢的**賣權**。一般情況下，那些賭注不會有報酬，寰宇只需為此付出一點小錢（他們把這個過程稱為流血）。但是，遇到有機會獲利時，那些選擇權的報酬遠比平常持續付出的小錢大得多。史匹茲納格爾稱這個效應為**爆炸性下檔保護**（explosive downside protection）。你可以把它想成火災保險，萬一你的房子燒毀了，它會支付你房貸價值的三倍（或更多）。

這恰好與華爾街多數專業人士的投資方式完全相反。在華爾街，交易員每天都希望獲得小幅收益，並放眼那筆讓荷包飽飽的年終獎金。如此一來，他們也冒著在罕見的市場崩盤日大幅虧損的風險。相反的，寰宇永遠不會在一天或一週內損失大量資金，但它能容許、而且通常幾乎每天都會虧損一點小錢。這是一種在雪崩、地震、颶風中蓬勃發展的策略。（塔雷伯曾告訴我：「我不想要下雨，我想要的是乾旱或洪水。」）

截至二〇二〇年代初期，這一直是一種極其成功的策略。從二〇〇八年寰宇成立以來到二〇一九年十二月，安永（Ernst & Young）負責審查其黑天鵝策略。結果發現，寰宇每年的平均資本報酬率（這是衡量避險基金成敗的常用指標）達到驚人的一〇五%。也就是說，寰宇的平均**年報酬率**是一〇五%，這項紀錄使它與全球最好的避險基金不相上下，甚至更好。這還不包括二〇二〇年初逾四〇〇〇%的暴利。

這種獲利完全不是靠寰宇內部的任何人對市場的走勢或震盪做出任何預測。不過，雖然史匹茲納格爾永遠不會試圖預測市場何時可能崩盤，但他深信，在央行干預的推波助瀾下，美國股市與債市長期陷入無法持久延續的超級泡沫中，終究會像裝滿炸藥的桶子那樣爆炸。史匹茲納格爾的世界觀有一個核心原則：幾十年來，美國聯準會一直沉迷於吹泡沫，為一次又一次的崩盤製造乾燥的導火線。史匹茲納格爾與塔雷伯都沒有宣稱他們知道崩盤將在何時發生。誠如史匹茲納格爾在二〇二〇年致投資者的信中所寫的：「我們沒有水晶球！」

然而，不是每個人都認同「不可能預測市場崩盤」的想法。越來越多的數學家宣稱，他們可以從市場的雜訊中偵測到預示崩盤的某些訊號，其中有許多人是沉浸在一門極其神祕的科學分支中：複雜系統理論。像塔雷伯的朋友巴爾楊那樣的天才，就是鑽研複雜系統理論的專家。這個理論的專家，例如法國的物理學家狄迪耶·索耐特（Didier Sornette）已經設計了實驗，以證明他們的預測系統很可靠，而且獲得一些驚人的成果。

至於塔雷伯，他並不完全否認一些市場波動是可預測的。他把那些事件稱為「灰天鵝」，他認為二〇〇八年的全球金融危機，就屬於這一類。然而，他的論點是，預測這些災難性事件的時間點極其困難，索耐特等市場奇才所使用的預測工具完全無法管理風險（這項辯論是本書第十二章的核心主題）。

雖然塔雷伯與史匹茲納格爾回避具體的市場預測，但他們確實預測到：世界將以令人頭暈目眩的激烈程度一再地改變，股市也是如此。沒有做好準備的人，註定會受苦。

二〇二〇年三月，投資者的痛苦似乎才剛開始。接著，不可思議的事情發生了。世界各地的股市開始上漲，然後狂飆。即使美國開始經歷一場驚天動地的經濟崩解，數百萬人因新冠疫情肆虐而失業，但股市指數卻開始以勢不可擋的氣焰走高，最終又再次創下紀錄。

這種看似非理性的繁榮是幾個原因造成的。史匹茲納格爾的噩夢——聯準會——購買了數十億美元的公司債，藉此向金融體系注入前所未有的流動性，它甚至買了垃圾債券。美國國會為陷入困境的公司與家庭提供數兆美元的財務援助。聯準會與國會的聯合力量，加上歐洲與其他地區的其他紓困方案，引發前所未有的冒險行為。當利率處於史上最低點時，債券幾乎沒有報酬，這迫使渴望獲得任何收益的投資者，進入他們唯一能獲得收益的地方：股市。股市變得充滿泡沫，開始以驚人的速度吸引新一波的當沖交易員加入市場。那速度之快，是一九九〇年代末期網路狂潮以來從未見過的。

對史匹茲納格爾來說，這只是為市場增添更多的炸藥罷了。未來，當整個市場崩垮時，他還會因此賺到更多的爆炸性獲利。

事實上，隨著二〇二〇年代的顛沛進展——看似永無止盡的新冠疫情及永無休止的病毒變種；可怕的氣候災難；歐洲致命的陸上戰爭引發大家對核毀滅的擔憂——撼動全球的風險似乎正以前所未有的速度增加。

03 更糟的還在後頭

冰冷的雨水從天而降，落在格陵蘭島北極內陸的一片巨大冰河的最高點，那裡的海拔約三千兩百二十公尺。那是二〇二一年八月，是地球上長年冰凍的地區有史以來第一次下雨。國際北極研究中心（International Arctic Research Center）的科學家約翰・沃爾許（John Walsh）告訴環保組織山巒協會（Sierra Club），這場陣雨「對系統來說是史無前例的震撼」，「這種事情從未發生過。大氣中正在發生的事情，將把我們帶入未知的領域。」

史無前例、**從未發生過**、**未知的領域**等用語，成為描述最近這十年的關鍵詞。在二〇二〇年九月發表的文章〈動盪的二〇二〇年代〉（The Turbulent Twenties）中，社會學家柯時東（Jack Goldstone）與科學家彼得・圖爾欽（Peter Turchin）預測，美國結構性因素的匯合，將導致更多更嚴重的社會動盪，並導致「美國在面臨政治危機方面，陷入一百多年來最脆弱的狀態」。像「黑人的命也是命」（Black Lives Matter）抗議活動及新冠疫情那樣的破壞，「是在政治極端兩極化的時期發生。幾十年來，工人在國民所得中的占比持續下滑，再加上精英階層始終反對增加公共服務的支出」。

「我們陷入這種狀態已經很久了。」他們寫道，「但更糟的還在後頭。」柯時東與圖爾欽的預測之所以耐人尋味（也令人深感不安），是因為這不是什麼新鮮事。圖爾欽使用柯時東開發的計算模型，曾在十年前的二〇一〇年預測，二〇二〇年全球動盪將達到臨界質量，產生群聚效應。該模型分析了結構性的人口統計力量：貧困、貧富差距、精英之間的權力競爭——這些力量都可能使社會走向不穩定。它預測一個即將到來的不和諧時代，那個時代的特色是不時發生國內衝突、暴力、民主衰落。在二〇二〇年的文章中，他們甚至預測，在即將舉行的總統大選後，會發生一些衝擊事件。「如果川普輸了，他可能會對選舉結果提出異議，指控選舉舞弊……川普可能號召眾多的武裝平民來支持他們『最喜歡的總統』（他自己說的）對抗所謂的『自由暴政』。」

隨著二〇二〇年代的展開，很多人紛紛預測混亂時代即將到來，隨處可見災禍預言家。二〇二一年三月，美國國家情報委員會（U.S. National Intelligence Council）在《二〇四〇年全球趨勢：更紛爭的世界》（*Global Trends 2040: A More Contested World*）這份報告中預測，極具破壞性的事件「在幾乎每個地區與國家，可能更頻繁、更激烈地出現。這些挑戰——通常缺乏直接的人類行為者或肇事者——將對國家與社會造成廣泛的壓力以及災難性的衝擊」。

推動混亂的因素是，緊密相連的全球秩序。報告指出：「過去一年間，新冠疫情提醒大家世界有多脆弱，並顯示高度相互依存的內在風險。在未來幾年與幾十年裡，世界將面臨更激烈與連鎖的全球挑戰，從疾病到氣候變遷，再到新技術與金融危機所造成的破壞。」

雖然全球化為人類帶來許多好處——一九六〇年以來，隨著饑荒與嬰兒死亡率的急劇下降，全球預期壽命延長二十多年——但全球化也透過其依賴的複雜技術、網絡、控制機制，帶來新的風險。有些人擔心那些風險可能帶來毀滅。

普林斯頓大學的全球系統性風險專案（Global Systemic Risk）的成員，在二〇二一年七月的一篇論文中寫道：「有一個令人擔心的重大隱憂，威脅著全球化與現代生活，那就是文明普遍崩解的可能性。我們的世界意識到目前的發展軌跡是無法持久的，因此深感不安……九一一恐怖攻擊、二〇〇八年的全球金融危機、新冠疫情等全球系統性衝擊，使我們更加明白，日益全球化及相互依存的生活方式有多脆弱。」[5]

市場崩盤、疫情肆虐、恐怖攻擊、暴亂、森林大火、超級風暴。極端、破壞性、而且通常是致命的事件，似乎正以更高的頻率在世界各地發生，造成更大的危害。它們發生得很突然，影響範圍很廣。最微小的事件也能引起風暴，就像著名的蝴蝶效應那樣（一隻蝴蝶輕拍翅膀，可能導致地球的另一端出現龍捲風）。這類事件日益頻繁，造成一種令人不寒而慄的反常結果：這些事件在某些方面變得更容易預測了。它們不是突如其來的黑天鵝，而是塔雷伯所說的「灰天鵝」，全是完全可預見的毀滅性事件。衝擊海岸的颶風多到令人痲木；夏天有線電視新聞上報導西岸野火的次數，多到像是一種司空見慣的季節性效應，類似秋季落葉或冬季暴風雪有週期性。索耐特稱這些可預見的災難為龍王（Dragon King）。

塔雷伯認為，世界之所以日益不穩定，是因為人類積極使用技術、計量模型、隨處可見的及時最佳化來控制它所造成的。這導致一個越來越複雜、人造、易受衝擊的脆弱社會。他在《反脆弱》中寫道，「由於複雜性、不同部分之間的相互依賴、全球化，以及『效率』這個可怕的東西導致大家日益走火入魔，極端事件必然會越來越多。」

二〇二〇年，武漢一個人感染一種微小的病毒，導致數百萬人死亡，全球經濟重挫。在明尼亞波里斯（Minneapolis），一個警察殺了一名美國黑人男子，過程被手機記錄下來，結果不僅在全美各地引發抗議，在世界各地也掀起抗議浪潮。一個人（川普）的不妥協，激化數千萬名美國人，把美國的民主推到懸崖邊緣。二〇二二年，另一個人（普丁）的不妥協，把世界推向第三次世界大戰的邊緣。

隨著全球化的擴展，緊密相連的速度加快。複雜促成更多的複雜，速度催生出更快的速度。社群網路像病毒那樣傳播新聞與陰謀論。迅速的航空旅行，可能使原本在小村莊裡消亡的感染跨越國界，在海外爆發。

全球暖化的影響越來越可怕，這是人口成長、文化複雜性、社會依賴化石燃料的直接結果。暖化的可怕效應正在蔓延，侵蝕海岸線，引發強大的颶風，也引發森林大火，摧毀美國一些最昂貴的房產。在美國西部，氣候科學家擔心，一場特大的乾旱可能使數千萬人陷入日益嚴重的水資源短缺與荒漠化危機。雖然很少證據顯示全球暖化增加颶風與颱風發生的**頻率**——這是所有自然的天氣災害中破壞性最強、代價最大的——但有廣泛的證據顯示，它們正變得更強、更危險。這是由海洋變暖及空氣變熱所產生的能量推動的，因為海洋與空氣變暖可以容納更多的水分。二〇二三年一月大氣河流[一]（atmospheric river）的持續湧動所引發的加州致命洪水，就是一例。

One Concern 是舊金山一家利用ＡＩ來預測極端天氣事件的機構，其策略長傑佛瑞．博恩（Jeffrey Bohn）正在建立模型，以幫助企業為天災造成的意外中斷做好準備。問題是，由於氣候混亂擾亂了模型，風暴變得越來越難以預測。博恩告訴我：「情況可能是這樣，登陸的颶風與颱風較少，但那些真正登陸的颶風與颱風，破壞性大了很多。」因此，他「在系統中

一、大氣中由高濃度水蒸氣形成的狹窄區域。

加入更多的極端事件——更多的雨季、更熱的夏天、更冷的冬天、更多的乾旱。氣候專家談論全球暖化，但他們選錯了用詞，這其實是**極端**氣候變遷」。

隨著保險索賠的激增，保險業正面臨越來越大的風險與社會損害。二〇二一年，新冠疫情導致壽險理賠金比上一年增加一五%；網路攻擊激增，導致網路保險理賠金比上一年增加七四%，逾四十八億美元。有些保險的索賠金額上漲幅度更大，例如過去二十五年來，乾旱與洪水造成的農作物損失，導致保險公司理賠給農民的金額增加了三〇〇%。

政治極端主義在全球抬頭，這是世界日益緊密相連及對社群網路上癮的暗黑症狀，充滿了諷刺意味。在美國，民調顯示，二十一世紀初以來，美國人變得越來越右派或越來越左派，中間立場日益空洞（在美國與歐洲，極端主義在極右派更為普遍，上 Google 搜尋這個詞就能證明這點）。從 YouTube 到 4chan，再到 Facebook 與 Reddit，社群媒體的影響透過有害的ＡＩ演算法，使年輕人變得激進。這些演算法為上癮的觀眾提供越來越狂熱的內容。二〇二一年十一月的一項研究，探索二〇〇六至二〇二〇年間的示威活動。結果發現，那段期間，世界各地的抗議活動增加兩倍，而且是每個地區都在增加。

在美國政治中，鐘擺從一個極端擺盪到另一個極端，從歐巴馬（左傾黑人、前社群活動人士）擺到川普（觀點與行為極端到無視所有先例的極右派），再擺到拜登（性格與價值觀都與川普完全相反）。很大比例的川普支持者相信有害的陰謀論「匿名者Q」[二]（QAnon），這只是滾雪球般走向政治極端的一個例子。在二〇二〇年的大選前夕，《大西洋月刊》（*Atlantic*）把大環境描述為「美國歷史上黨派兩極分化及不信任最嚴重的時局之一」[6]。二〇二一年九月，路透社／益普索（Reuters/Ipsos）的民調發現，五分之一的美國人認為，對立場相左的人採取政治暴力是可接受的[7]。芝加哥大學的安全與威脅專案（Project on Security and Threats）在同月做的一項研究估計，一千五百萬美國人認為，如果川普試圖推翻二〇二〇年總統大選結果所引發的調查導致他遭到起訴，那麼採取武力抗爭是合理的回應。

二〇二一年十二月，一項名為〈非對稱政治兩極化的非線性回饋動力〉的研究，探索美國的政治兩極化[8]。結果發現，美國正處於類似炸彈爆炸的關鍵階段。該報告指出：「在一些臨界點或時刻上，即使逆轉流程不是不可能，也會變得很難逆轉。我們的模型顯示，國會中的共和黨人已經越過這個臨界點，民主黨人可能很快也會突破這個臨界點。」該報告的作者回應《紐約時報》專欄作家湯瑪斯·艾德索（Thomas Edsall）的提問時寫道：「政治過程就像自然界、技術或社會中的其他自然動態過程一樣，有能力自我維持下去，並進入一個不穩

二、認為美國政府內部有一個反對總統川普與其支持者的深層政府。

定的正回饋（或稱自我強化）迴圈。爆炸就是一個經典的例子：當你提供熱能來點燃幾個易燃物的分子時，會產生額外的能量，又可以點燃更多的分子，產生更多的能量，於是形成永無止境的迴圈。」[9]

「兩極化已經變成一種自我永續的力量。」艾德索後來寫道。

金融市場以及依賴金融市場的經濟，變得越來越複雜、不穩定，容易崩解。二十一世紀初，當時尚未接任聯準會主席的經濟學家班．柏南克（Ben Bernanke）聲稱，全球經濟進入所謂的大平穩（Great Moderation）。經濟技術人員的穩健指引、華爾街金融工程師（計量交易員）設計的衍生性商品與其他產品的普及，以及低通膨，意味著世界將出現前所未有的繁榮，那是平衡、中央管理的永久成長所帶來的結果。但時序進入二〇〇八年後，美國次貸市場的崩解引發了全球金融危機。幾千億美元的抵押貸款損失像傳染病一樣，透過衍生性市場蔓延開來，造成數兆美元的損失。

這種極端的波動可能自我延續下去，並觸發類似機器的回饋迴圈，把極端推向更大的極端，並以崩解與混亂告終。金融與經濟崩解可能在政治和社會領域，促成出乎意料的結果——歐巴馬的當選、二〇一〇年極端保守的茶黨（Tea Party）崛起，二〇一六年川普的當選，都可以追溯到二〇〇八年的全球金融危機，而那場危機本身可以說是由艾倫．葛林斯潘

（Alan Greenspan）領導的聯準會，為因應二〇〇一年九一一恐怖攻擊而採取前所未有的貨幣刺激政策所造成的。

英國的歷史學家兼經濟學家亞當．圖澤（Adam Tooze）創造**多重危機**（polycrisis）這個術語，用來描述世界面臨不斷彙聚、不斷擴大的風險。在這個世界裡，疫情、通膨、經濟衰退、氣候危機、核升級與其他風險，透過一系列的惡性循環，一起放大了危害。疫情引發供應鏈斷裂，導致價格上漲，使經濟陷入衰退，造成全球饑餓危機，影響低收入國家的窮人，促成不穩定的大規模移民，引發政治動盪並推翻政府。圖澤寫道：「多重危機不單只是面臨好幾個危機的情況，那是整體比部分加總起來還要危險的情況。」這就是世界國安專家、前國安部官員茱麗葉．凱燕（Juliette Kayyem）所說的「災難時代」。

回饋迴圈是導致氣候危機的一個關鍵因素。一個例子是：暖化的地球正在融化西伯利亞的永久凍土，向大氣釋出數十億噸的甲烷（這是一種溫室氣體，其吸熱效果是二氧化碳的八十倍）。更多的甲烷，導致氣候更加暖化，又會製造出更多的甲烷……如此循環不斷。

二〇二一年十一月，野火在凍土帶上蔓延時，《莫斯科時報》報導：「永久凍土覆蓋約六五%的俄羅斯領土。隨著近幾十年來氣溫的升高，這片凍結幾千年的土壤開始解凍。隨著永久凍土的融化，它釋放出長期儲存的甲烷等溫室氣體，那觸發一個加速的暖化回饋迴圈。」[10]

極端事件往往令人恐懼，部分原因在於它們無法預測。這是一個涉及數兆美元的問題：即使我們看不到黑天鵝的到來，但如果我們為黑天鵝做好準備，那也能避免遭到最嚴重的衝擊嗎？

或許可以吧，但這確實是一個棘手的問題。由於我們沒有豐富的歷史資料可以輸入預測模型，極端事件變得非常難以預測。但我們知道黑天鵝正朝著我們撲來，而且情況越來越糟。問題是，未來的確切發展方向總是非常不確定，即使我們知道重大的劇變正飛撲而來也於事無補，就像亞當·麥凱（Adam McKay）執導的二〇二一年熱門電影《千萬別抬頭》（*Don't Look Up*）中毀滅地球的彗星那樣（在劇中，總統對威脅的反應是「按兵不動與評估」）。此外，就像世界上很多地方對新冠疫情的糟糕應對一樣，不確定性往往導致自滿、困惑、無所作為（按兵不動與評估），最終釀成某種災難。

隨著世界進入二十一世紀的第三個十年，許多屋主似乎因為不確定火災或洪水爆發的可能性，而乾脆決定完全不買保險了。更糟的是，他們沒有別的房子可住。換句話說，這是一個破產問題。

就是這種問題促使塔雷伯、巴爾楊、諾曼，以及英國的哲學家兼氣候活動人士魯伯特·

瑞德（Rupert Read）在二〇一四年撰寫〈預防原則〉[11]。這份論文是二〇二〇年一月那份備忘錄的預告（該備忘錄建議，即使新冠病毒有極大的不確定性，政府也應該立即採取重大行動以阻止病毒的傳播）。

塔雷伯與合撰者在二〇一四年的那份論文中寫道，預防原則本身的目的，是在不確定與風險領域，指導行動與政策，「在缺乏證據及科學知識不完整的情況下，會產生深遠的影響，還有『黑天鵝』（始料未及且無法預見的極端事件）的風險」。如果採取行動（或不採取行動）的風險是全球性的，就有必要採取強而有力的預防措施以因應不確定性。

批評預防原則的人抱怨，那原則太模糊、太主觀、太偏執、太矛盾了，是進步的敵人，阻礙資本主義核心不斷創造與破壞的動態迴圈。永久的恐慌狀態，不是一種令人放心的未來。這幾乎好像回到我們前現代祖先那種更加焦慮的心態，時時刻刻擔心下一個入侵者，擔心潛伏在灌木叢中的下一個野生掠食者。而且，這有可能造成令人衰弱的妄想症，也就是說，陰謀論與世界末日論的氾濫可能導致麻木，無所作為。

塔雷伯與合撰者認為，情況沒必要發展成那樣，因為二〇一四年論文中提出的原則只適用於全球威脅——系統性的黑天鵝。他們寫道：「我們認為，只有在極端情況下才應該採取預防原則：潛在的危害是系統性的（而非局部的），其後果可能涉及完全不可逆的毀滅，例如人類或地球上所有生命的滅絕。」

塔雷伯告訴我：「預防原則可以讓你放下對局部問題的擔憂。」那不表示局部問題就可以忽視，只是意味著它們不需要採取預防原則建議的極端措施。

這種安全防護的觀點，與塔雷伯擔任交易員的經歷，以及他因應崩盤風險的方法直接相關。金融市場可能造成一種名為「**傳染**」（contagion）的系統性風險：市場某部分的問題，可能像病毒那樣蔓延到其他部分，導致爆炸性的連鎖反應與全面混亂。金融危機就像疫情一樣——蔓延速度快、呈指數級成長、有破壞性。塔雷伯的解決方案是：**不要進入系統性風險的賭場**。避開那些骰子；如果你對機長有疑慮，就不要上飛機；提早驚慌；運用預防原則。在實務上，就是不要用借來的錢投資（或開槓桿），避免自己受到嚴重崩盤的衝擊。

這正是他和史匹茲納格爾在經驗資本公司所做的事。他們開發一台永遠不會爆炸的交易機器。這台機器不但不會爆炸，還會在爆發中蓬勃發展——這就是塔雷伯後來說的**反脆弱**。寰宇則是精進這個策略。

對於如何適應這個日益不確定、風險不斷增加的世界（有些風險甚至攸關生死存亡），我們能從這些混沌之王的身上學到什麼嗎？更重要的是，如何**避免**世界受到那些極端風險的衝擊？塔雷伯與史匹茲納格爾對極端事件的敏感性，源自於動盪的交易界。那看似與全球暖化、疫情、其他的系統性威脅沒什麼關聯，但交易界與這些領域之間其實存在著有意義的協調一致性。

塔雷伯與史匹茲納格爾的策略誕生在一九八〇年代。對塔雷伯來說，這一切是始於現代最大的市場崩盤之一：黑色星期一。對史匹茲納格爾來說，那是來自芝加哥熱絡的交易廳上，一位資深玉米交易員的睿智建議。

04
滋滋熱

當史匹茲納格爾走進芝加哥期貨交易所，那偌大的穀物廳（Grain Room）的訪客參觀樓座時，聽到一陣喧鬧。那是一九八七年的夏天，市場一片大好，反映了美國的榮景。道瓊工業指數首次站上兩千點。在柏林，雷根力勸戈巴契夫拆除柏林圍牆。麥可・傑克森（Michael Jackson）發行《Bad》專輯。百憂解（Prozac）獲得ＦＤＡ的批准。在期貨交易所內，資本主義這台充滿腎上腺素的機器正賣力地運作。當時十幾歲的史匹茲納格爾不禁睜大了雙眼，對眼前的一切留下深刻的印象。

成群的交易員大聲地呼喊著，他們擠在公開喊價的交易廳裡，許多人穿著色彩鮮豔的外套，做出難以辨認的瘋狂手勢。丟棄的交易單，像五彩碎紙般散落在黑色的油氈地板上。買賣單在偌大挑高的交易廳裡飛來飛去時，史匹茲納格爾可以感受到空氣中嗡嗡作響的脈動。這裡可說是一片混亂。然而，不知怎的，卻是亂中有序。

當年他十六歲，父親在芝加哥郊區的新教教堂擔任牧師。艾弗雷特・克利普（Everett

Klipp）是那個教區的居民，他是芝加哥期貨交易所（簡稱CBOT）的資深玉米交易員。芝加哥期貨交易所自一八四八年以來，一直是交易債券與大宗商品的大本營。當史匹茲納格爾的父親去芝加哥期貨交易所的大廳拜訪克利普時，他一直跟在父親身邊。由於沒有交易或市場經驗，他不知道會發生什麼事。他原本想像那裡就像〇〇七電影中的豪華賭場那樣，結果看到的卻是截然不同的景象，令人興奮。

穀物廳是交易所的中央交易大廳。這座建築本身是裝飾藝術風格的傑作，一九三〇年建於芝加哥商業區的中心，位於西傑克遜大道一四一號。那裡是資深精英交易玉米、小麥、燕麥、大豆的地方。整個大廳有足球場那麼大，環繞著巨大的價目板，上面亮著一排排紅、綠、黃色的數字，反映著全球各地對大宗商品的供需變化。

史匹茲納格爾很喜歡這裡。

他不是深受數字與神祕的市場文化所吸引的書呆子。在密西根州北港（Northport）的農村飛地長大，他喜歡棒球、足球等運動，愛去附近的密西根湖參加帆船比賽，但他也不算是一般的普通人。他熱愛法國號，每天練習三、四個小時。在家裡走來走去時，他會不斷地喃喃叨念：「自律、自律、自律！」此舉不免讓父母感到擔憂。他的父親林恩・愛德華・史匹茲納格爾（Lynn Edward Spitz-Nagel）除了是北港的新教牧師以外，也是民權活動人士。歌手凱特·史帝文斯（Cat Stevens）的音樂是這家人的日常配樂。某天，他走進臥室時，看到一堆父親留下的甘地著作。父親試圖讓他登記為良心拒服兵役者[三]（conscientious objector），但沒有成功。他比較樂於接受父親的冥想指導，後來他覺得冥想讓他身為交易員更有優勢。

他的父親原本在紐約州北部領導一家州立醫院，後來放棄收入可觀的職涯，改行當收入微薄的牧師。這種職涯轉變反映在他們的住屋上，他們後來住的房子更小、更簡陋。他的父親想藉此傳達的訊息是：錢不重要。但他學到的恰恰相反，他討厭貧窮，不希望成年後也過這樣的生活。後來，他是帶著一種自豪感，回顧以前那段勒緊褲帶的歲月。他跟後來在金融界高層遇到的每個人都不一樣，他一開始是近乎一無所有。

六年級時，他們全家搬到芝加哥郊區的馬特森（Matteson），他的父親在那裡擔任一個更大教會的牧師。史匹茲納格爾不喜歡很制式的郊區，他懷念密西根州北部那片可自由放養的廣闊林地。不過，搬到馬特森有一個顯著的好處。這讓他們全家很接近芝加哥期貨交易所的大宗商品交易中心，以及那裡的資深玉米交易員克利普。

○○○○

史匹茲納格爾執迷於某種興趣時，常會在社區裡引領潮流。他的弟弟艾瑞克告訴我：

「他決定做點什麼時，我們都會跟著做。」艾瑞克是左派，平時為《滾石》（*Rolling Stone*）與《浮華世界》（*Vanity Fair*）等媒體撰稿，「有一次他決定買一個腹語玩偶，大家都說：『我們也要。』突然間，社區裡的每個孩子都有一個腹語玩偶。」他用一台八釐米攝影機拍了幾十支家庭影片，那是一種混合的模仿作品，靈感來自《星際大戰》（*Star Wars*）、西部片、《無敵浩克》（*The Incredible Hulk*）等不同的原始素材。有時他會讓弟弟或朋友執導那些影片，但最終成品常被他嫌棄。

他反抗父母的嬉皮式自由主義，沉浸在威廉．巴克利（William Buckley）等極端保守派的著作中。巴菲特是他的偶像，他學巴菲特早年那樣開始送報，最終壟斷了當地的路線，甚至以固定工資雇用同學來幫他送報。朋友開始向他借錢，這讓他明白手頭有很多現金的好處。他認同右派少年亞歷克斯．基頓（Alex Keaton）的角色，覺得深有共鳴——那是一九八〇年代熱門情境喜劇《天才家庭》[四]（*Family Ties*）中的角色，由米高．福克斯（Michael J.

三、指因宗教信仰或道義等原因而拒絕參戰並拒服兵役者，這種人不限於反戰教派的教徒。凡是真誠地反對戰爭的人，都可算是拒服兵役者。

四、該劇反映美國從一九六〇與一九七〇年代的文化自由主義到一九八〇年代保守主義的轉變，尤其體現在共和黨人亞歷克斯與他的前嬉皮父母之間的關係上。亞歷克斯是一個對經濟與財富充滿熱情的高中生，是《華爾街日報》的狂熱讀者。

Fox）飾演。他是ＣＮＮ政論節目《交火》（*Crossfire*）的忠實觀眾，總是站在共和黨主持人派翠克・布坎南（Patrick Buchanan）那邊。他訂閱巴克利（Buckley）創辦的保守雜誌《國家評論》（*National Review*），深受德州國會議員榮・保羅（Ron Paul）的自由意志派觀點所吸引。他很有數學天賦，還勤奮的練習法國號，成為全美最卓越的法國號演奏者之一，因此獲得紐約茱莉亞音樂學院的錄取。

然而，那次造訪芝加哥期貨交易所改變了一切，他放棄去茱莉亞學院深造的計畫，因為他意識到音樂職涯永遠無法致富。「我是不是有點貪婪？」史匹茲納格爾如今這麼說，「當然，畢竟那是一九八〇年代。」他不再那麼關心政治，放棄與足球或棒球相關的任何計畫，從圖書館借了威廉・費理斯（William Ferris）的《穀物交易員》（*The Grain Traders: The Story of the Chicago Board of Trade*），而且從未歸還。

克利普收他為徒，也給了他工作。起初，他只是跑單員（runner），那份工作需要把交易單遞給交易廳另一端的交易員以確認訂單。「這筆交易確定了吧？」他也為交易員買午餐。他一直沉浸其中，學習各種訣竅，像是交易運作方式，奇怪的手勢，誰是掌控者、誰不是。

更重要的是，他向克利普學習。克利普以芝加哥期貨交易所的貝比・魯斯[五]（Babe Ruth）著稱。他從小在沒電的環境中成長，經歷過大蕭條與二戰的太平洋戰區。二戰後，他搬到芝加哥，一九四六年開始在芝加哥期貨交易所擔任一家公司的跑單員，那家公司後來變成美林證券（Merrill Lynch）。一九五三年，克利普在小麥交易廳買了一個席位，取得用個人資金交易的權利。一九七八年，他創立阿爾法期貨公司（Alpha Futures）。

克利普的交易理念很簡單，但也令人費解：成功的交易員**喜歡賠錢，討厭賺錢**。史匹茲納格爾開始為阿爾法工作不久，克利普就以低沉沙啞的嗓音告訴他：「你必須喜歡賠錢，而且討厭賺錢。那違反人性，但你必須克服。」

他的意思是，一個投資部位開始虧損時，就要**立即賣出**。你是否認為它會反彈，那不重要。你是否覺得市場錯了，那也不重要。你那天早上在《華爾街日報》上看到什麼，或那張花俏的圖表說了什麼，那都不重要。反正你就是把它賣了，賠錢了事，**喜歡賠錢**，然後繼續前進。克利普告訴他：「你需要看起來像傻瓜，感覺也像傻瓜。」

這個策略可以有效把交易員的潛在損失降至最低。雖然你可能因此虧點小錢，但永遠不會血本無歸……誠如交易員說的，除非你非常不幸，否則這樣做永遠不會「爆掉」。這就是克利普多年來一直留在場上交易的關鍵，也是人稱他是芝加哥期交所的貝比・魯斯的原因。

五、有「棒球之神」之稱。

這個理念後來成為指引史匹茲納格爾一輩子的交易原則。

克利普實際上是在教史匹茲納格爾一個關鍵的混沌之王特徵：趁早慌。立即停損，因為你的投資部位若是持續下跌，你可能血本無歸，徹底出局。他把這個策略變成鐵律後，就習慣成自然，變成一種本能反應。

克利普的交易方式並非完全獨一無二。交易員從進場交易的第一天起，老鳥就會一再告誡菜鳥：「停損，不停利。」克利普的方法之所以與眾不同，在於他很嚴格執行這個規則，而且對此規則深信不疑，**所以其他一切都不重要**。

史匹茲納格爾回憶道：「克利普有一個異於常人之處，那就是他表現出來的方式。對他來說，這與市場機制無關。他覺得，供需平衡、價格發現等都是鬼扯。他認為最重要的是紀律，這就是我的交易入門課，紀律至上。交易就是講求紀律，其餘都只是細節。你必須去做與感覺良好相反的事，讓自己處於不適的狀態。只要克服這點，你就成功了，那也表示你會變得非常富有。」

克利普那個策略所面臨的另一個挑戰是：持續採用那個策略非常困難，很少人能堅持下去。誠如他說的，那**違反人性**。一次沒有馬上停損，就有可能賠光一切。史匹茲納格爾花了一段時間才明白箇中道理。他本來以為，只要他對市場做了充分的研究，他就能預測市場的走向。他把玉米與大豆的價格表釘在臥室的牆上；自己搭建植物實驗室，以盆栽來栽種玉米與大豆，以便追蹤作物的成長階段與降雨量；他研究夏季的長期天氣預報，並仔細研讀美國農業部的資料；他還北上，親自穿越玉米田，檢查玉米穗的生長情況，試圖搞清楚這對產量意味著什麼。接著，他把新發現的見解帶到芝加哥期交所或他父親的教會，去跟克利普分享。

「我可以請你看一下這張天氣圖嗎？上面有未來玉米收成的度日[六]（degree days）。為什麼價格不會漲呢？」他問克利普。

「這些都是鬼扯。」克利普嗤之以鼻地回應，「你是在浪費時間，沒有人能預測價格。」

○○○○

如果說大學教育曾浪費在任何人身上，那非史匹茲納格爾莫屬了。他在密西根的卡拉馬祖學院（Kalamazoo College）攻讀政治學與數學，因為他以為這兩門學科對他的交易影響最

六、度日是一種氣象學與農業中的測量單位，用來衡量一段時間內相對於某個標準溫度的熱量或冷量累積。它常用於預測植物和作物的生長發育，以及用於計算供暖和空調的能源需求。

小（當時他以為數學與交易沒有關係）。暑假時，他去當克利普旗下那些交易員的助理，並趁著午休時間翻閱《公債基礎》（*The Treasury Bond Basis*）。他刻意休學一個學期，去當芝加哥期交所的傳奇人物查理．迪法蘭西斯卡（Charlie DiFrancesca，人稱 Charlie D.）的助理。當時迪法蘭西斯卡是芝加哥期交所最大的個人交易員。

史匹茲納格爾畢業時二十一歲，畢業後隨即回到芝加哥期交所。他抽出空檔為一台HP掌上型電腦設計一個交易程式，那個程式可以即時計算交易員的部位與盈虧，使他能夠對瞬息萬變的價格做出更快的反應。他本來是開發那個程式給自己用的，後來開始賣給交易廳的其他助理。「我靠那支程式賺了很多錢，這是我很年輕就開始交易的原因。」他回憶道。

幾個月後，在克利普的支持下，他用出售交易程式的收入，以及祖母給他的一些現金，在芝加哥期交所租了一個會員資格。他穿上水綠色的阿爾法期貨交易外套，繫上一條印有自由市場經濟學家亞當．斯密（Adam Smith）肖像的領帶，成為所謂的「**場內代表**」（local），意指他是用自己的錢交易（場內的其他交易員是經紀人，他們是為銀行或投資公司等機構買賣……換句話說，是用別人的錢交易）。

場內代表基本上就是造市者，也就是流動性的提供者——無論市場走向如何，他們藉由買賣來潤滑交易所的齒輪，使市場運轉起來。經紀人則是因應客戶的願望，例如某大農業公司想為冬天收穫的小麥避險，或保險公司想避免自己受到公債價格下跌的衝擊。相反的，場內代表則是純粹的交易者，他們是賭價格的短期波動。

身為正式會員，二十二歲的史匹茲納格爾是公債期貨交易廳中最年輕的場內代表，而公債交易廳是那裡交易最熱絡的地方。一九九一年《華爾街日報》的一篇報導指出，那是「全球最熱絡的期貨交易廳」[12]。當時，芝加哥期交所的交易中，每三筆就有兩筆是公債期貨。

芝加哥期交所是期貨的發源地，期貨協議是買賣雙方約在特定時間，以特定價格，購買特定數量的商品。早在十九世紀，中西部的農作物商人就會在芝加哥會面，以當時買家提出的任何價格出售他們的產品。後來，期貨合約的問世，讓他們在**未來**以固定的價格出售產品。假設你做餅乾生意，你可以買一個期貨合約，讓你在八月一日以每蒲式耳二十美元的價格買進一千蒲式耳的小麥。這樣做可以提前鎖定價格，以防小麥價格突然飆升而受到影響。如果價格跌破每蒲式耳二十美元，賣給你那個期貨合約的中間人（亦即場內代表）就可以賺到錢。他也可以只靠價格變動獲利，只要買低賣高就好。

公債期貨基本上也是如此，只是把標的從小麥換成了債券。一九八〇年代，雷根政府發行數十億美元的美國公債以促進經濟繁榮，債券期貨的交易因此激增。期貨合約幫購買債券的大型機構避免虧損，這種交易稱為「避險」。

一九〇三年法蘭克・諾里斯（Frank Norris）的小說《交易廳》（*The Pit*），使芝加哥期交所的凹型交易廳成為不朽的傳奇。在那個交易廳裡，史匹茲納格爾突然意識到自己和芝加哥一些最出名的交易員並肩工作。凹型交易廳是按階級排列，層次分明，八角形結構的台階從底部延伸到交易廳的頂部，狀似上下顛倒的多層婚禮蛋糕。像史匹茲納格爾那種小蝦米，是在較低的台階上徘徊，做幾千美元的小交易。盤據在頂部外層台階的是大戶（Big Dog），他們非常富有，可以毫不猶豫地一次投資數百萬美元建倉，他們是頂級交易員。

這些階層隱藏的祕密是：**視線**。你的位置越高，在凹型交易廳裡的視野越好，你會更清楚知道當下發生的事情，也比較接近外面突然傳來的大訂單。在較低的台階上（所謂的「在洞裡」），視線很差，可交易的經紀人比較少。這有點像大富翁桌遊。頂級交易員就像擁有 Park Place、Boardwalk 等高級地產的玩家；中層交易員就像擁有 Atlantic Avenue 等中級地產的玩家；史匹茲納格爾是處於底層，就像擁有 Baltic Avenue 等廉價地產的玩家。

當時芝加哥期交所正處於顛峰期，是由場內交易高手主導。然而，不到十年，情況就發生戲劇性的轉變，高頻電子交易機器人接管了期貨市場。不過，在一九九〇年代初期，沒有人預見這種轉變。公債期貨交易是芝加哥期交所中最熱門的交易，像湯瑪斯・鮑德溫（Thomas Baldwin）那樣的傳奇大戶在這裡發了大財。鮑德溫是美國公債期貨市場中最活躍的交易員。一九九一年二月，《華爾街日報》一篇有關鮑德溫的專題報導指出，鮑德溫是像史匹茲納格爾那樣拿自己的錢交易的場內代表（但交易金額多出許多），是「少數幾個能在數十億美元的市場上影響市場價格的人之一」。

「鮑德溫整天找我碴，」史匹茲納格爾回憶道，「就像欺負菜鳥那樣霸凌我，使我過得很慘，但我覺得受寵若驚。有史以來最卓越的場內交易員竟然會花時間找我麻煩。」

史匹茲納格爾會刻意接近鮑德溫，以便研究他怎麼交易。他後來寫道，鮑德溫「像著了魔似的，但最令人震驚的是，他可以在極大耐心與壓倒性攻擊之間自律地切換」。他以使用狂野手勢吸引其他交易員著稱（他發瘋也似的跳躍動作被稱為「鮑德溫跳躍」），跟喜歡虧損的克利普完全相反。他不停損，而是把更多的現金投入虧損的投資部位，期待市場反轉讓他獲利。那樣做確實造成一些重大的損失。一九八三年，他光是一筆交易就吐出三十多萬美元；一九八九年，他曾經單日虧損五百萬美元。但更多時候，他能夠讓債券朝著對他有利的方向發展。在那個市場價值高達五千億美元的市場中，這是很驚人的壯舉。

史匹茲納格爾穿著印有 SIZ 交易徽章（SIZ 是其姓氏 Spitz 的縮寫）的水綠色外套，所以鮑德溫給他取了 Sizzler 這個綽號（sizzle 原意是煎煮東西時發出的滋滋聲，這裡取音譯「滋滋熱」）。他慢慢地在交易廳的階梯上穩步晉升，每天承擔著小額虧損，偶爾獲得可觀的獲利。他學會從骨子裡感受市場脈動與劇烈波動，那些波動就像一群在空中不斷變換隊形的鳥兒。偶爾他會嘗試投入大豆、玉米等其他市場，但公債仍是他最愛的交易市場。克利普在交易廳裡走動時，喜歡嘴裡喃喃唸著「喜歡賠錢，討厭賺錢」，彷彿佛教徒念經那樣。在克利普的指導下，史匹茲納格爾慢慢培養出忍受每天虧損的日常紀律，就像大聯盟的打擊手，耐心地看著投來的壞球與好球，等待著可轟出全壘打的最佳機會。

有時交易的強度令史匹茲納格爾感到不安。交易員只需眨個眼或點個頭，就可以與房間另一端的交易員交易。一天結束時，某交易員可能走過來對他說：「我和你做了這筆交易。」史匹茲納格爾根本不知道那傢伙在說什麼。交易廳裡的其他場內代表會以手肘推他，戳他的肋骨，朝他吐口水，把他推下台階。場內代表互搶訂單，但訂單數量有限。場內代表越多，每個人分到的訂單越少。交易廳裡，打鬥不斷發生，但交易員通常還是會顧及禮貌，先離場，到街上再揮拳。

一九九四年，史匹茲納格爾身為活躍的交易員，第一次體驗到嚴重的市場危機。當時經濟已擴張三年，債券市場蓬勃發展，還有一個新的因素使情況變得更加複雜：計量交易員（quant）的興起。計量交易員是指運用先進的數學與電腦來預測市場，或構建複雜的金融產品（如衍生性商品）的交易員或風險管理者。隨著這些金融奇才學會把風險隱藏在這些神祕的數學模型中，債券市場不僅變得更大，也變得越來越不透明。當風險從標的資產（利率、大宗商品、債券）擴散到衍生性商品時，衍生性商品也容易放大波動性，就像引爆炸彈的導火線一樣。衍生性商品還有另一個讓計量交易員狂熱的特點：理論上，它們的成長是無限的。一家公司能發行的債券有限，但一家銀行可以出售無限數量的衍生性商品合約，以一籃子債券或大宗商品做為衍生性商品合約的標的資產。

隨著經濟走強，聯準會主席葛林斯潘開始擔心通貨膨脹。起初，他開始緩慢地升息以抑制經濟成長，這給債券投資者帶來越來越大的痛苦（利率上升時，債券價值下降）。到了八月，聯準會已經把利率提升了近兩個百分點。接著，在十一月，葛林斯潘採取大膽的行動：大舉升息三碼（〇・七五％），使聯邦基金利率（fed funds rate）升到五・五％。

這個出乎意料的舉動，引發全球債市的恐慌。史匹茲納格爾周邊的交易員都爆了，包括他的偶像鮑德溫。鮑德溫在這場勢不可擋的崩盤中，慘遭血洗。過去那段安逸的日子使他們變得自滿。全球最大的避險基金經理人之一史丹利・卓肯米勒（Stanley Druckenmiller）在兩天內就虧損了六・五億美元。眾所皆知，那次升息導致加州橘郡（Orange County）破產，因為它對利率衍生性商品押了荒謬的賭注。當時，那是美國最大的市政破產案。

對史匹茲納格爾來說，一九九四年的債券大屠殺是克利普的理念真正獲得回報的時候。

他在小額虧損後，從來不留倉，所以永遠不會有失去一切的風險，甚至還設法撈了一筆可觀的獲利。他知道，前幾年的平靜市場只是一種幻覺，欺騙場內一些最老練的交易員。那給史匹茲納格爾上了重要的一課。

史匹茲納格爾通過第一次考驗。幾年後，他升上交易廳第二高的台階，離鮑德溫那樣的大戶僅一線之遙，但還不算是大戶。

○○○○

史匹茲納格爾看著數字，不禁搔了搔頭。他身邊爆出一種安靜又詭異的恐慌。那是一九九七年十月下旬。數字在他的彭博終端機上閃爍，全球股市像自由落體那樣暴跌。香港恆生指數下跌一〇%，使連續四天的跌幅達到二三%。股市下跌的衝擊波蔓延到全球市場，導致中國、日本、德國、法國、英國、美國的股票市場都大幅下挫。摩根士丹利（Morgan Stanley）的一位策略師說：「全球都受到了衝擊。」

那幾個月以來，亞洲貨幣普遍震盪，市場跟著上下波動好一段時間。泰國、馬來西亞、南韓、香港和其他地方的貨幣持續大幅貶值，因為這些國家在一九九〇年代的過度擴張中背負大量的債務，如今經濟承受不了債務的重壓而崩解。這場金融危機後來稱為「亞洲金融風暴」（the Asian flu）。

那時史匹茲納格爾在美國公債的主要交易商東橋資本公司（Eastbridge Capital）任職，他坐在曼哈頓的辦公室裡，身邊是成排經驗豐富的交易員。他瞥見旁邊的交易員，一個約四十五歲的白髮男人，每天交易數億美元的債券。他的螢幕上到處都是紅字，他的投資部位正在崩垮，虧了數百萬美元。然而，史匹茲納格爾驚訝地發現，你光是看他的臉，完全看不出來他究竟是賺還是賠，他的臉是個謎。

當年早些時候，史匹茲納格爾搬到紐約市。他已經放棄成為場內交易員的夢想，感受到電腦交易的興起將對公開喊價交易產生深遠的影響（後來的發展確實是如此）。他也發現紐約那些大銀行做的交易規模較大，它們把超大的訂單下給芝加哥期交所的大戶，那些大訂單就像龍捲風一樣席捲交易廳。他已經把交易的觸角擴展到其他市場，例如選擇權與歐洲美元（Eurodollar）。歐洲美元是指美國銀行的海外分行帳戶（通常在歐洲）所持有的美元。由於那些美元不在美國，不受聯準會的監管，因此更容易交易。

身為自營交易員，史匹茲納格爾選擇買進很便宜的選擇權。當市場崩盤、投資者紛紛湧入歐洲美元等避險資產時，那些選擇權可以為他帶來報酬。相較於早年他在芝加哥期交所做的小規模玉米期貨，這演變已經不可同日而語。但基本上，他依然是使用克利普的交易策略，平常累積小額虧損，偶爾有機會大賺一筆，只不過現在是買賣比較特別的選擇權罷了。這一行非常複雜，也很難管理，需要持續關注。那年九月他結婚了，去希臘聖托里尼（Santorini）度蜜月期間，正值全球市場因亞洲金融風暴惡化而動盪，他一直用可攜式的彭博機做交易。新婚妻子愛咪對此相當不滿。

十月股市崩盤時，史匹茲納格爾的股市崩盤賭注為他帶來可觀的獲利。東橋資本的其他交易員一個接一個爆掉。隨著危機的惡化及投資者逃往安全的地方，他的投資部位價值激增。不過，那仍不足以拯救公司（一年後，東橋資本倒閉），但足以讓史匹茲納格爾相信他的策略奏效了。他喜歡稱他的策略為「試誤」實驗，他以安全可靠的現金證明這個策略是對的。翌年，他的下一個實驗為他帶來了更多的獲利，當時規模龐大、偏重計量分析的避險基金「長期資本管理公司」（Long Term Capital Management）破產，引發更多的恐慌。

那次獲利為他累積了足夠的財力後盾，可以暫停交易一陣子。他想趁機為他的場內交易實驗增加一些科學嚴謹性，所以放了一段長假，他稱之為「學習假」。他進紐約大學的柯朗數學科學研究所（Courant Institute of Mathematical Sciences）深造，那裡是全球最頂尖的應用數學研究院，培育出一些華爾街最精明的計量人才，裡面還有一位新晉的金融學教授塔雷伯。

05 塔雷伯眼中的世界

塔雷伯坐在一排桌子前，臀部擱在椅子邊緣，瞪大著通紅的雙眼，緊盯著螢幕。當時他在大型投資銀行波士頓第一銀行（First Boston）的交易廳。那裡位於公園大道廣場大樓（Park Avenue Plaza），離曼哈頓中城的聖派翠克大教堂僅一箭之遙。此刻他的周圍已陷入一團混亂。他的電腦螢幕上，數字以前所未有的方式迅速地變動。那是一九八七年十月十九日，黑色星期一。

股市正在崩盤。

他也不知道為什麼會這樣，沒有人知道。全球各地的股市**無緣無故地**亂了套。這位二十七歲的交易員仍緊盯著自己的投資部位。那些投資不是股票，而是歐洲美元，而且是歐洲美元的選擇權。幾個月以來，他在這些低成本的歐洲美元選擇權上累積了大量的部位。理論上，只要市場波動大幅上升，這些投資就能獲利。多年來，股市持續飆漲。儘管前幾週出現幾次不祥的震盪，但多頭似乎勢不可擋。幾乎沒有人料到這種情況會很快改變，這使得塔雷伯的賭注變得非常便宜，其他人根本不想買。

當天中午時分，一個面色蒼白、顯然很痛苦的交易員走近他，以一種出奇平靜的聲音說：「難道他們不知道六個標準差的事件（six sigma event）一生只發生一次嗎？」（六個標準差的事件在常態分布中的發生機率約為十億分之二。但事實上，它們在金融界更為常見，因為金融界的事件不是按常態分布，而是有肥尾和黑天鵝）。

塔雷伯回他：「市場不知道。」有些人嚇得站在交易廳的中央，默默流淚。塔雷伯的老闆吉米・鮑爾斯（Jimmy Powers）一直哀求螢幕上的價格**別再變動了**。

當天交易結束後，塔雷伯離開辦公室，迷迷糊糊地走回上東區的公寓。在路上，他遇到一位同事，他們開始聊起當天發生的瘋狂事件。一個女人朝他們走來，一臉驚恐地問道：「你們倆知道是怎麼回事嗎？」塔雷伯嚇壞了，她的眼神中流露出純粹的恐慌。

回到公寓後，他開始打電話給同事，問他們還好嗎。一個表親打電話給他，說警察正在他位於第七十二街與第一大道交叉口的房子外面。有人從樓上的公寓跳樓自殺了。塔雷伯後來說：「衝擊近在咫尺。」

那天，其他的交易員痛苦萬分的時候，塔雷伯的投資組合表現得不錯，但還不足以對他的職涯造成決定性的影響。翌日，情況變了，聯準會的葛林斯潘向金融體系挹注大量的現金，使塔雷伯在歐洲美元的投資部位暴漲。他本來以二或三美元買入的選擇權合約，現在價格飆至三百、四百、五百美元。

坐在辦公桌前，他看著自己的投資部位越漲越多，感覺快要失去理智了。他知道正在發生的事情其實不該發生的，於是，他對電話另一頭位於交易廳的場內經紀人大喊：「以三百五十賣出！」一分鐘後，經紀人回電說：「四百五十成交了！」他又喊出：「以五百賣出！」經紀人回他：「五百五十成交了！」

統計上來講，這種市場變化幾乎無法量化。這是如此罕見的事件，在宇宙的歷史上，或在一個正常的世界裡，都不該發生這種事。塔雷伯逐漸明白，在金融界，情況常偏離正常；那些認為金融界很正常的人，會一而再、再而三地誤判。

這段經歷為塔雷伯上了一課，令他畢生難忘。他覺得事實終於證實他是對的。他押注罕見事件的策略，常被那些日復一日累積獲利的交易員嘲笑，如今卻奇蹟似地奏效了。當時他認為，結果本身並不重要，重點是，那些交易員所採用的方法與模型根本有嚴重的缺陷。塔雷伯的成功，主要是靠他的直覺及根深柢固的逆向投資本性。但這段經歷讓他不禁質疑：既然這些人那麼聰明，為什麼他們還會爆掉呢？

為什麼我沒爆呢？

○○○○

炸彈把地下室的天花板炸得咔嗒作響，塵土像羽毛般飄落在地上。室內的燈光閃爍著，塔雷伯拂去書頁上的灰塵，那時才十幾歲的他對炸彈一無所知，他已經習慣炸彈的存在。當下，他完全沉浸在格雷安・葛林（Graham Greene）的小說《哈瓦納特派員》（*Our Man in Havana*）中。那部小說描寫英國間諜在古巴的拙劣行為。學校停課了，日子很無聊，雖然這種單調的日子離殘酷內戰的熱區僅一箭之遙。不過，對塔雷伯來說，日子是圍著書中的世界打轉的。

那是一九七五年，貝魯特的基督徒與穆斯林之間發生暴力衝突，這場戰爭最終導致九萬多人死亡（其中包括兩百四十一名美國軍人，他們在一九八三年十月的陸戰隊軍營爆炸中喪生）。日常生活完全停擺。為了打發時間，塔雷伯窩在家中的地下室裡，沉浸在書中，博覽黑格爾（Hegel）、馬克思（Marx）、湯恩比（Toynbee）、費希特（Fichte）等人的哲學作品，以及葛林等作家的小說。他最喜歡的書是美國記者威廉・夏伊勒（William Shirer）的《柏林日記：二戰駐德記者見聞：一九三四～一九四一》（*Berlin Diary: The Journal of a Foreign Correspondent*）（夏伊勒寫了納粹史的權威著作《第三帝國興亡史》〔*The Rise and*

Fall of the Third Reich〕）。《柏林日記》之所以令塔雷伯著迷，是因為該書對掀起二戰的事件做了現場報導，而且夏伊勒對於希特勒的狡猾陰謀，算是最見多識廣的觀察者之一，但他竟然沒有預見震撼世界的事件即將到來。塔雷伯在日常生活中也經歷類似的扭曲，沒有人預見黎巴嫩會爆發內戰。即使內戰越演越烈，但多數人都認為它遲早會結束（沒想到竟然延續了十五年）。那時懷疑論剛開始在塔雷伯的內心萌芽，他從這個經歷中記取的教訓是：大家對於未來會發生什麼一無所知。只有在事後回顧時，他們才聲稱自己一直都知道會發生什麼事。

塔雷伯的早年生活，幾乎沒有跡象顯示他日後會成為華爾街的衍生性商品交易員、暢銷書作家、在世界各地飛來飛去的名人。一九六〇年，塔雷伯生於黎巴嫩的艾姆雲（Amioun），那是貝魯特北方一個偏遠小鎮，居民的主要信仰是希臘東正教。他年少時很叛逆，強烈反對周遭隨處可見對奢侈與財富的浮華追求。十五歲時，他因涉嫌在一次學生暴動中，對警察扔水泥塊而入獄。一位同學在混亂中不幸命喪槍下。

同年，也就是一九七五年，內戰爆發，家族的許多土地在戰亂中遭到摧毀，包括他們的家園。他的外祖父是黎巴嫩的前副總理福阿德．尼古拉斯．霍頌（Fouad Nicholas Ghosn）。霍頌逃離了黎巴嫩，住進雅典一間破舊的公寓。一位朋友在玩俄羅斯輪盤賭博時自殺了，這個早年事件讓他明白機率的可怕危險。

為了遠離暴力，塔雷伯逃離了黎巴嫩，前往巴黎大學學習數學與經濟學。隨後，他移居美國，在全球數一數二的賓州大學華頓商學院取得工商管理碩士學位，也遠離貝魯特的致命街道。塔雷伯在華頓商學院接觸到許多來自全球大公司的執行長，他們的膚淺與自以為是令他震驚。他暗自懷疑，他們對自家公司的**真實**情況，其實一無所知。

在華頓商學院的自助餐廳裡，外國學生聚集在一張餐桌邊。其中一名學生是英國腔很濃的斯里蘭卡人拉傑．拉賈拉特南（Raj Rajaratnam）。他給塔雷伯留下的印象是，他很擅長電腦，但永遠不會大富大貴。拉賈拉特南後來在紐約創立避險基金帆船集團（Galleon Group），確實變得非常富有，但於二〇〇九年因內線交易而遭到聯邦調查局（ＦＢＩ）逮捕。

塔雷伯在華頓商學院第一次學到選擇權，從此愛上這種東西。他發現選擇權有一個奇妙的特色：它們是非線性的。某些交易的可能獲利，似乎與你承擔的風險（你為合約支付的一、兩美元）相去甚遠。風險完全是由選擇權的賣家承擔，買家頂多只冒著損失一、兩塊錢的風險。塔雷伯認為，最妙的是那種以極不可能發生的事件為標的的選擇權，例如擾亂市場或導致公司破產的大崩盤。那種選擇非常便宜，它們的賣家似乎覺得明天會與今天一樣。塔雷伯知道那是愚蠢的賭注。

他從華頓商學院畢業後的第一份工作是在信孚銀行（Bankers Trust），這家公司在華爾街日益以大膽、敢於冒險的做法著稱，裡面雇用了一群熱衷於衍生性商品的計量交易員。後來，他轉到法商東方匯理銀行（bank Indosuez）做匯率選擇權交易（匯率選擇權是讓持有者有權以固定匯率買賣一種貨幣）。那時他第一次遇到好運降臨。一九八五年，九月二十二日，所謂的G5國家（美、英、法、德、日）簽署《廣場協議》（Plaza Accord）。該協議的目的，是為了壓低美元對日元與德國馬克的匯率，以減少美國的貿易逆差。塔雷伯本來就一直大買特買便宜的匯率選擇權，這時那些選擇權的價值突然飆漲，他全憑運氣撈了一票。

塔雷伯的老闆開始稱他是「選擇權界的鮑比．費雪（Bobby Fischer）」，把他與布魯克林的西洋棋神童相提並論。費雪二十九歲時因贏得世界冠軍而成為媒體焦點，並創下與世界頂尖的西洋棋大師對奕連贏二十場的非凡成績。塔雷伯的交易獲利極其可觀（試想，五百美元的部位突然變成兩百萬美元），連公司的電腦也無法計算其獲利。東方匯理銀行的法國高層對此產生疑慮，特地派一組人員來美國查帳。每次他們預計進入交易廳時，塔雷伯的老闆就會叫他趕緊離開，以免查帳人員盤問他。

二十六歲時，他加入財力雄厚的第一波士頓投資銀行（First Boston）。他在該公司位於紐約公園大道廣場大樓的交易廳工作，上司是來自布魯克林區的紐約愛爾蘭人鮑爾斯（黑色星期一，那個哀求電腦螢幕上的數字**別再變動了**的人）。鮑爾斯是個精明的交易員，全憑直覺交易，塔雷伯懷疑他私下搞不好還兼差當黑幫小嘍囉。他向高層解釋交易的方式，很像桑尼．柯里昂（Sonny Corleone）在《教父》中描述的暗殺任務。他常吹噓：「我們做了這個，又做了那個，然後三兩下功夫，就賺翻了。」

就像在東方匯理銀行一樣，塔雷伯開始累積許多非常便宜的歐洲美元價外買權（out-of-the-money call options）。「價外」意指塔雷伯當時無法從選擇權中獲利，因為歐洲美元合約的履約價格比標的現價還高。那是一種奇怪的交易，無法為公司提供穩定的獲利。某天，鮑爾斯把他叫進辦公室，遞給他一份策略清單，上面顯示歐洲美元下跌的日子遠多於上漲的日子。塔雷伯面無表情地把報紙拿到鮑爾斯的面前，慢慢地從中間撕下來，然後就走出辦公室。他沒有因此被解雇，之後鮑爾斯也沒再管他了。幸好，他繼續買入歐洲美元，那些投資部位在一九八七年十月的崩盤中大賺了一筆。那次獲利為塔雷伯帶來可觀的收入，他喜歡稱之為「去你媽的資金」（fuck you money），換句話說，就是自由。

一九九一年，塔雷伯在一家瑞士銀行工作幾年後，開始在芝加哥商品交易所（Chicago Mercantile Exchange）從事場內交易。他想學習公開喊價場內交易的神祕藝術。

塔雷伯凝視著眼前一片混亂的景象，場內交易員瘋狂地比著誇張的手勢，揮舞著手臂，大吼大叫，他開始對自己喉嚨緊繃的奇怪感覺感到不解。

但一瞬間他突然懂了。

有一個交易員把手勒在他的脖子上，他努力想要掙脫那雙手，這時四名警衛連忙衝了過來。原來，他犯了一個致命的錯誤，在競爭對手的地盤上徘徊——這在競爭激烈的交易廳裡是不可原諒的錯誤。警衛把對方拖走時，塔雷伯從震驚中恢復了過來，心想：「我恨透這個該死的地方了。」

但他也很喜歡這裡，因為這裡與第一波士頓截然不同。第一波士頓的衍生性商品交易員靜靜地坐在辦公桌前，盯著閃爍的螢幕。**這裡的傢伙簡直跟動物一樣，他們可以從眼睛的顫動中感覺到恐懼，他們有敏銳的洞察力。**許多人已經相識幾十年了，他們週末聚在後院野餐，摟著妻子，看著孩子玩耍。然而，週一早上，他們又回到激烈的競爭中，有時甚至互掐脖子，激烈地爭奪交易。

塔雷伯剛加入芝加哥商品交易所（簡稱為Merc）時，不得不佩戴一張有點丟人的識別證，上面印著「新人」。他進入場內的第一天，一名交易員把他拉到一邊。

「小子，過來一下。你有看到那邊那個傢伙嗎？」

「有。」

「他叫艾德，七年內賺了七百萬美元。」

「喔。」

「但七秒內賠光了一切。好，你可以走了。」

塔雷伯之所以來芝加哥商品交易所，是因為他想更了解他在紐約的電腦螢幕上所看到的閃爍價格，是怎麼在場內形成的。他花了約六個月的時間，才學會看懂交易廳裡的價格。他看到像史匹茲納格爾那樣的場內代表，是如何敏銳地觀察場內交易，以辨識較弱的交易對手。接著，他們會集體迅速改變價格動態，突然大幅提高出價或大幅降低出價，以迫使其他交易員賣出或買入。這種活動一局接一局進行，基本上與市場的基本面無關。塔雷伯在加入芝加哥商品交易所的最初六個月所學到的市場動態，比他坐在辦公桌前那幾年所學到的還多。

一九九三年，他離開芝加哥商品交易所。接下來那幾年，他從加拿大帝國商業銀行（CIBC Wood Gundy）跳槽到法國巴黎銀行（BNP Paribas），但有件事一直困擾著他。在芝加哥商業交易所做交易需要經常大吼大叫，偶爾也需要與憤怒的場內交易員扭打，對方可能會掐住他的脖子。因此，他一直以為，他的喉嚨就是因為這樣才會老是卡卡的。搬回紐約後，他決定在上東區找一位醫生檢查一下喉嚨。醫生寫好病理報告後，告訴他這個消息。

「情況不像聽起來那麼糟……」

那是喉癌。塔雷伯震驚地走出大樓，步入雨中。就像黑色星期一的晚上一樣，他開始恍惚地在紐約的街道上慢走。不久，他來到一個醫學圖書館前。他翻閱有關喉癌的資訊時，越看越困惑。喉癌通常是由抽菸引起的，塔雷伯又不抽菸。這種癌症常發生在老年人身上，但他才三十幾歲。這並不合理，他的狀況不符合模型，他算是異數，難道他是……黑天鵝嗎？

○○○○

一九九六年，塔雷伯結識美國最成功的避險基金經理之一維克托·倪德厚夫（Victor Niederhoffer）。倪德厚夫閒暇時會跟喬治·索羅斯（George Soros）打網球。一九八〇年代，他靠著幫索羅斯管理龐大的固定收益投資與外匯而成名。索羅斯非常欣賞倪德厚夫的交易頭腦，還叫兒子跟在倪德厚夫的身邊學習。一九九六年，這位布魯克林出生的交易員表現出色，當年的投資獲利高達三五％。追蹤避險基金業的通訊報《*MARHedge*》把他評為全球第一的避險基金經理人。

塔雷伯在二〇〇二年《紐約客》的一篇人物專訪中，對撰稿者麥爾坎．葛拉威爾（Malcolm Gladwell）說：「這個人住在豪宅裡，裡面有上千本書，這是我小時候的夢想。」[13]葛拉威爾在文中稱塔雷伯是「華爾街的主要異議分子」。

塔雷伯雖然很敬重像倪德厚夫那樣擁有龐大藏書及氣派豪宅的有錢交易員，但他也懷疑，他們的成功基本上是運氣使然，而不是憑技巧——就好像隨機拋出硬幣，碰巧連續十次都是反面。這表示，災難（連續出現十次正面）發生的機率是一樣的。他們都被隨機性所騙了。一年後，道瓊工業指數在一天內暴跌五百五十四點，導致倪德厚夫賠光了一切，而不得不抵押豪宅，賣掉古董銀器收藏——這也印證塔雷伯當初的懷疑。

塔雷伯對華爾街及其日益壯大的計量交易員大軍抱持的懷疑與日俱增。隨處可見複雜的衍生性商品及令人費解的投資策略。他實在很懷疑那些策略所依據的模型，也越來越直言不諱地表達自己的擔憂。一九九〇年代中期的某天，他決定完成一個多年來一直致力投入的計畫，詳細闡述他認為那些模型的問題所在。那些模型是以複雜的交易來抵消投資組合（內含股票、債券、選擇權）的虧損風險。他走在公園大道上，在第四十五街的轉角處，把領帶扔進垃圾桶，接著就回家中的閣樓閉關寫作。後續幾年，他完成長達五百二十八頁的巨著《動態避險：管理普通與奇異選擇權》（*Dynamic Hedging: Managing Vanilla and Exotic Options*）。該書於一九九六年出版，是他研究十多年以及在交易廳辛苦累積經驗的結晶。

當年，他接受專業雜誌《衍生性商品策略》（*Derivatives Strategy*）的訪問，訪問內容以標題〈塔雷伯眼中的世界〉刊出[14]。文中，他抨擊混亂的華爾街世界對數學的過度依賴，後來大家甚至稱之為**金融工程**（financial engineering），以賦予它一種硬派科學的光環。

採訪者問他：「你覺得金融工程有什麼問題？」

塔雷伯說：「有些人看了文獻，看到了微分方程式就說：『天啊，這好像工程。』工程之所以會依賴模型，是因為你可以充分掌握物理界的關係。社會科學的模型則有不同的目的，它們有強烈的假設。經濟學家很早就知道，數學在他們的專業中有不同的意義。它只是一種工具，一種表達自己的方式。」

那位採訪者總結道：「所以，真正的工程技術可以打造一座橋，你可以放心地開車過橋。但金融工程的建模不夠確定，不足以管理投資組合。」

「沒錯！在金融界，你對參數不是那麼確定。你添加參數，導致模型擴展得越大，你因此越深地陷入一個千絲萬縷的關係。這就是所謂的擬合過度（overfitting）。」

一九九八年，塔雷伯在巴黎多菲納大學（University of Paris-Dauphine）取得數學博士學位。接著，俄羅斯債務爆發違約時（導致長期資本管理公司倒閉），他又幸運發了一筆橫財。在違約前，塔雷伯買了許多俄羅斯銀行的賣權。只要銀行暴跌，那些投資部位就有獲利。結果確實如他所願，獲利相當可觀。

○○○○

格林威治村的一間小教室裡，飄著汽車廢氣與中餐外賣的味道。塔雷伯站在一塊寫著公式的白板前。那公式是，假設 x1, x2 = n1。他正在紐約大學知名的柯朗數學研究所，教一門金融學的研究生課程。高盛（Goldman Sachs）的前計量交易員尼爾．克里斯（Neil Chriss）在紐約大學開了一個應用數學金融學程，可說是該領域的先驅。克里斯非常欣賞塔雷伯的交易大作《動態避險》，所以聘請他來擔任兼職教授。塔雷伯開的課程名稱是「計量金融中的模型失敗」（Model Failure in Quantitative Finance）。

他告訴學生，他的一大不滿是銀行普遍使用 VaR（value at risk，風險值）。這個指標廣泛衡量銀行投資組合的風險，它是衡量銀行對極端損失的曝險。該指標是由摩根大通（J.P. Morgan）與華爾街的一群數學高手在一九八〇年代末期與一九九〇年代初期開發出來的。它衡量投資組合中的資產過去的漲跌幅度，並對這些資產之間的相關性做了各種調整（例如，債券與黃金的走勢往往相同；避險的公用事業股與高風險的科技股，走勢往往相反）。塔雷伯解釋，問題在於，歷史資料無法可靠地預測極端事件期間的相關性，而極端事件才是唯一重要的事情（每日小幅的市場波動並不會使你爆掉）。他認為，這種對 VaR 的依賴，就好像盲目飛行，導致決策充滿隱藏的危險，注定會釀成災難——十年後爆發全球金融危機時，許多人才記取這個教訓。

他對學生說：「VaR 是用來訓練坐以待斃的人。」

這也算是一種機會。越來越多高槓桿的避險基金與投資銀行使用有缺陷的風險模型，這表示金融體系比以往更像一座建在沙子（或炸藥）上的城堡，所以市場上會出現更多的崩盤、更多的爆炸、更多的毀滅。塔雷伯靠著市場崩盤與爆炸已經獲利將近十五年，有時是偶然碰上。他開始嘗試系統性的交易策略，以利用華爾街計量模型中隱藏的缺陷。

他抗癌成功，兩年的放射治療消除了喉癌細胞。但與死神擦身而過的經歷，促使他重新考慮自己的職涯。他擔心，交易的壓力——或者更重要的是，為了避免投資部位爆掉而斷送職涯的壓力——可能是他罹癌的原因。他一直在考慮成立一家避險基金，以便把日常事務掌控得更好。重要的是，那必須是一家永遠不會倒閉的避險基金。

就在此時，他偶然接到避世隱居的大亨唐納德・薩斯曼（Donald Sussman）打來的電話。

薩斯曼的避險基金帕洛瑪合夥事業（Paloma Partners）在一九九八年的市場動盪中遭到重創。他是德劭公司（D.E. Shaw）的主要投資者，德劭是一家由計量交易員主導的紐約大型公司，當年也是損失慘重。薩斯曼從小道消息得知，一位鮮為人知的黎巴嫩裔美籍交易員兼數學家竟然在一九九八年**賺了錢**。而且那位交易員在一九八七年十月的大崩盤中也賺了數百萬美元。薩斯曼認為，這種交易員可以幫他避開未來崩盤的衝擊。

他主動找上塔雷伯，向他推銷一個想法。他告訴塔雷伯，他會提供五千萬美元的創始資金，並在帕洛瑪位於康乃狄克州格林威治鎮的總部為他設立辦公室（當時美國的避險基金業蓬勃發展，許多避險基金公司設址於格林威治鎮，那裡正迅速發展成美國避險基金業的中心）。塔雷伯把他的避險基金命名為經驗資本公司（Empirica Capital），藉此反映他對觀察、實證、經驗的重視，而不是依據空泛的理論與計量進行操作。

就在塔雷伯準備推出該基金時，紐約大學柯朗研究所的克里斯告訴他，該研究所內有個新生叫史匹茲納格爾，曾在芝加哥做了多年的場內交易員，也在紐約做過自營交易員。塔雷伯認為，頭腦簡單、四肢發達的場內交易員竟然會對數學金融感興趣，實在非常難得，心想史匹茲納格爾很適合成為新基金的合夥人。

「他可以今天來上班嗎？」塔雷伯問道。

「哈，我們拭目以待。」克里斯回他。

克里斯打電話給史匹茲納格爾。他碰巧很熟悉塔雷伯的教科書《動態避險》，他認為那本書幫他從全憑直覺的場內交易領域，轉入衍生性商品的複雜數學世界。

「你應該和塔雷伯談談。」克里斯說。

當天稍後，塔雷伯打電話給史匹茲納格爾，問他當晚能不能到他在柯朗研究所的辦公室碰面。

「好啊，晚上見。」史匹茲納格爾說。

那天下課後，史匹茲納格爾爬樓梯去塔雷伯的辦公室。兩人見面後，可說是一拍即合。他們聊到他們都愛花小錢做可能帶來爆炸性收益的交易，以及對維也納哲學家卡爾．波普（Karl Popper）作品的喜愛時，簡直像一個模子刻出來的。史匹茲納格爾握手同意與塔雷伯合作。於是，他來柯朗研究所放的「學習假」，只延續約兩天就結束了。一個月後，經驗資本公司正式成立。

06 火雞問題

布蘭登・雅克金（Brandon Yarckin）向來很矛盾。十幾歲的時候，他又矮又瘦。但他的頭太大了，朋友開玩笑說，他看起來像一顆柳丁插在牙籤上。他加入初中的美式足球隊時，他的頭只能塞進高中校隊的頭盔。他天性保守，卻酷愛玩滑板。十七歲進入杜克大學時，由於他在高中已經累積大學先修課程整整一年的學分，他決定直接主修經濟學，並立即認定現代經濟理論的核心原則根本是胡說八道。

他回憶道：「第一堂課是談效率市場。」該理論主張，所有市場的價格，立即反映所有可用的資訊，因此使市場達到**最佳效率**。這種概念源於隨機漫步假說（random-walk hypothesis），該假說認為市場的走勢是不可預測的，就像拋硬幣一樣。「那位教授花了一整堂課的時間，說明市場是有效率的。我提出一些質疑，因為我覺得那很愚蠢，根本不合理，那大家何必投入市場呢？」

這是一個困擾許多經濟學學生的難題。既然市場總是有效率的，那交易員又何必存在呢？

該理論認為，某種程度上，交易員是讓市場變得有效率的工具。如果一檔股票太貴了，他們會拋售。如果一檔股票太便宜了，他們會買進。但價格太高或太低，似乎本質上違反效率市場假說，因為該假說亦主張，交易員不可能始終擊敗市場。既然市場總是對的，他們怎麼可能做到那樣？

雅克金雖然抱持懷疑的態度，但他花三年就拿到經濟系的學位，二〇〇〇年到紐約市的各大金融機構面試。他婉拒摩根士丹利（Morgan Stanley）的聘用，接到建達公司（Cantor Fitzgerald）的誘人工作機會。那份工作是擔任業務員，從世貿中心一〇七樓的辦公室向客戶推銷各種交易。他正要接受那份工作時，又收到ＫＢＣ金融產品公司（KBC Financial Products）的錄取通知（金融產品是華爾街給花俏衍生性商品的代稱）。ＫＢＣ原本是一家頂級經紀商，剛從紐約避險基金巨擘德劭公司拆分獨立出來（德劭就是一九九八年為薩斯曼帶來大幅虧損的那家公司），被比利時的ＫＢＣ銀行（KBC Bank）收購，這家比利時公司正打算進軍美國蓬勃發展的金融業。

雅克金最後接受ＫＢＣ的工作。一年後爆發九一一恐攻事件時，建達公司那天早上進世貿中心上班的員工全部罹難。

在ＫＢＣ任職時，雅克金在紐約迅速成長的衍生性商品業中是核心人物。他的任務是為ＫＢＣ的客戶找到交易對手。如果一個客戶打電話來說：「我想買一萬口ＩＢＭ的賣權。」

雅克金的任務是打電話給他認識的其他公司業務員，以尋找一萬口ＩＢＭ賣權的賣家。更重要的是，雅克金必須找到比競爭對手更便宜的交易，這是他很快就掌握的技巧。

二〇〇一年，雅克金飛往坦帕灣（Tampa Bay）去參加一場選擇權大會。中場休息時，他排隊吃午飯。他前面站了一位身材修長的禿頂男子，留著灰白色的鬍子，那人是塔雷伯。他們兩人聊了起來，在取餐後，他們併桌用餐。塔雷伯一如既往主導他們的談話。

回到紐約後，雅克金刻意去了解經驗資本公司及其首席交易員史匹茲納格爾。他很快就意識到，經驗資本是一個理想的客戶。接下來那幾個月，雅克金一再聯繫史匹茲納格爾，請史匹茲納格爾讓他處理經驗資本的訂單。他們因為有許多共同的興趣而一見如故，例如自由意志主義的政治理念與滑板運動。不久，他倆就在中央公園的危險小路上溜滑板，還要一邊閃躲路上那些有如敢死隊的計程車司機。雅克金很快就變成經驗資本公司的主要經紀人。

二〇〇〇年，塔雷伯與史匹茲納格爾一創業就很順利，彷彿幸運女神就站在他們那邊。網路泡沫以驚人的方式破滅時，他們的獲利相當可觀，簡直像印鈔票一樣。當時他們幾乎每天都有獲利，年底的累積獲利近六〇％。當其他的避險基金都陷入困境時，如此高額的獲利著實驚人。那時薩斯曼是經驗資本的唯一投資者，他對自己的小實驗非常滿意。

他們的辦公室位於格林威治鎮的邊緣，規模不大，有一個小交易室可俯瞰一片樹林。附近威徹斯特郡機場（Westchester County Airport）傳來的飛機轟鳴聲，就像是背景中持續不斷的白噪音，與巴哈、馬勒、華格納的古典音樂相抗衡。角落掛著一台經常靜音的電視，播放著CNBC財經頻道的節目。牆上幾乎一片空白，只有一塊巨大的白板，上面總是密密麻麻地寫著難以辨認的數學方程式，還有一小幅波普的筆墨素描。葛拉威爾在《紐約客》的專訪中，把波普貼切地描寫成經驗資本公司的守護神（索羅斯也是波普的追隨者）。

波普最重要的思想之一是否證原則（Falsification Principle）。該原則主張，科學的進步，不是藉由證明理論為真，而是藉由證明理論是錯的。因此，當水手在澳洲發現黑天鵝時，歐洲人認為「所有天鵝都是白色」的想法就證實是錯的。波普在一九三四年出版的《科學發現的邏輯》（*The Logic of Discovery*）中寫道：「不管目睹再多次的白天鵝，都無法證明『所有天鵝都是白的』理論。只要看到一隻黑天鵝，就可能推翻那理論。」

這個理論主張謹慎至上，特別適合交易複雜衍生性商品的交易員（巴菲特曾說衍生性商品是「大規模毀滅性武器」）。你可能以為你對周遭世界、未來走向與原因都瞭若指掌。但否證原則顯示，你的理解其實很有限。黑天鵝可能潛伏在某個角落，隨時都有可能冒出來證明你錯得多離譜。

為了說明這個觀點，塔雷伯喜歡舉感恩節的火雞為例，他稱之為火雞問題。火雞一生中的每一天，都由農夫餵食。這隻火雞（有抽象思維的特殊品種）因此推論，這種情況將會永遠持續下去，而且牠也覺得農夫是真的很愛火雞。直到感恩節，火雞的黑天鵝出現了——那也是牠的破產問題。英國哲學家伯特蘭·羅素（Bertrand Russell）也用過同樣的比喻，但他是以雞來當那隻註定會死的鳥。更早之前，超級懷疑派的蘇格蘭人大衛·休謨（David Hume）主張，沒有人能**絕對肯定地**知道明天太陽會升起。這個主張後來在哲學上稱為歸納問題（Problem of Induction）。這種看待事物的方式，降低我們預測未來事件的能力，從一〇〇%降到某種較低的統計指標。例如，我們可以宣稱，根據過去每個太陽升起的早晨，我們可以九九·九九九九%地肯定，我們相信太陽會升起，但我們永遠無法一〇〇%肯定地那樣說。天曉得，也許某個瘋狂科學家在實驗室裡醞釀的黑洞，可能在下個瞬間吞噬整個太陽系也說不定。

經驗資本公司受到歸納問題、火雞問題等爭論的啟發，其運作方式很像一個在實驗室中即時運行的實驗。塔雷伯與史匹茲納格爾藉此尋找最有效的交易策略，以利用市場崩盤的機會，同時把損失降至最低。該公司利用 Igor 之類的電腦程式，每晚下載數十萬份的選擇權合約。翌日，程式會推薦一些交易。塔雷伯與史匹茲納格爾發現，與大型機構的傳統訂單流對做，以及了解不同交易商的投資部位（那可能提供有利的價格），可為自己帶來優勢。史匹茲納格爾藉由追蹤交易商如何調整大量持倉，以及減少他們從客戶那裡取得的大額部位，找出哪裡有最好的交易。例如，如果高盛有一個客戶想賣出價值一百萬美元的深度價外標普五百賣權，史匹茲納格爾在華爾街的聯絡人知道他一直想買這類賣權，就會通知他注意這筆潛在交易。避險基金與其他投資者之所以向銀行出售賣權有很多原因，但主要是因為他們只是想藉由賣出賣權來籌集現金——賣出賣權對基金來說是一種可靠的賺錢方式（只要市場沒有崩盤）。賣家簡直不敢相信自己的運氣竟然那麼好，他們心想：「這些笨蛋是誰，怎麼會想要買這些垃圾？市場不可能在下個月暴跌二〇%。」經驗資本公司日益成為大家眼中的傻瓜，願意成為那些**愚蠢**交易的對手。

「這是一個發現的過程，就像在實驗室一樣，我們正在搞清楚一些東西。」史匹茲納格爾回憶道，「我們什麼都做。」史匹茲納格爾負責管理交易部門，塔雷伯負責解數學問題及會見投資者。

有時，史匹茲納格爾在電話中與經紀人敲定交易時，他會恢復瘋狗式的場內交易員角色。例如，他知道對方的開價根本是在敲竹槓時，他會面紅耳赤地大吼：「你他媽在鬼扯什麼，你也知道這是在搶劫吧！一週內不准再打電話給我！」然後就砰的一聲掛電話。

經驗資本公司押注崩盤的策略，是為了與其他策略結合，以平衡一家公司的風險狀況。股市風險太大嗎？那就加入一點經驗資本公司以平衡風險。這不是獨立使用的策略，沒有人會把所有的資金都投入像經驗資本那樣的避險基金，然後就無所事事地等待崩盤。

此外，這種策略也是完全獨一無二的。在幾個月、甚至幾年的時間裡，這種策略可能看起來穩賠不賺。但就像克利普說的，你需要看起來像傻瓜，感覺也像傻瓜。接著，突然間，這個策略會幫你海撈一票。史匹茲納格爾把這個策略比喻成：一個幾乎不會彈兒歌的鋼琴手，一夕之間變成擁有拉赫曼尼諾夫（Rachmaninoff）高超琴技的大師。

塔雷伯與史匹茲納格爾的交易方式截然不同。史匹茲納格爾完全依循他們精心設計及測試的精確系統——黑天鵝協定。塔雷伯比較隨心所欲，有時是憑直覺、而不是固定公式做交易，以期搶在波動暴增之前下單。塔雷伯坐在彭博終端機前，可能會自問：「今天我有多看空市場呢？」如果這時史匹茲納格爾播放他最愛的作曲家之一馬勒的音樂，他會變得焦躁不安。「馬勒不利於波動性交易。」他抱怨道。

在大廳的另一邊，另一家由薩斯曼資助的新避險基金剛啟動：阿瑪蘭斯合夥事業（Amaranth Advisors）。經驗資本公司與阿瑪蘭斯共用一間洗手間。六年後，阿瑪蘭斯因錯押天然氣，而在幾天內虧損近七十億美元，進而破產——當時是現代金融史上規模最大的交易失敗，超越長期資本管理公司的戲劇性崩解。不過，薩斯曼很幸運，他在幾年前就因該基金的規模變得太大而退出該基金了[15]。

塔雷伯持續在紐約大學任教。下課後，他常在翠貝卡（Tribeca）的時尚餐廳 The Odeon 聚餐，與布朗和克里斯等朋友交流，閒聊數學、哲學、西洋棋、詩歌與物理。史匹茲納格爾曾去過一次，就再也不去了。對他來說，那些對話太理論、太抽象、太哲學了，不是建立在世界如何運轉的冷酷現實上。

經驗資本在二〇〇〇年締造的驚人績效，開始在華爾街的酒吧與茶水間流傳。它的表現完全就像避險基金該做的那樣：與整體市場的走勢剛好相反。字面上來看，這就是一支純粹的避險基金，其驚人的績效吸引外部投資者搶著加入。然而，塔雷伯是個特別的代言人。他有個怪癖是對單車極其狂熱。如果天氣不差，他幾乎每天都會騎單車從位於拉奇蒙特（Larchmont）的住家，到約十六公里外的格林威治鎮上班。到公司後，他通常也不會換掉貼身的單車短褲，改穿西裝，更別說是換上牛仔褲了，連會見潛在的投資者也是如此。某天，雅克金從KBC帶來一群人。塔雷伯穿著單車短褲見客，鬍子上還布滿了麵包屑。他們問他的投資策略與市場預測時（任何投資者考慮投資數百萬美元時，都可能對基金經理人提出這種制式問題），塔雷伯就發火了。

「誰他媽在乎這些？」他反嗆，「別老是問一些蠢問題。」

結果，他們沒有投資。

隨著退休基金等機構投資者開始湧入，這是避險基金業蓬勃發展的開端。長久以來，大家一直把避險基金視為投資界的狂野西部，由索羅斯或保羅・都鐸・瓊斯（Paul Tudor Jones）等神槍手主宰，他們憑直覺押注數十億美元。但隨著計量交易員精心設計的數學交易策略崛起，避險基金在華爾街比較冷靜的角落獲得更多的尊重。一九九九年，避險基金管理的資產僅一千八百九十億美元。到了二〇〇七年，也就是全球金融危機爆發以前，避險基金管理的資產高達二・三兆美元（二〇二二年的總規模是五・一兆美元）[16]。

儘管機構投資者開始喜歡投資避險基金，但經驗資本的成長動能在二〇〇一年開始熄火。市場重新站穩陣腳，波動性大降。塔雷伯開始感受到日復一日賠錢的壓力。他與史匹茲納格爾常因深奧的數學理論而爆發激烈的爭論，例如帕雷圖—列維分配（Pareto-Levy distribution）的含義，那是一種衡量極端現象的計量方法。不過，爭執並未損及他們日益深厚的友誼與相互尊重，兩人常在帕洛瑪總部外的樹林裡散步，針對如何改進經驗資本的策略交換意見。

○○○○

九一一恐攻爆發的前一週，塔雷伯出版第一本為一般讀者寫的書：《隨機騙局》（*Fooled by Randomness*）。這本經典是由多篇短文組成，內容涵蓋行為心理學、統計學、哲學、古代史等多元領域，本質上是以嚴詞抨擊華爾街那些以宇宙大師自居的人所宣傳的敘事。那敘事的基本形式是這樣的：我們比你聰明，把你的錢交給我們。塔雷伯以兩百五十幾頁的篇幅直斥，**那根本是一派胡言**。那些所謂的天才，大多只是運氣好罷了，是隨機事件的受益者。他們因運氣好，所以隨機拋硬幣時，對他們有利的結果出現五〇％以上——但這種趨勢終究會結束的，投資者將在過程中賠掉資金，但避險基金的經理人可以搭著私人遊艇前往巴哈馬群島享福。市場是隨機的，那些認為自己偵測到一種型態，而且可以利用那種型態來獲利的人是愚蠢的。塔雷伯並不否認一些投資者擁有真正的技能，但他堅持認為，那是少數。

葛拉威爾說：「那本書相對於華爾街的傳統智慧，大約相當於馬丁．路德（Martin Luther）的《九十五條論綱》七（*95 Theses*）相對於天主教會。」該書悄悄地吸引一批避險基金經理人與交易員的狂熱追捧，他們大多以為自己是真正有技能的人，而不是憑運氣獲利，但最後還是爆掉了。

《隨機騙局》有許多古怪之處，其一是以兩個虛構人物來代表不同的交易方式：胖子東尼（Fat Tony）與尼洛．屠利普（Nero Tulip）。胖子東尼是布魯克林出生的交易員，習慣憑

七、這是一份反對贖罪券的學術論辯提綱，不但引發了宗教改革運動，更直接促成了新教的誕生。

直覺交易。他憑著直覺及辛苦練成的胡扯偵查力，屢次擊敗擁有華頓商學院學歷及華麗豪宅的商學院精英。他代表華爾街比較堅韌、粗暴的一面，有點像電影《華爾街》裡的戈登．蓋柯（Gordon Gekko），也有點像黑幫老大艾爾．卡彭（Al Capone）。

屠利普這個角色本質上是塔雷伯的寫照，是個保守的知識分子，他設計一個永遠不會爆掉的交易系統。屠利普跟塔雷伯有很多相似之處，例如，他們都是擅長統計學的數學家，職涯發展也一樣，都曾是芝加哥商品交易所的場內交易員，後來去紐約的投資公司上班，在職業早期締造輝煌的成就，如今在紐約大學開課傳授「機率思維」。

屠利普的交易風格，也與史匹茲納格爾那種立即停損的策略很像。塔雷伯寫道：「屠利普會在交易達到預先的虧損水準時，立即認賠殺出。」屠利普宣稱：「我喜歡承受小額虧損。」

不過，胖子東尼身上也可以看到一點塔雷伯的身影。胖子東尼跟塔雷伯一樣，鄙視那些自認為可以預測市場走勢的交易員，喜歡跟那些交易員所押的錯誤賭注對做，押注市場崩盤。

塔雷伯也提到經驗資本公司的大崩盤策略。

他寫道：「金融市場中，有一類交易人是靠反向的罕見事件獲利。對他們來說，波動往往是好消息。這種交易人常賠錢，但賠得不多。他們很少賺錢，但每次賺錢必是海撈一票。我稱他們是危機獵人，也很高興我是其中一員。」

○○○○

某週二的下午，塔雷伯在倫敦停留期間，與朋友共進午餐。他突然接到史匹茲納格爾的來電告知：「某個業餘的飛行員剛剛駕駛一架飛機，撞上了世貿中心。」這說法呼應了九月十一日早上大家最初普遍抱持的假設，那時大家以為基地組織（Al Qaeda）發起的恐怖攻擊是一場隨機事故。

第一次撞擊發生十七分鐘後，就在緊急救難人員趕到現場時，第二架波音七六七撞上世貿中心的南塔，此舉立即顯示這不是意外。到了上午十點三十分，雙子塔已成廢墟，金屬與玻璃堆積如山。現代世界史邁入恐怖時代，這是一個新階段。對多數的美國人來說，這是黑天鵝中的黑天鵝。

恐怖攻擊開始後，市場幾乎立即關閉，並持續關閉了一週。經驗資本的投資部位在當天上午狂飆，但因為市場關閉，它完全無法從中獲利。九月十七日週一紐約證交所重啟時，股市暴跌。道瓊工業指數重挫六百八十四點，當時創下單日最大跌幅。那週結束時，道瓊下跌一四%。據估計，股市的市值蒸發一．四兆美元。

對經驗資本來說，這似乎是理想的市場，但大家仍普遍擔心另一場恐攻來襲。該公司的一些投資者（包括帕洛瑪）都不想馬上變現。經驗資本本來可以趁機大賺一筆，避免其投資者蒙受巨大的損失，卻沒有這樣做。塔雷伯與史匹茲納格爾沒有出售選擇權，趁市場暴跌時獲利，而是繼續持有那些選擇權，以防另一次恐攻來襲，導致市場再次崩盤——事後證明，這是一大錯誤，因為大家對後續攻擊的擔憂消退了，市場迅速反彈。當時，個人的投資組合規模似乎一點也不重要了。美國在布希政府的領導下，正在為永遠的反恐戰爭做準備。

儘管如此，不管下次崩盤何時出現，塔雷伯與史匹茲納格爾仍為下次崩盤做準備。他們持續修改交易協定，從中記取教訓。

發生九一一恐攻及《隨機騙局》出版後，塔雷伯開始以打破傳統的交易者兼懷疑論者的身分著稱，十一月二十三日，他上財經新聞頻道CNBC接受訪問，那是他首次在全國性的電視節目上露面。節目主持人朗恩．尹沙納（Ron Insana）向觀眾介紹了塔雷伯。

「他經營經驗資本公司，這是一家以尋找危機著稱的避險基金，最近他也出了一本新書《隨機騙局》。」

塔雷伯對市場的獨特看法，似乎令尹沙納困惑不解。「多數人被意想不到的波動搞得不知所措，你的事業卻是靠波動性獲利，幫客戶避開無法預見的衝擊。你具體上是怎麼做的？」

「這不是很複雜的交易策略，」塔雷伯說，「我的意思是，利用波動性賺錢非常簡單。你看到標普指數的波動超過二十點，或道瓊指數的波動超過兩百點，就知道有波動性。問題是，現在這種機會並不多。」

尹沙納問塔雷伯，他是如何預測這些重大事件的。

塔雷伯說，你不會知道。「你必須有耐心，規則一是要有極度的耐心，盡可能耐心地等候……你會持續流血，彷彿每天少一塊皮似的。你必須耐住性子等候，採取一種長期波動策略，忍受持續的虧損。」

塔雷伯把這個策略比喻成開一家禮品店，但不知道耶誕節何時會來。「耶誕節是隨機到來的，但你必須日復一日地支付房租。」

「簡言之，你喜歡買保險。」尹沙納說。

「這不是一般保險，」塔雷伯回應，「而是一種激進的保險。」

○○○○

二〇〇一年底的某天，塔雷伯上紐約一家廣播電台的節目。在電台的辦公室裡，他遇到作家蘇珊・桑塔格（Susan Sontag）。有人告訴桑塔格，廣播室裡那個長得像老外、留著鬍鬚的先生，寫了一本有關隨機性的書。桑塔格出於好奇，主動找上他。當她發現塔雷伯是交易員時，她直言自己**反對市場體系**。塔雷伯一聽，困惑不解，但他還來不及回應，桑塔格已轉身，拂袖而去。

當天稍後，塔雷伯遇到一個很快就贏得他崇拜的人：本華・曼德博（Benoit Mandelbrot）。這位特立獨行的法國數學家是碎形幾何學（fractal geometry）的發明者，混沌理論（chaos theory）的先驅[17]。那天，他來紐約大學的柯朗研究所演講，談兩個看似不相關的主題：碎形與金融。塔雷伯對這場演講很感興趣，他不知道金融與碎形有什麼關係。

幾十年來，曼德博以研究證明，碎形隨處可見。在科學、工程、雲端、花朵、雪花中，都可以看到碎形的蹤跡。碎形幾何學背後的一個關鍵概念是自我相似（self-similarity），或稱自我相仿（self-affinity）。早在一九六七年，曼德博就曾以提問的方式來解釋這個概念：英國的海岸有多長？無論是從飛機上觀察岩石海岸，還是用放大鏡仔細觀察，你都會看到同樣的鋸齒狀凹凸起伏。因此，那個問題的答案取決於丈量工具的刻度。這個概念類似自然界中的碎形圖，例如，樹葉上的紋理看起來像樹枝的結構，樹枝的結構看起來又反映了樹的形狀；或者，一塊岩石看起來像一座山等。

碎形是由冪律（power law）決定的，是非線性的數學運算式。當你從樹葉移到樹枝、再移到樹木時，你是在尺度上做很大的非線性躍進。

這對金融模型來說是個壞消息。幾十年來，曼德博一直認為，金融業使用的傳統模型是依據高斯數學，亦即鐘形曲線，那有嚴重的缺陷。十九世紀的數學家卡爾．弗瑞德呂希．高斯（Carl Friedrich Gauss）以鐘形曲線（俗稱高斯曲線，亦即常態分配）來做天文測量。後來這種曲線普遍出現在金融與經濟模型中，例如風險值。它衡量的現象有平穩的逐步過渡，而且多數樣本是落在鐘形曲線中間的安全範圍內。

鐘形曲線無法捕捉到碎形世界中可能出現的極端波動——冪律的世界，突然的跳躍，瘋狂的跳躍。曼德博的研究大多是以冪律為基礎，冪律驅動著各種現象，從棉花價格到收入分配，再到城市的人口密度等，都脫離不了冪律。鐘形曲線是以線性方式（一＋二＋三等）加起來；冪律支配的現象則不一樣，它可能出現意想不到的戲劇性變動，發生在曲線的尾部。

曼德博有一雙大耳朵，他的禿頭在講台上的蘋果筆電上方閃閃發亮。紐約大學的演講現場坐滿了計量分析師、交易員、財經教授。他對著滿場的觀眾說，如果鐘形曲線真的反映股市現實，像黑色星期一那樣的股市崩盤就永遠不會發生了。他說，這個問題可以追溯到一個世紀以前，一位神經質的法國經濟學家在巴黎做的研究。

曼德博以濃濃的法國腔說：「價格當然會起起伏伏，這是眾所皆知的事情，而且相關的名言錦句很多。一九〇〇年，一位超級天才研究這個問題，他叫路易斯．巴契里耶（Louis Bachelier），但沒有人注意到他，他的日子過得很悲慘。但信不信由你，他在一九〇〇年寫了一篇數學論文，標題是〈投機理論〉。投機是指在股市或債市投機。他第一次以鬆散且不完全的方式導入布朗運動（Brownian motion）。」布朗運動是十九世紀蘇格蘭植物學家羅伯特．布朗（Robert Brown）提出的，他觀察到花粉在液體中的運動是一種隨機過程。

「巴契里耶那個概念，基本上就是在講價格是隨機變動的，你無法預測價格。你拋硬幣，如果出現正面，價格就上漲；如果出現反面，價格就下降，如此一直持續下去。很久以後，我們看到一個全面的股市理論發展起來，前提是相信巴契里耶的模型確實反映了現實。在這個模型中，是假設價格變化的幅度（即波動率）固定不變。」

曼德博秀出一張圖，那張圖顯示金融價格的歷史變化，有些價格是真的，有些是假的，是他根據自創的簡單模型編造出來的。「這些現象都有一個非常奇怪的特點：頻繁而顯著的顛峰值。這些顛峰值不是孤立出現的，它們出現在波動性高的時期，其間穿插著波動性極低的時期。有些時期波動性會突然改變。你試圖在這些資料序列中（無論那資料是真的、還是假的）掌握波動性時，會發現波動性非常難以捉摸。事實上，它是不可能準確掌握或預測的。」

曼德博指出，根據高斯（或鐘形曲線）模型，波動率大幅飆升是極不可能的。「然而，正如你在這裡看到的，這種巨大波動經常發生。我們常發現自己處在這種極端值主宰一切的情境中。」

過去十年間，只有十天的獲利與虧損是真正重要的。「巨額財富是在短短幾天內創造出來；鉅額虧損也是在短短幾天內發生。因此，大家陷入一種非常、非常令人不安的狀況。也就是說，在這種情況下，只有極少數的罕見事件有意義，而且它們一出現就完全凌駕一切，產生壓倒性的效果，其餘一切根本不算什麼。」

塔雷伯聽到完全入迷了。曼德博描述的情況，正是他以前擔任交易員經歷到的情況，那段期間只有幾個重大的日子是重要的。演講結束後，他上前自我介紹，並詢問曼德博為什麼會涉足看似庸俗的金融領域——塔雷伯認為，在進入文學、理論、哲學等更高、更空靈的領域以前，金融界雖庸俗，卻是賺「去你媽的資金」的好地方。

「資料。」曼德博微笑著說，「資料是金礦。」

塔雷伯的職涯主要是研究不確定性、波動性，以及波動性對選擇權價格的影響。他還為此寫了一整本書，但他從來沒有意識到肥尾與碎形幾何之間的關聯，以及其背後的迷人數學。他發現，這是一種思考隨機性與黑天鵝的全新方式。

塔雷伯很快就與曼德博密切合作，兩人的住家相隔僅幾英里遠。二〇〇六年，他們一起發表一篇文章〈關注在已證實為常規的例外情況〉（A Focus on the Exceptions That Prove the Rule）。該文概括《黑天鵝效應》書中的主題。他們寫道：「傳統上以高斯模型看待世界的方式，是把焦點放在普通事物上，然後把例外或所謂的異常值當成附帶因素來處理。但還有另一種看待世界的方式，是以特殊事件為起點，並以附帶的方式處理普通事件——這樣做的原因很簡單，因為普通事件沒那麼重要。」

不過，他們更常談論的話題不是不確定性與黑天鵝的本質，而是圍繞著文學、歷史、藝術，以及曼德博在他漫長的職涯中所遇到的許多有趣人物，諸如瑪格麗特・米德（Margaret Mead）、諾姆・杭士基（Noam Chomsky）、羅伯特・歐本海默（Robert Oppenheimer）、史蒂芬・傑伊・古爾德（Stephen Jay Gould）、約翰・馮紐曼（John von Neumann）等。曼德博於二〇一〇年過世，他對《黑天鵝效應》有極大的影響。事實上，那本書是獻給他的。

不過，儘管塔雷伯對市場崩盤中的碎形運作方式有了新的了解，但這種知識並沒有幫到當時對他真正重要的地方：經驗資本公司。

○○○○

經驗資本正在失血，二〇〇一年虧損了八%。後續兩年，股市盤整，毫無大幅波動。葛林斯潘領導的聯準會為了因應九一一恐攻，為金融體系挹注大量廉價的資金。雖然這並未使經濟迅速成長，但在全國不斷擴大的房市泡沫推動下，經濟確實有所成長。這為即將到來的全球金融危機埋下導火線。

日復一日的虧損，不斷的失血，在在折磨著塔雷伯。史匹茲納格爾叫他別管一般衡量基金成敗的指標，別看每天的損益，但塔雷伯還是一直看。史匹茲納格爾一再告訴他：「你必須喜歡虧損。」

「我們績效好時，塔雷伯就欣喜若狂；我們績效差時，他就很沮喪。」史匹茲納格爾回憶道，「那對他的健康不好。」

還有另一個刺激，也對塔雷伯的心理有害。客戶或潛在客戶不斷問他，為什麼他的績效跟不上另一家同樣宣稱有卓越選擇權交易策略的公司：馬多夫投資證券公司（Bernard L. Madoff Investment Securities LLC）。

「既然你那麼聰明，為什麼不能像馬多夫那樣？」他們這樣問他，「為什麼他能做到，你卻做不到？」

接著，他們會讓他看馬多夫的績效——每個月都有一五％或二〇％的離奇報酬率，月月皆然，而且年復一年。塔雷伯試圖在電腦上開發一個類似的策略，以創造出那樣驚人的獲利，但發現他辦不到。

「那種報酬是不可能的。」他告訴那些投資者。

「你只是嫉妒罷了。」他們反嗆。當然，那些報酬都是虛構的。馬多夫搞出史上最大的龐氏騙局，於二〇〇九年入獄，並在獄中度過了餘生。

塔雷伯與史匹茲納格爾持續調整策略，但塔雷伯正持續失去興趣。葛拉威爾在《紐約客》上發表的長篇報導〈爆炸：塔雷伯如何把災難的必然性轉變為投資策略〉，詳細介紹塔雷伯與經驗資本公司。該文引發大家對經驗資本的興趣，也撫慰塔雷伯受創的自尊心。那篇文章把他描寫成特立獨行的人物，與典型的華爾街英雄形成鮮明的對比，也捕捉到那個時代的焦慮情緒。幾年前，網路革命改變了世界，一切看似朝著更好的方向發展。美國經濟全速前進，資本主義與民主在全球擴張，連俄羅斯也舉行了選舉。然而，到了二〇〇二年，那一切都令人懷疑了。網路泡沫破滅，恐怖分子讓美國陷入谷底，美國在阿富汗發動一場復仇戰爭，布希政府在伊拉克問題上劍拔弩張，經濟只能緩慢地從衰退中復甦。那篇文章把塔雷伯描寫成一個能夠解釋這一切混亂的人：市場隨時都有可能爆炸，沒有人能夠預測！至於那些華爾街的肥貓呢？他們都是被隨機性愚弄的騙子。

這種觀點幾乎發揮了安慰作用，讓人自我感覺良好。

○○○○

塔雷伯望著台下的觀眾，擦去額頭上的汗水。那是二〇〇四年，他在羅馬演講，談他在《隨機騙局》中介紹的一個主題：黑天鵝。他直言不諱地告訴台下的金融人士，他們對自己面臨的最大風險一無所知。從他們臉上的慍怒表情可以看出，他的話讓他們覺得不是滋味，其實他們非常不滿。演講結束後，大會主席告訴觀眾，講者不開放問答時間。塔雷伯走下講台，緊張地環顧四周，有點擔心主辦單位把他轟出大樓。

接著，下一位講者丹尼爾．康納曼（Daniel Kahneman）走上講台[18]。康納曼是普林斯頓大學的心理學家，前一年才剛以他和阿莫斯．特沃斯基（Amos Tversky）的開創性研究榮獲諾貝爾經濟學獎。他們的研究顯示，人類在不確定性下做決策，會出現各種奇怪的偏誤。康納曼的研究，與經濟學中長久以來的假設背道而馳。經濟學的假設最早可追溯到亞當．斯密：人類是受自身利益驅動的理性決策者。康納曼與特沃斯基的研究證明，人類常誤解很多事情，容易做出不理性的決定，那通常是對公平的錯誤觀感、過度解讀隨機數字、趨避損失等因素造成的。例如，被告知手術成功的機率是九〇%時，大家的反應是正面的；但被告知手術失敗的機率是一〇%時，大家的反應是負面的。

塔雷伯本來擔心自己被轟出現場，但那樣的擔憂很快就獲得了抒解，因為康納曼一開口就說，他會詳細闡述前一位講者的觀點，並說他完全認同那個觀點。

塔雷伯與康納曼很快就成為朋友，他們常在咖啡館或康納曼位於格林威治的公寓見面，或一起開車長途旅行（有一次他們開五小時的車去德拉瓦州，中途還迷路了。此外，塔雷伯也因為對一位駕駛比中指而激怒了對方，那個人憤而開車尾隨他們）。康納曼與特沃斯基開創的行為金融學領域，對塔雷伯這種懷疑人類理性的人來說很有吸引力。他深信，成功的專業交易員大多是因為運氣好，而不是技巧好，尤其是在極端風險的領域。人們先天厭惡損失（例如厭惡一〇%的手術失敗機率），有助於解釋為什麼多數交易者寧可冒著崩盤的風險，每天賺取小幅增量的獲利，也不願冒著多次小幅的損失（亦即喜歡虧損），偶爾賺取鉅額獲利。

那年的十一月，塔雷伯向國防部主辦的一場風險研討大會提交了一篇論文，標題是〈黑天鵝：為什麼我們就是不懂我們無法學習？〉（The Black Swan: Why Don't We Learn That We

Don't Learn?）。該文主張，歷史是由不可預測的大事件（異常值）驅動的，「我們幾乎沒有能力去預測改變歷史的極端事件」。我們無法預見異常值的到來，因為我們習慣根據過去發生的事情來預期未來，就像司機開車時只看後視鏡一樣。

那年的早些時候，塔雷伯親眼目睹了一隻即將到來的黑天鵝[19]：《紐約時報》的年輕記者艾力克斯．貝倫森（Alex Berenson，後來在新冠疫情期間因散播反疫苗陰謀論而聞名）走進他的辦公室，拿著一份有關政府擔保的抵押貸款巨擘房利美（Fannie Mae）的最高機密風險報告。貝倫森是從房利美的前員工手中取得那份報告，該報告顯示，突然升息一．五個百分比將導致該公司的市值縮水約一半。報告也顯示，房利美的槓桿率是五〇：一（也就是說，每擁有一美元，就有五十美元的債務，這是極高的槓桿）。儘管如此，該公司的風險管理者並沒有感到擔憂，主要是因為利率已經穩定好一段時間了。

塔雷伯告訴貝倫森，胡說八道！「過去它們沒有爆炸，並不表示未來它們也不會爆炸，那份數字分析是假的。」

五年後，房利美和其兄弟房地美（Freddie Mac）在美國次貸市場崩盤時，獲得美國政府的紓困。他們不是因為利率大幅上升而崩垮，而是因為全國房價暴跌，全美各地的民眾還不出房貸所引發的——預測模型中並沒有涵蓋這種出乎意料的發展。

雖然塔雷伯正以另類交易員的形象走紅，但身為基金經理人的形象卻跌到了低點。看到股市在二〇〇三年飆升的客戶，對於經驗資本持續虧損感到憤怒。客戶可能了解經驗資本的交易策略，但情感上難以忍受。他們只看到賠了多少錢，以及把那些資金投入市場或其他避險基金可以賺多少錢。

塔雷伯突然想到他從康納曼那裡學到的一個概念：**錨定效應**（anchoring）。這個效應是這樣運作的：假設你上亞馬遜購物，看到一件售價五百美元的刷毛外套，這個價格對一件外套來說似乎太貴了。接著，你看到一件類似的外套，售價一千五百美元。突然間，那件五百美元的外套似乎沒那麼貴了。零售商一直以提供折扣的方式來利用這種心理偏誤。賣一件定價五百美元的夾克，然後再打五折，讓人覺得很划算。

塔雷伯決定叫客戶提出一個數字：他們一年內願意承受多少虧損，類似防止市場崩盤的保險費。後來他寫了一份報告，顯示該基金的績效比他們估計的好很多。他後來寫道：「這招有如萬靈丹，客戶變得很興奮，因為他們把沒有虧損的錢當成獲利了。」

為了改變現狀，經驗資本搬到曼哈頓上東區的一間小辦公室。這使得塔雷伯從拉奇蒙特騎車通勤的路程變得更加驚險。史匹茲納格爾又開始玩滑板了，他喜歡從他位於第六十八街與中央公園西路的公寓，溜著滑板去辦公室。某天，他飛快地穿過一個十字路口滑下坡時，一輛計程車闖了紅燈。他一時驚慌，從滑板上跳下來，跌落在馬路邊。計程車疾馳而去時，史匹茲納格爾從地上爬起來，拍拍身上的灰塵。

「老兄，你差點掛了。」站在他旁邊的單車騎士說。計程車的一個輪子離他的頭僅幾公分，幸好他只是肩膀脫臼，手錶破裂。

或許是為了彌補經驗資本那種極端風險趨避的投資方式，史匹茲納格爾特別喜歡玩命的嗜好。每個週末，他都會飛往洛杉磯（他的妻子在當地從事演藝事業），從事他最愛的消遣：遨翔。他會開車去沙漠，跳上一架無引擎的滑翔機，由另一架飛機把那架滑翔機拖上天空。滑翔機一旦在內華達山脈的上空被釋放開來，就會在高沙漠熱流與上升氣流中，繞著大圈上下起伏及盤旋。史匹茲納格爾喜歡在看似完全失控的情況下，掌控局面的感覺。

塔雷伯則討厭那種感覺。在經驗資本公司，他覺得那種感覺越來越強烈。在等待無可避免、難以捉摸的崩盤時，每日虧損的折磨令他抓狂。他也開始擔心這種壓力會損害他的健康。癌症會復發嗎？二〇〇四年的夏天，在新辦公室裡，他把史匹茲納格爾拉到一邊。

「我要退出經驗資本。」他說。

「你他媽的瘋了嗎？」史匹茲納格爾氣急敗壞地說。他真的相信這個策略，相信它有巨大的潛力。「你難道不知道我們可以用它來做什麼嗎？我真不敢相信你居然想放棄。」

一切都結束了。塔雷伯與史匹茲納格爾並肩工作將近五年，經常針對交易、哲學、統計、生活交換意見。這段友誼完全與工作相關，他們從未一起出遊。史匹茲納格爾刻意遠離塔雷伯的多元社交圈，但塔雷伯離開後，他會懷念每天的腦力激盪、激烈討論、曼哈頓街頭的漫步、激動的爭執。

塔雷伯很快就開始規劃下一步的行動，他開始著手寫下一本書，並把它取名為《黑天鵝效應》。那本書概括及普及了他的觀點：未來是不可預測的，意想不到的重大事件決定了歷史，以及投資組合的績效。

但不是每個人都認同市場是一個隨機、變化無常的輪盤。在瑞士的蘇黎世，一位傑出的科學家宣稱他發現崩盤背後的神祕力量——也就是說，他其實有一個水晶球。

07 尋龍者

索耐特是複雜系統理論家、經濟物理學家兼股市預測家。這天，他騎著川崎忍者ZX-12R重機，沿著洛杉磯的高速公路急馳，整條路變成一道模糊的灰線。那是二〇〇六年，這位加州大學洛杉磯分校（UCLA）的教授把自己推向了極限。他以時速一百六十公里的速度，飛馳經過一輛十八輪的卡車，沿著高速公路奔馳，持續催著油門，時速飆到了兩百公里、兩百四十公里……兩百八十公里……

索耐特熱愛冒險。更重要的是，他熱愛馴服風險，**駕馭**風險。他在法國南部成長，從小就喜歡跟著父親一起搭乘直升機去處理危險。他的父親是在法國電力公司（EDF）任職，任務是使用安裝在直升機上的紅外線攝影機來追蹤電力線。這需要非常精密的掌控度及大膽的操作，往往生死只在一瞬間。為了展現他的技能，他曾經叫年幼的索耐特站在地面上，高舉一隻手，然後小心翼翼地把直升機的起落架降到兒子的指尖上。

索耐特很早就展現出驚人的數學天賦。一九七七年，二十歲的他進入法國巴黎高等師範學院就讀，那裡是法國最頂尖的數學與物理學院。四年後，他取得物理學學位，並迅速在法國國家科學研究中心（CNRS）獲得終身職位。不久之後，在法國軍隊裡服義務兵役時，他研究水中湍流對潛艇的影響——那是他第一次接觸到動態系統與混沌理論背後那些令人費解的數學。

一九九〇年代初期，索耐特與法國國營的航太製造商法國航太公司（Aérospatiale）合作，開始研究如何偵測及預測歐洲的亞利安運載火箭（Ariane rocket）上 Kevlar 壓力缸的破裂。亞利安運載火箭是用來運送通訊衛星，把衛星運上軌道。為了測試火箭的堅韌性，索耐特與同事讓壓力缸承受越來越大的壓力，並使用聲學儀器來偵測壓力缸內的微小震動。在某個時點，震動會迅速放大，造成災難性的破裂。他運用他從曼德博的碎形幾何中所學到的方法，辨識聲發射（acoustic emission，也就是微小震動）的數學模式。那可以有效地發出警訊，預先提醒某些破裂即將發生。

後來，索耐特意識到，金融危機，以及危機前常出現的泡沫，其實就像是市場「破裂」。於是，在研究火箭壓力缸與湍流多年後，他開始意識到，它們與其他的複雜系統有相似的模式，可以用不同的尺度（從微小到巨大）衡量，那也許可以做為災難的預警訊號。為了說明這個概念，索耐特以拉著繩索的攀登者做比喻。攀登者往上爬時，繩索的細絲可能因攀登者的體重或某種摩擦而斷裂，但攀登者不會注意到那些微小的斷裂，直到突然間繩索斷了，攀登者掉了下來。如果攀登者有辦法偵測到斷裂，他會知道何時該放開繩索。

大約在索耐特研究壓力缸的同時，CNRS的另一位物理學家尚—菲利普．布紹（Jean-Philippe Bouchaud）也對金融市場產生興趣。一九九二年離開研究中心後，布紹創辦科金公司（Science & Finance），公司名稱貼切地反映出物理學與金融市場的交集。一九九五年，索耐特加入這家公司，兩人合撰一篇論文，把他的崩盤偵測公式應用在股市上。該論文的標題是〈股市崩盤、前兆與反覆出現〉（*Stock Market Crashes, Precursors, and Replicas*），文中指出一種正向迴圈的型態[20]。在這種迴圈中，買單是以無法持久延續的速度不斷增加，因此導致泡沫及隨後的崩盤。他們寫道：「這個模型是分析純投機的情況，因為交易員容易相互模仿。比方說，市場上出現一系列買單時，需求會加速，那是一種自我強化現象。這種加速不可能無限期地持續下去，到了某個臨界點時，崩盤就會終結整個過程。」

幾年後，索耐特離開科金公司。二〇〇〇年，該公司與資本基金管理公司（Capital Fund Management）合併，後來成為全球最大、最成功的避險基金之一。

○○○○

索耐特把崩盤模型應用於市場的同時，也開始研究另一種災難現象：地震。那是始於一次與地球物理學家利昂・諾波夫（Leon Knopoff）在UCLA的偶遇。諾波夫是地震研究的先驅。索耐特對於地震令人困惑的物理現象，以及地震預測的難以捉摸越來越著迷。他很好奇，他用來預測亞利安火箭破裂的碎形方法，是否可以應用到地震上。諾波夫對索耐特的研究很感興趣，邀他加入UCLA。於是，一九九六年，索耐特收拾了行囊，搬到洛杉磯，成為該校的統計物理學教授（同時保留他在CNRS的職位）。南加州對索耐特的冒險精神充滿吸引力。他喜歡以玩命的速度飆重機，也常沉迷於風帆衝浪，甚至會特地飛去夏威夷衝大浪。

那是一九九〇年代，是全民瘋股的年代。隨著網路泡沫開始膨脹以及當沖變成一股全國風潮，股市持續處於多頭市場中。索耐特回想起他在科金公司與布紹的研究，開始深入分析金融崩盤。他與UCLA安德森管理學院的一群金融專家合作（包括奧利維爾・勒端〔Olivier Ledoit〕、地球物理學家安德斯・約翰森〔Anders Johansen〕），幫忙撰寫一系列有關崩盤與泡沫結構的研究報告，標題引人注目，例如〈以離散尺度不變性預測金融崩盤〉（Predicting Financial Crashes Using Discrete Scale Invariance）、〈對數週期性預兆對金融崩盤的重要性〉（Significance of Log-Periodic Precursors to Financial Crashes）。

一九九七年的夏季，索耐特注意到一件怪事：股市的一種危機型態，看起來跟亞利安火箭上壓力缸破裂前的訊號極其相似。他打電話給勒端，說市場即將崩盤，那在當時是相當奇特的說法，畢竟，市場雖然偶爾出現一些震盪，但在當沖風潮與網路狂潮的推動下，股市看似相對平靜。更值得注意的是，索耐特直言，幾個月後，約莫十月底，就會發生崩盤。勒端告訴索耐特，他們應該好好記下他的預測。於是，他們連同地球物理學家約翰森一起寫了一份專利申請，詳細描述那個模型（後來稱為 Johansen-Ledoit-Sornette 模型，簡稱JLS模型），並向法國專利局提交申請。

接著，索耐特與勒端決定，他們乾脆從這次股市崩盤中賺錢算了。十月中旬，他們買了價值三萬美元的價外賣權（與寰宇買的合約完全一樣）。接著他們開始等待，但市場依舊平靜。然後，在十月二十七日，市場突然崩盤了。道瓊工業指數暴跌五百五十四點，是有史以來的第三大跌幅。那是亞洲金融危機，那次崩盤也讓史匹茲納格爾海撈了一票。

索耐特與樂端迅速獲利了結，大賺了三〇〇%的獲利。其實他們原本可以賺得更多，因為他們只賣了部分的投資部位。索耐特預測，股市會出現更大的崩盤，為他們帶來近一〇〇〇〇%的獲利。所以他們留下部分的投資部位，等待更多的震盪，但那並未發生。事實上，翌日，市場就反彈了。不久之後，十月二十七日的離奇崩盤就成為遙遠的記憶。

索耐特後來發現，他也可以應用這個方法來預測空頭市場低點後的市場反彈，他稱之為非理性低價的「反泡沫」。一九九九年一月，他預測日經指數很快就會從約十四年的低迷中復甦，並在當年年底反彈五〇％，結果確實如此。

索耐特的金融研究在二〇〇三年出版的《股市為何會崩盤：複雜金融系統中的關鍵事件》（*Why Stock Markets Crash: Critical Events in Complex Financial Systems*）一書中達到顛峰。該書對過去的市場做了精彩的分析，把複雜系統理論、碎形幾何、網路理論、行為經濟學、演化生物學、混沌理論、地震研究等概念，應用到泡沫與崩盤的研究上。誠如他在一九九五年與布紹合撰的論文中首次提出的，泡沫最初是理性地出現，投資者購買他們預期收益會成長的公司股票。買氣吸引更多的買家，產生滾雪球效應，把價格推得越來越高，導致非理性的群聚效應，吹大了泡沫。股市（或更廣泛的市場本身）脫離了基本面，泡沫迅速擴大。索耐特宣稱，他的模型可以偵測到這種現象的後期階段，這時泡沫正迅速逼近爆炸性的破裂。

以氣球為例。沒有充氣的時候，你很難用針刺破它。稍微把它吹大一點，針還是不易刺破。把它吹得太大，再小的針都能刺爆它。這就是索耐特的模型所偵測的動態。當金融泡沫極度膨脹時，它隨時可能爆炸。再小的針刺壓力都可以使它爆裂，導致市場崩盤。

JLS模型背後的數學原理，是索耐特在一九九〇年代首次發現的，當時他正在診斷亞利安火箭上壓力缸的關鍵破裂點，以及一種預測地震的方法。該現象與曼德博的碎形理論有些相似，但索耐特說，它比標準的冪律**更大**——那是一種**超級**冪律，其特徵是極其迅速的上下震盪。

這位法國物理學家等於是在宣稱，他發現了一種幻象。根據當時盛行的經濟與金融理論，那個現象是不可能存在的。當時盛行的理論認為，市場的行為有如隨機漫步。那是巴契里耶於一九〇〇年首次提出的理論（巴契里耶就是曼德博在紐約大學演講時提到的那位神經質法國數學家）。那個理論有時又稱為醉漢走路（drunkard's walk），它主張市場（所有市場）是完全隨機的，所以不可預測。想像一個醉漢搖搖晃晃地離開一盞路燈，他每次顛晃都邁向不同的方向，有時是朝向路燈，有時是離開路燈。以數學計算的話，我們無法預測今晚結束時，他的位置離路燈多遠。對投資者來說，這表示你永遠別想要抓進出市場的時間，因為在任何有意義的時段內，你不可能預測市場是上漲、還是下跌。你無法確切知道下一次拋硬幣的結果是正面、還是反面，機率總是五五分。隨機漫步和效率市場假說可說是一體的兩面（雅克金在杜克大學修經濟課時，覺得效率市場假說太愚蠢）。由於市場總是立即反映所有已知的資訊，它的下一步行動有如拋硬幣，完全無法預測。

索耐特同意，在多數情況下，隨機漫步理論適用於市場。但他說，有些時候，你還是可以預測市場會發生什麼事，尤其是市場處於泡沫的時候。他稱這些事件為「可預測性的小範圍」（pockets of predictability）。標準模型無法抓到崩盤中看到的極端波動，例如一九八七年十月的黑色星期一。標準模型通常宣稱，這種崩盤的機率在統計學上是不可能出現的，每十億年（或更久）才發生一次。這表示，這些模型雖然在多數交易日很好用，但崩盤時就完全失靈了。「如果最大的下跌是異常值，我們**必須**考慮一種可能性：相較於較小的市場波動，這種極端波動的可預測性可能更高。」

儘管索耐特提出那麼多花俏的數學為證，但幾乎沒有人相信他已經破解泡沫的密碼。你怎麼**知道**這是個泡沫？或許價格準確地反映集體對未來豐厚獲利的預期。多數經濟學家認為，只有在泡沫破裂**後**，你才會知道那是不是泡沫。時任聯準會主席的葛林斯潘表示，我們不可能在泡沫膨脹時辨識它們。關於網路泡沫，二〇〇二年八月他在懷俄明州傑克森霍爾（Jackson Hole）的演講中表示，「隨著事態的發展，我們體認到，儘管我們有所懷疑，但在泡沫破裂證實其存在以前，我們很難確定泡沫的存在。」

華爾街向來充斥著預言家，宣稱他們在市場錯綜複雜的波動中發現隱藏的型態。二十世紀初會計師拉爾夫・尼爾森・艾略特（Ralph Nelson Elliott）提出的艾略特波浪理論（Elliott wave principle），宣稱可以找出價格與投資者心理的極端，藉此預測市場週期與趨勢。該理論主張，那種週期是以可辨識的波浪上下晃動，象徵著泡沫與崩盤。索耐特曾說，他的模型在某些方面與艾略特波浪理論相似。

不過，儘管技術分析有時短期的成效很好，但長期來看，幾乎沒有證據顯示投資者可以用它來準確預測市場。索耐特則宣稱，他的方法嚴謹多了，它是根據物理學的先進方法，而且可以用客觀、可測試的資料來證明。然而，多年來，其他的科學家一直在嘗試同樣的研究，但大家都失敗了。索耐特在二〇〇二年曾預測，美國股市在未來幾年仍會陷於空頭市場，但實際上美國股市已進入多頭市場，那番預言對他的事業毫無助益。不過，那也沒有阻止他繼續試著爬梳隱藏在泡沫與崩盤中的神祕訊號。

〇〇〇〇

二〇〇五年，索耐特去瑞士聯邦理工學院（Swiss Federal Institute of Technology，俗稱ETH Zurich）參加研討會，那裡可說是歐洲的麻省理工學院。會後，該校的幾位教授邀請他共進晚餐。用餐時，他們告訴他，該校最近有一個職缺，並問他：「你為什麼不來申請呢？」幾個月後，他在洛杉磯收拾行囊，搬到了蘇黎世，那裡成了他的永久住所。

他頂著「創業風險教授」這個不尋常的頭銜，繼續專注地微調他的模型。他以LPPLS

這個縮寫來描述這個模型，LPPLS是對數週期性冪律奇點（log-periodic power law singularity）的縮寫。二〇〇七年十月，他在斯德哥爾摩的豪華格蘭德飯店（Grand Hotel），對著一群避險基金界的名人發表主題演講。演講的題目和他的書名一樣：〈股市為何會崩盤〉。

他在演講中做了一個驚人的預測。根據LPPLS模型的結果，他預測，過去幾年大漲逾三〇〇%的中國股市，是一個瀕臨破裂的泡沫。

與會者對此感到懷疑。多年來，預測者一直預言中國的經濟奇蹟將會破滅，但他們都錯了。況且，索耐特還忘了一件事。二〇〇八年北京夏季奧運會即將來臨。中國的中央規劃者絕對不會讓市場在那之前崩盤。然而，果不其然，那場會議結束後不久，隨著美國次貸市場的崩盤效應持續蔓延，中國股市開始跟著全球的其他市場一起震盪，在全球引發數十億美元的虧損。截至翌年的十月，中國的上海股市已重挫八〇%。

在那次預測與其他預測都很成功的激勵下，索耐特於二〇〇八年八月在ETH成立金融危機觀測站（Financial Crisis Observatory），以開發更多的計量方法來偵測金融泡沫，並期望能夠預測它們何時可能破裂。他對於所有人未能預見全球金融危機的來襲所提出的藉口感到惱火——不管是那些聳聳肩的銀行家，還是那些撓頭的經濟學家，或是那些撇清責任的避險基金經理人。三年前，索耐特才剛發表一篇論文，診斷出美國房地產業有巨大的泡沫，並準確預測泡沫將在二〇〇六年的年中破裂。雖然他沒有預測到房地產崩盤是透過隱藏的衍生性商品網絡，蔓延到整個金融體系後所引發的混亂，但他確實指出引爆炸彈的導火線（其他許多人也這麼做了）。

約莫這個時候，索耐特開始越來越敵視塔雷伯的黑天鵝理論。他認為，黑天鵝理論背後的整個概念——極端驚人事件是不可能預測的——根本搞錯了。那導致大家舉起雙手投降，不再試圖預測未來或了解過去。「黑天鵝的概念是危險的，」索耐特告訴我，「這讓我們回到科學出現以前的時代，把閃電、暴風雨等大自然的動盪都歸因於天神發怒。」

索耐特熟悉塔雷伯已久，他曾為《黑天鵝效應》提供資料。事實上，塔雷伯還在該書的謝辭中提到他（「感謝索耐特總是與我電話交流，並不斷地把統計物理學中，各種未廣為宣傳、但具高度關聯性的論文，以電子郵件寄給我」）。索耐特很快就為這個超級極端的領域自創一種珍禽異獸：龍王。那是他在二〇〇九年發明的，以便與塔雷伯的黑天鵝競爭。他說，龍王是有特定性質的異數，在極端情況下可以偵測到（類似那些導致大規模破裂的微小震動，可用LPPLS模型辨識出來），並用來預測它們何時可能爆炸。

龍王是一種雙重比喻，意指一個事件不僅規模龐大（一國之「王」擁有該國大部分的財富），而且有獨特的起源（「龍」是神祕的動物）。最極端的事件，不是由影響一般事件的機制所引起的，而是由不斷升級的過程引起的。那個不斷升級的過程，使它們達到臨界點，造成異常巨大的現象，最後以充滿毀滅性的威力爆破。索耐特寫道，二〇〇八年的金融危機「為龍王提供一個最顯著的例子，它蔓延到各大洲，影響全球經濟」。

挑戰在於如何偵查到這些可怕的龍王，並以降龍為目標。索耐特在金融危機觀測站使用LPPLS模型，開始掃描世界各地的數百種金融資產，以尋找龍王的跡象。隨著這個降龍計畫的消息傳播開來，他在瑞士媒體上開始獲得「尋龍者」（der Drachenjäger，Dragon Hunter）的稱號。

08 那會使人瘋狂

史匹茲納格爾踩著滑雪板，從惠斯勒山（Whistler Mountain）的陡坡俯衝而下，滑過深厚的瑞雪。在結束經驗資本公司後，他與妻子愛咪正在享受一場環球的滑雪狂歡之旅。他們去了加拿大卑斯省的惠斯勒、科羅拉多州的阿斯本（Aspen）、加州的斯闊谷（Squaw Valley）、奧地利和瑞士的度假村。他們決定開始生孩子，這是他們安定下來以前，最後一次隨心所欲的狂歡。

冒險——身體的冒險——是史匹茲納格爾與索耐特的共同特質。索耐特也喜愛滑雪與衝浪，以及在洛杉磯的高速公路上以時速兩百八十公里飆重機（史匹茲納格爾比較喜歡滑板或搭無引擎的滑翔機遨翔在山岳間）。塔雷伯則不然，他討厭摩托車，他覺得摩托車太危險了。他是城市派，喜歡咖啡館、書店、音樂廳。他喜歡稱自己是**漫遊者**（flâneur），這個法語單字可以解讀為遊蕩者、漫步者、做白日夢的人，或總是與某種優雅的形象（如絲巾與漆皮鞋）連在一起的人。你永遠不會聽到史匹茲納格爾以漫遊者自居。

二〇〇五年的年中，史匹茲納格爾結束環球滑雪之旅回到紐約後，他與負責經驗資本交易的KBC經紀人雅克金見面。他們立即開始討論創立一支新的避險基金，以經驗資本的尾部避險策略為基礎。

史匹茲納格爾心裡還有另一個投資計畫：電影殘酬（movie residuals）。多數電影都不賺錢，那導致電影殘酬（一旦電影有獲利，必須支付給演員與導演等人的定期報酬）有風險，而且往往一文不值。如果投資者可以預先支付這些電影殘酬，承擔電影最後一文不值的風險，但也有機會押中賣座鉅片而海撈一票，那會是什麼樣子呢？

這種機率很像經驗資本大買的價外賣權，只是剛好相反。多數的選擇權到期時一文不值，導致小幅虧損，但在市場崩盤時，可以產生驚人的獲利。電影殘酬選擇權則是在押到罕見的賣座鉅片時獲利。每投資一百部像《地球戰場》（*Battlefield Earths*）那樣的電影，就可能遇到一部《侏羅紀公園》（*Jurassic Park*）。

當然，演員與導演都很清楚這種風險。史匹茲納格爾認為，有些人可能比較想拿有保證的預付現金，而不是押注電影大賣。

他是在比佛利山莊的常春藤餐廳（The Ivy，那裡是典型的名人聚會場所）與電影製片人林伍德・斯平克斯（Lynwood Spinks）會面後，萌生了這樣的想法。斯平克斯以《巔峰戰士》

（Cliffhanger）、《惡靈戰警》（Ghost Rider）等電影而聞名，二〇〇四年他與新興的電影金融家瑞安・卡瓦諾（Ryan Kavanaugh）共同創立相對論傳媒（Relativity Media）。卡瓦諾試圖利用一種噱頭來撮合華爾街與好萊塢，使他在華爾街的數學天才眼中很有吸引力。他利用蒙地卡羅模型（Monte Carlo model）做數千次模擬，以預測一部電影會不會熱賣。例如，某家製片廠正考慮製作一部由約翰・屈伏塔（John Travolta）主演、史蒂芬・史匹柏（Steven Spielberg）執導的科幻大片，那個模型會分析屈伏塔與史匹柏的票房表現，以及最近科幻片的賣座狀況。根據模擬的結果，卡瓦諾可以估計，一家製片廠應該為那部電影編列多少預算，藉此判斷那部電影是否值得開拍。

當時卡瓦諾正在華爾街尋找資金來源，史匹茲納格爾對此很感興趣。雅克金開始在紐約與洛杉磯之間往返，為一檔基金募集資金。那檔基金將使用史匹茲納格爾的選擇權定價模型來為電影殘酬定價。事情本來進展得很順利，但後來史匹茲納格爾退出那個計畫。事後看來，那個決定對雅克金與史匹茲納格爾來說是幸運的，因為卡瓦諾原本看起來好像快成為好萊塢的頂尖製片人，參與了《媽媽咪呀！》（*Mama Mia!*）、《社群網戰》（*The Social Network*）等熱賣大片的製作或融資，但後來他把公司搞到破產，而且還遭到許多詐騙的指控。

這時，出現一個更好的機會。一九九九年撮合史匹茲納格爾與塔雷伯的紐約大學教授克里斯告訴史匹茲納格爾，紐約投資銀行巨擘摩根士丹利（Morgan Stanley）旗下的一個祕密自營交易單位有一個獨特的職位。那個自營單位有一個平淡無奇的名字：流程驅動交易（Process Driven Trading，簡稱PDT），還有一個驚人的祕密。雖然很少人聽過PDT，但它是華爾街有史以來最賺錢的交易單位之一。

PDT可說是一家終極的計量交易商，創立於一九九〇年代初期，裡面都是數學博士、電機工程師、電腦程式設計師、物理學家。PDT的創立者彼得．穆勒（Peter Muller）是一位古怪又聰明的數學家，也是撲克牌的愛好者。他之所以創立PDT，是因為他想看他用理論開發出來的交易策略，在實務上是否奏效。那是採用一種名叫「統計套利」（statistical arbitrage）的複雜策略。套利是一種古老的投資技巧，是在相同或相似的資產中尋找價格差異。十九世紀，惡名昭彰的紐約銀行家傑伊．古爾德（Jay Gould）靠這招在黃金交易上賺了大錢。如果紐約的黃金比倫敦的黃金便宜，他就在紐約買進黃金，再到倫敦賣出，那幾乎是毫無風險的交易。

PDT是以高速交易股票來落實這個策略。它的電腦模型會先掃描市場，看公司股票之間的相關性。例如，通用汽車（GM）走高時，福特（Ford）通常也會上揚，由此可見美國人買了很多車。但這兩檔股票不見得步調一致。因此，如果通用汽車走高，但福特的漲勢落後，PDT可能會買進福特的股票，因為它預期福特的股票很快就會跟著上漲。當然，PDT的模型比這個例子複雜多了，它的交易也不見得都奏效。但奏效的頻率夠高，所以每天執行這種交易數千次，幾乎天天都有獲利，就好像一家賭場接受許多人押注輪盤，長遠來看永遠不會賠。

到了一九九〇年代末期，PDT已經成為摩根士丹利旗下最賺錢的交易事業，績效有時媲美長島的避險基金巨擘文藝復興科技公司（Renaissance Technologies），許多人認為文藝復興科技公司是有史以來績效最好的交易公司。PDT連續多年每月都有獲利，穆勒的收入甚至比摩根士丹利的執行長還高。穆勒擔心其他人模仿他的策略，所以使盡渾身解數讓PDT隱於無形，公司裡有許多高層甚至不知道PDT的存在。他不讓當時在摩根士丹利擔任風險經理的布朗了解這個策略或根本風險，宣稱某位風險經理曾竊取他的一些程式碼。

一九九九年，穆勒離開PDT的全職管理層，但仍以顧問的身分留任。在PDT繳出一連串平淡的績效後（對PDT來說，那是很高的獲利，但不是超高的獲利），他決定在二〇〇六年再次回鍋掌舵。他正在尋找能夠提高績效的新策略。PDT專注於股票，並沒有涉足市場的其他多數領域。要不要試試選擇權市場呢？朋友克里斯告訴他，有一位傑出的選擇權交易員最近才收掉自己創立的公司（經驗資本）。

史匹茲納格爾與穆勒見面幾次後，同意加入ＰＤＴ。但打從一開始，他就覺得自己格格不入。ＰＤＴ有一種類似邪教的氛圍，團隊成員會搭噴射機去樹林或偏遠島嶼度假，很多成員從一九九〇年代初期ＰＤＴ創立時就加入了。在格林威治村的小酒館裡，穆勒戴著金項鍊，唱著民歌——這顯然不是史匹茲納格爾的風格。穆勒有時甚至會到紐約骯髒的地鐵站唱歌，把他的電子琴箱攤開，彷彿街頭藝人賣藝似的。

二〇〇六年初，在史匹茲納格爾加入ＰＤＴ幾個月後，幾位ＰＤＴ成員跳槽去一家競爭的避險基金。對穆勒來說，這是一種背叛。更糟的是，這是一種威脅。他和其他人多年來開發的模型是商業機密，跟肯德基的祕密配方一樣寶貴。他決定要求每位員工簽一份競業禁止協議，那表示他們在一定的年限內，不能在其他地方使用他們在ＰＤＴ執行的任何策略。

對史匹茲納格爾來說，這顯然是不可能的。他的策略並不是在ＰＤＴ學到的，是他和塔雷伯一起開發的。但穆勒堅持他一定要簽，所以史匹茲納格爾任職不到一年就離開了，當時他甚至還沒有完全啟動他的交易計畫。

這也沒關係。他和雅克金本來就一直在討論要推出自己的基金：採用經驗資本公司多年來累積的策略，留下有效的策略，拋棄無效的策略，並進一步精進。即使在世界各地滑雪度假的時候，史匹茲納格爾也會熬夜在筆電上寫程式，調整模型，檢查資料。那是一種執念。現在，他開始有一種預感，覺得實施黑天鵝策略的時機成熟了。儘管美國的房市泡沫似乎正在破裂，但股市依然持續創新高，他不想錯過這個千載難逢的機會。午後他和雅克金以玩命的速度，溜著滑板穿過中央公園時，他們一起策劃了細節。在公園的長椅上，或在無盡的公園步道上漫步時，他們討論創立一家專業交易商的諸多細節，例如辦公空間、人員配備、保險、主經紀商關係、期貨清算協定等。

史匹茲納格爾把這家公司命名為寰宇，靈感是來自曼德博和數學界的其他先驅所發現的概念：肥尾（與黑天鵝）是金融市場普遍存在的特徵。這個概念衍生的結果是：多數投資者對這個事實視而不見。為了凸顯出該公司在理念與實務上，都與華爾街那種令人窒息的團體迷思有所差別，他們決定把公司設在加州的聖莫尼卡（Santa Monica）。那個地點還有一個額外的好處：當時史匹茲納格爾和妻子已搬回紐約，他們都很討厭曼哈頓。把公司設在加州的話，他們就可以在曼哈頓以外的地方撫養九個月大的兒子。史匹茲納格爾考慮到加州地震頻繁，所以選了一間較小的弓形桁架建築，裡面有一個閣樓做為他的私人辦公室，還有一個會議室可俯瞰下面的交易廳。

二〇〇七年二月，寰宇低調地成立，幾乎所有的資金都是來自兩類投資者：一個是捐贈基金，另一個是退休基金。幾個月後，貝爾斯登（Bear Stearns）的兩支避險基金因持有數十億美元的次貸資產而爆掉。那也為撼動世界經濟的全球金融危機揭開了序幕。

◌◌◌◌

史匹茲納格爾想知道，他是不是犯了大錯。他一直在學習擒拿術，那是一種古老的中國武術技巧，專注於鎖定對手的關節與肌肉，使對手無法動彈。史匹茲納格爾對於道家的「柔能克剛、弱能勝強」、以幾根手指擊倒對手的概念深為著迷。他聘請一位中國功夫大師，每週來辦公室教他功夫。現在他動彈不得，身體被鎖在原地，令人困惑，**這到底是怎麼發生的？**更糟的是，他的對手還是個老人。他正在寰宇新總部的閣樓會議室裡練習功夫，沒想到一個年紀比他大幾十歲的人，竟然可以完全壓制他的身體，這真是難得的教訓。

此外，他也記取另一個慘痛的教訓。除了最初的幾個投資者以外，其他的投資者對於寰宇出售的產品並不感興趣。寰宇成立後，史匹茲納格爾與雅克金就開始上路為新基金募資。他們稱自己的投資策略為黑天鵝保護協定（BSPP），但募資並不順利。

BSPP策略背後的指導原則是，它是為了在市場一個月暴跌二〇%時，提供最具爆炸性的獲利。問題是，在最近的記憶中，市場如此暴跌只出現過一次：一九八七年十月十九日的黑色星期一，當時道瓊工業指數暴跌二二．六%（那也是塔雷伯第一次在市場上海撈一筆）。

他們去募資時，一再被告知，這是不可能發生的。黑色星期一是古早年代的異象，網路泡沫破滅時，市場甚至沒有暴跌那麼多。

許多投資者也深信聯準會會保護他們，避免他們受到大崩盤的嚴重衝擊。聯準會在困難時期降息，讓借款人更容易獲得廉價貸款，藉此提振經濟。在葛林斯潘的領導下，這種保護措施稱為「葛林斯潘賣權」（Greenspan Put），類似股票下跌時可獲利的賣權。後來班．柏南克（Ben Bernanke）接任聯準會主席後，現在這也稱為「柏南克賣權」（Bernanke Put）。退休基金與華爾街的看法是：既然有聯準會那麼強大的靠山當後盾，那誰還需要寰宇？

另一個阻礙是，華爾街普遍認為市場與經濟長期處於低波動狀態。二〇〇四年，柏南克在華盛頓發表演講後，把這段時期稱為「大平穩」。這個概念為投資者帶來了希望：大崩盤與衰退已成往事。有人稱之為「金髮女孩經濟」[八]（Goldilocks economy）——不會過熱，也

八、金髮女孩源於童話故事「金髮女孩與三隻熊」（Goldilocks and the Three Bears）的故事，後來延伸意指經濟情況恰到好處，不會過熱或過冷。

不會過冷。柏南克在演講中指出，這種轉變之所以會出現，有一種解釋是偶然的好運。但他宣稱，那不太可能是原因，而是央行人士（比如他自己）幫忙提供平靜的海域，推升海上的所有船隻。柏南克宣稱：「我認為，貨幣政策的改善，雖然肯定不是唯一的因素，但很可能是大平穩的一個重要來源。」

投資者說：「如果經濟正處於長期轉向不太熱或不太冷的平穩階段，我何必投資一家靠崩盤獲利的公司？」

史匹茲納格爾也深受經驗資本的相關謠言所困擾。既然那個策略那麼好，那為什麼要關閉經驗資本？是因為投資者撤資嗎？還是因為它爆掉了？他認為這無關緊要，他知道經驗資本之所以關閉，是因為塔雷伯受夠每日虧損的折磨，也因為塔雷伯有健康考量。寰宇是**他自己**成立的基金，不是塔雷伯的。

其他的懷疑者認為，市場下跌二〇%時，每個人都承受同樣的災難，是他們可以接受的。他們說：「我只要追蹤同儕的績效就好。」遺憾的是，他們說的一點也沒錯。基金經理人的績效評估標準，往往不是看他們是否為投資者賺錢，而是看他們相對於同類基金經理人的基準，表現得如何。如果一位科技類基金經理人損失一〇%，但基準指數下跌一二%，他還會因此獲得豐厚的獎金，因為他的績效比基準指數高出二%！對投資者來說，這種衡量方式是不利的，因為經理人有強烈的動機相互模仿，產生群聚效應，朝同一個方向前進。這種群聚會讓人產生安全感，沒什麼動機去冒險，因為那可能導致自己在景氣不好時表現得特別糟，變得特別顯眼。史匹茲納格爾認為，多數的專業投資者其實跟披著狼皮的羊差不多，他們都愛群聚。

換句話說，這些基金經理人是在告訴史匹茲納格爾與雅克金，他們的基金對他們來說一文不值。事實上，他們根本不想把寰宇加入他們的投資組合中，因為寰宇在多數年份都毫無報酬，即使在市場暴跌那年它可大幅拉抬投資組合的績效，但多數年份只會拉低績效。

潛在投資者大多不知道寰宇究竟在做什麼。「我們是做尾部避險。」史匹茲納格爾隔著一張深色的橡木會議桌對他們說，「黑天鵝保護協定基金是購買深度價外選擇權，那種選擇權在市場崩盤時，可產生爆炸性的報酬……」

尾部避險？選擇權？黑天鵝？

對方聽得一臉茫然。

彷彿他們在說外語似的。

「我必須坐下來，向管理數千億美元的人解釋這點。」雅克金回憶道，「管理那些資金的人，大多不懂基本的數學，不懂基本的風險管理技巧。我必須解釋可轉換債券的選擇權是如何運作的。這些傢伙竟然掌管著**數十億**美元的資金。」

史匹茲納格爾與雅克金面臨的另一個障礙是，他們的策略不符合華爾街用來衡量風險與報酬的標準模型：現代投資組合理論（Modern Portfolio Theory，簡稱MPT）。該理論是根據一句簡單、看似常識的老生常談：別把所有的雞蛋都放在一個籃子裡。那個概念是由美國經濟學家哈利・馬可維茲（Harry Markowitz）在一九五〇年代率先提出的，他主張分散投資組合可以降低影響特定公司或產業的不利事件所帶來的風險。有些人說，這樣做可以獲得經濟學上唯一的免費午餐：投資報酬最大化。假設你有福特汽車與埃克森美孚（Exxon）的股票。高油價可能會損害福特（大家減少購買耗油的F-150汽車），但埃克森美孚的獲利可能創新高。在華爾街，現代投資組合理論不單只是一種理論，它就像美國頂尖商學院與大學發布的教宗法令。捐贈基金、退休基金、共同基金、主要避險基金，都把現代投資組合理論奉為圭臬，不這樣做的人就像離經叛道的異教徒。寰宇就是頭號異端。

MPT最簡單的形式，是引導投資者購買一籃子的股票。市場的最佳代表是標普五百指數，該指數涵蓋在美國交易所掛牌交易的五百大企業。全球最大的基金管理公司之一先鋒集團（Vanguard）就是靠著引導投資者購買便宜的標普五百指數投資組合，而成為基金界的巨擘。對多數的投資者來說，這樣做很有道理，因為他們沒有時間、技能或經驗來挑選股票。

事實上，許多有關選股的研究顯示，這幾乎適用於**所有的**投資者。

這看起來很簡單，但華爾街的金融工程師不可能看上這麼簡單的東西，他們開始設計各種投資組合，提供多種不同的潛在報酬與風險。藉由調整他們自創的刻度，他們可以增加風險，提高理論上的報酬；或者降低風險以減少報酬。當然，這些調整都是收費的。

降低風險通常是透過投資債券來達成，債券的波動性通常比股票小得多。事實上，股市下跌時，債券往往上漲（雖然漲幅不大）。這樣的投資組合通常很平穩，不會出現太多的顛簸，就好像潤滑良好的凱迪拉克汽車一樣。

史匹茲納格爾想傳達的訊息是：忘掉這一切吧。你不想要凱迪拉克，**你想要的是法拉利**。你投資大量債券，等於是放棄市場上漲時的獲利，而股市通常是上漲的情況居多。何不把你幾乎所有的資金都投入股票（比如九七％），然後把剩下的資金投入我們。市場崩盤時，我們可以當你的靠山。五％、六％的跌幅無關緊要，重要的是崩盤，也就是黑天鵝。如果你一個月虧損二〇％，你需要賺二五％才能回本。如果你虧損五〇％，則需要賺一〇〇％才能回本。但如果你投資寰宇，你不會賠光一切，甚至可能在崩盤時**獲利**。那就像為你價值五十萬美元的房子買火險，並在房子燒毀時獲得五百萬美元的賠償一樣。

這聽起來很不錯，但與MPT格格不入。首先，寰宇的報酬極其不穩定，它可能連續數年都不賺錢。從MPT的角度來看，這簡直是噩夢。MPT喜歡均衡又穩定的投資組合，提供持續又可靠的獲利；投資組合的經理人也喜歡那樣的投資組合，因為他們的績效好壞是看每年的報酬而定。連續兩三年報酬很差，會讓他們顯得很糟。

投資者權衡了增加的機會成本（**平白浪費了潛在收益**），都對寰宇嗤之以鼻。

二〇〇七年，史匹茲納格爾與雅克金安排數百場募資會議，到全美各地去拜會投資人，但都沒有新的投資者對黑天鵝基金感興趣。

○○○○

寰宇可能乏人問津，但塔雷伯的想法正在流行，而且蔓延到華爾街的避險基金交易員、計量分析師、風險管理者所組成的緊密圈子之外。《華盛頓郵報》的專欄作家大衛・伊格納修斯（David Ignatius）在二〇〇四年二月發表一篇名為〈與黑天鵝〉（And Black Swans）的社論，他說二〇〇三年塔雷伯在國防部發表的那篇論文「不同凡響」，並利用那篇論文的觀點來批評布希政府在伊拉克犯下的錯誤。他寫道：「伊拉克問題就像長期資本管理公司（Long-Term Capital Management），因為聰明人自以為他們知道在做什麼，就貿然進入危險境地。」

塔雷伯也變成有些人攻擊的目標[21]。《紐約時報》著名的財經記者喬・諾瑟拉（Joe Nocera）在二〇〇五年十月，發表一篇《隨機騙局》的書評，他寫道：「我認為，問題不在於塔雷伯的分析有誤，而在於他的根本虛無主義。如果我們把他的論點推向極端（他應該很樂於這樣做），他的立場清楚顯示，對股價或經濟趨勢等事情做預測是徒勞的。此外，他似乎也主張，我們甚至不該費心去做風險管理，因為我們永遠無法預見最終真正重要的大事。關於這兩點，我認為他都大錯特錯了。」

諾瑟拉說，雖然預測股價或經濟起伏可能有缺陷，但舉手投降、完全放棄預測實在太荒謬了。他寫道：「我們應該努力避免遭到隨機性的欺騙，但不該像《隨機騙局》的作者那樣充滿懷疑，那會使人瘋狂。」

當然，說塔雷伯根本不想管理風險，這種評論實在太荒謬了。他在經驗資本公司的投資策略，就是以風險管理為核心，只不過他的風險管理從根本上與華爾街其他人所做的截然不同。沒錯，他確實宣稱，人們無法預測那些塑造未來的驚人事件。畢竟，誰預見到九一一恐攻的到來（除了賓拉登與他那夥恐怖分子以外）？誰預見到黑色星期一？誰預見到一次大戰的爆發及其後果？但那不表示我們應該盲目因應，胡搞瞎搞。塔雷伯認為，問題在於，我們的預測是在自欺欺人，我們承擔**太多的**風險。黑天鵝就潛伏在陰影中，他警告大家要小心！

二〇〇七年春季，《黑天鵝效應》（*The Black Swan: The Impact of the Highly Improbable*）在美國各大書店熱賣，甫上市就一舉登上《紐約時報》暢銷書榜的第五名。其中有一整章〈隨機性的美學〉是在頌揚法國的數學家曼德博，他的碎形幾何學深深影響塔雷伯對極端事件與肥尾的看法——塔雷伯把這個極端領域稱為「極端世界」（Extremistan）。相對的，他把鐘形曲線中間的平凡領域稱為「平庸世界」（Mediocristan）——曼德博證明，那個溫和的高斯世界，基本上不適用於金融市場的狂野搖滾性質。

由恆星、行星、天體組成的實體世界——這些都是平庸世界的居民，是受到大數法則（Law of Large Numbers）的支配（你拋硬幣的次數越多，結果越接近五五分的機率。所以，隨著樣本量的增加，結果會向曲線的中間靠攏）。

相反的，金融世界及其他領域是在極端世界運作，這裡是由冪律支配，充滿大起大落、肥尾、泡沫與崩盤。如果全球最高的人加入一排一百人的行列，他不會改變平均身高太高，那就是平庸世界。然而，如果傑夫．貝佐斯（Jeff Bezos）走進有一千人的房間，整個房間的平均收入會暴增，那就好像一個身高三千公分的巨人突然走進那一千人之中的感覺，那是極端世界。把一千名作家放在一個房間裡，計算他們的平均銷量。接著，史蒂芬．金（Stephen King）走了進來，那是一個極端贏家通吃的集中地。如果兩個人的財富加起來是一千萬美元，有可能其中一人的財富是九百九十九．九萬美元，另一個人的財富是一千美元。這種極端情況下，罕見的極端事件變成了重點，是唯一重要的事情，其他的一切都是雜訊。這是名副其實的「尾巴搖狗」（The tail wags the dog）。

一位評論家在《華爾街日報》上評論：「塔雷伯堅持認為，問題在於，多數時候，我們身處在冪律支配的領域卻不自覺。例如，我們的風險管理策略——包括現代投資組合理論及布萊克—休斯（Black-Scholes）的選擇權定價公式——很可能在最糟的情境中失敗……因為它們通常是錯誤地依據鐘形曲線的假設。」[22]

塔雷伯的書成為文化試金石，並使黑天鵝的概念變成一種廣為人知的迷因，象徵著**意想不到的極端負面事件**。在該書出版前的十四年間，黑天鵝（black swan）一詞在Factiva的搜尋中出現一萬六千五百六十九次（通常是指柴可夫斯基的芭蕾舞劇《天鵝湖》中的一段舞蹈，名為〈黑天鵝雙人舞〉〔the Black Swan pas de deux〕）。該書出版後的十四年裡，黑天鵝一詞在搜尋中出現九萬兩千五百六十一次。空中布滿了黑天鵝。在新冠肺炎之後，倫敦的保險交易所勞合社（Lloyd's of London）為政府單位提出一項黑天鵝保險計畫，以避免政府單位受到疫情與其他極端事件的嚴重衝擊。《普氏每日簡報》（*Platts Daily Briefing*）認為：「儘管新冠疫情的黑天鵝效應給二〇二〇年帶來極大的不確定性，但美國廢鐵價格在今年結束時表現強勁。」蘭諾・絲薇佛（Lionel Shriver）在《每日電訊報》（*Telegraph*）上寫道：「川普是一個典型的黑天鵝事件。」市面上出現黑天鵝葡萄酒、黑天鵝出版商、黑天鵝瑜伽，甚至還出現一部非常古怪的漫畫《黑天鵝俠》（*Black Swan Man*），把塔雷伯描繪成一個肌肉發達、穿著特殊服裝的英雄人物，對抗比特幣與聯準會等邪惡勢力，並提出「我們必須時時刻刻注意歸納問題」之類的建議。

關於黑天鵝的確切定義，坊間有很多誤解，這些誤解一直令塔雷伯不堪其擾。有人問道：「九一一恐攻算是黑天鵝嗎？」對世貿中心裡的人來說，那是黑天鵝，但是對恐怖分子來說並不是。「全球金融危機算是黑天鵝嗎？」塔雷伯說不是，那是完全可預測的事件（亦即灰天鵝）。事實上，塔雷伯與史匹茲納格爾預測信貸引發的崩盤已經好幾年了，他們只是不知道何時會爆發罷了。

專家抱怨，塔雷伯講的東西不是什麼新鮮事（一位《紐約時報》的評論者不屑地指出：「以前就有人提過了」）[23]。他們說，大家都知道肥尾。對計量分析界的專家來說，這句話大致上是對的。但塔雷伯從未宣稱他發明了這個概念。他清楚知道，曼德博等前輩發現金融市場受到冪律的支配，充滿肥尾現象，而且他也在書中這樣寫了。他只是主張，雖然華爾街有很多計量分析師可能對肥尾與黑天鵝瞭若指掌，但他們往往對肥尾與黑天鵝視而不見，只會使用風險值、布萊克—休斯等以鐘形曲線為基礎的模型（這些是選擇權定價的主要模型），彷彿極端風險不存在似的。

布朗說，塔雷伯最重要的貢獻，不是指出金融界有肥尾現象，而是主張尾部事件**主導**長期的結果。他告訴我：「每個計量分析師都知道，出乎意料的大事偶爾會發生，分析時考慮到這些事情很重要。但在塔雷伯提出黑天鵝效應以前，每個人都以為你管理日常事件的方式才是重點，等你打理好日常事件後，你才把約五％的注意力放在『異常事件』上。塔雷伯則是證明，如果你搞定那些異常事件，你就可以做得很好；如果你沒搞定那些異常事件，你不可能在市場上撐太久。」

該書提出的另一個關鍵概念是後見之明偏誤（hindsight bias）：大家容易在黑天鵝事件發生後宣稱，他們其實一直知道黑天鵝即將降臨。政治學家菲利普．泰特洛克（Philip Tetlock）在二〇一六年出版的《超級預測》（*Superforecasting: The Art and Science of Prediction*）一書中闡述這個概念。他提到一九八八年蘇聯總統戈巴契夫推動一系列重大改革時（例如開放政策），他要求專家估計共產黨在未來五年失去國家掌控力的可能性。幾年後，蘇聯解體以後，他要求同樣那批專家回憶他們的估計。泰特洛克寫道：「平均而言，他們回憶的數字，比正確的數字高出三一％。」一位原本認為蘇聯瓦解機率是二〇％的專家，回憶他預測的機率是七〇%。

塔雷伯那本《黑天鵝效應》的核心，潛藏著一個悖論，一個令人不安的矛盾，但也是一種必要的矛盾。黑天鵝本質上是無法定義、無法遏制、無法理解、無法預測、不確定、混亂、隨機、狂野、失控的危機。藉由命名、描述、界定這種現象，塔雷伯試圖做他自己也知道不可能做到的事情：把黑天鵝難以捉摸的性質，限制在確切的參數內。他試圖講述一個有關黑天鵝的故事，這稍微違反書中提到的另一個關鍵概念：塔雷伯稱之為敘事謬誤（Narrative Fallacy）。他寫道：「我的視角是把焦點放在，敘事簡化了我們周遭的世界，以及這種簡化對我們在認知黑天鵝事件與極度不確定性上有什麼影響。」人類的大腦渴望秩序，需要秩序。誠如瓊．蒂蒂安（Joan Didion）在《白色專輯》（*The White Album*）中所寫的：「我們為了活下去，而給自己講故事……我們的生活完全是在不相干的圖像上強加一條敘事線，尤其作家更是如此。」因此，我們把型態、結構、脆弱的框架，強加在一個老是陷入混亂的世界上。塔雷伯寫道：「你做越多的歸納，加入越多的秩序，隨機性就越少。於是，**那些促使我們簡化的同樣條件，也迫使我們以為，世界並不像實際狀況那麼隨機。**」塔雷伯認為，這是記者與經濟學家經常犯的錯誤，導致他們在非常不確定的領域中做出強烈的假設。

同樣的，印度小說家艾米塔・葛旭（Amitav Ghosh）在二〇一六年出版的非文學類著作《大混亂》（*The Great Derangement: Climate Change and the Unthinkable*）中也指出，這就是為什麼現代文學小說無法把全球暖化等極端事件融入可信敘事的原因。文學小說渴望敘事合情合理，所以精心設計了因果故事，摒除了無法理解的敘述——無法預見、不太可能發生的災難。那種災難只存在奇幻與科幻小說那種比較小眾的類別中。文學小說通常是以中產階級人物——例如福樓拜（Flaubert）筆下的艾瑪・包法利（Emma Bovary）、詹姆士・喬伊斯（James Joyce）筆下的利奧波德・布盧姆（Leopold Bloom）——的日常生活與小圈子裡的問題為主（這個現象的例外可能包括《戰爭與和平》〔*War and Peace*〕及《白鯨記》〔*Moby-Dick*〕等史詩級的作品）。葛旭寫道：「這個原則的核心信條是，『任何事情都不會改變，除非是以目前看到的方式發生變化。』或者，簡單地說就是：『大自然不會跳躍。』然而，問題是，大自然即使不會大跳躍，但它確實會跳動。」

黑天鵝事件比比皆是，但要談論或思考黑天鵝事件卻異常困難。英國哲學家蒂莫西・莫頓（Timothy Morton）為類似的現象自創了一個詞：超物件（hyperobject）。這些難以捉摸的實體（對莫頓來說，主要是全球暖化）在時間與空間上是如此龐大，以至於傳統的人類思維形式無法掌握它們。然而，人類總是對它們著迷，這有助於解釋《黑天鵝效應》超乎尋常的熱銷程度。該書銷量高達數百萬冊，並蟬聯《紐約時報》的暢銷書榜高達三十六週。該書的暢銷把塔雷伯變成小有名氣的人物，彭博社（Bloomberg）稱讚他是個「迷你權威」，而且他每次受邀演講的開價是六萬美元起跳。《衛報》報導，「一夕間，塔雷伯從一個在荒野中發表奇特理論的孤獨之聲，變成現代的卓越先知。」

然而，即使他突然走紅了，二〇〇七年那時，還是不足以說服投資者把錢投入寰宇的黑天鵝保護計畫。

但那種情況很快就改變了。

09 極暗隧道

史匹茲納格爾緊張不安，汗流浹背，過去三十分鐘裡，他查看黑莓機不下二十次。那是二〇〇八年九月二十九日，他正在芝加哥的郊外，與某大學的捐贈基金經理人開會。與此同時，他也持續密切關注著新聞、電郵和市場狀況。美國與歐洲的金融體系正在急轉直下，可能拖垮全球經濟。雷曼兄弟（Lehman Brothers）倒閉了，房利美與房地美一如塔雷伯多年的預測那樣爆掉了，銀行正大量流失現金，美國的汽車製造商正瀕臨破產邊緣。布希政府的財政部長漢克・鮑爾森（Hank Paulson）已經拼湊出一份價值七千億美元的金融紓困方案，試圖遏制這場危機。

國會正準備投票決定是否批准紓困方案，目前還不清楚投票的結果會如何。突然間，美東時間下午一點四十三分，市場暴跌，因為美國眾議院否決了紓困方案。驚慌失措的投資者，像戰場上遭到炮擊的士兵一樣逃之夭夭，四處尋找掩護。道瓊工業指數在一分鐘內下跌一百點。截至下午一點四十五分，道瓊指數下跌五百八十點。在接下來的那幾個小時裡，道瓊跌了七百多點，當天以重挫七％收盤。

在聖莫尼卡，雅克金坐在螢幕前，螢幕上閃爍的數字令他看得入神。寰宇的交易室靜得出奇，他感到一陣噁心，覺得好像可怕的事情就要發生了。他抬起頭來，望著去年史匹茲納格爾掛在辦公室裡的一幅巨畫，那是日本浮世繪畫家葛飾北齋的名畫《神奈川沖浪裏》（*Great Wave off Kanagawa*）的仿作，畫中的狂暴巨浪捲起脆弱的漁船。另一面牆上掛著比利時的印象派畫家威廉・德古夫・狄奴克斯（William Degouve de Nuncques）的黑天鵝仿作。

股市崩盤時，史匹茲納格爾迅速從會議現場趕回旅館房間，一邊接聽焦慮投資者的來電，一邊從他的筆電和位於聖莫尼卡辦公室的交易員一起管理基金的部位。芝加哥選擇權交易所市場波動率指數（CBOE Volatility Index，或簡稱ＶＩＸ）飆升至二十八年來的歷史新高。ＶＩＸ是一種衡量波動性的指標，又稱為恐慌指數，某種程度上代表寰宇的獲利。寰宇的投資部位價值正在暴漲。現在市場上掀起一片腥風血雨，寰宇是唯一一家有傘的公司。實際上，寰宇現在是在設定雨傘的價格。

股市收盤後，史匹茲納格爾趕搭深夜的飛機回洛杉磯，為第二天做準備。一九八〇年代他在芝加哥期交所從克利普那邊學習「喜歡賠錢」以來，一直在為這一刻做準備。市場崩盤的風險，不再是一隻隱約出現在夜空中的模糊黑天鵝了。寰宇的黑天鵝保護協定在那年三月才獲得第一筆新的外部投資，九月該協定就提供十億美元的市場保險——也就是說，避免十億美元的投資者資產受到崩盤的影響。截至國會引發市場崩盤的那天，寰宇總共為十五億美元的資產提供保障，之後還會有更多。

十月八日，由於金融體系持續失靈，聯準會、歐洲央行、英格蘭銀行分別大幅降息。聯邦基金利率降至一．五%，為四年來的最低水準。翌日，股市在經歷數週的動盪後，似乎變得比較平靜，也許是降息給了投資者信心吧。然而，下午三點，市場又再次崩盤了。投資者紛紛拋售股票，那天是紐約證交所有史以來最繁忙的一天，成交量高達八十三億股。

薛佛投資顧問公司（Schaeffer's Investment Research）的股票分析師理查．斯帕克斯（Richard Sparks）接受《紐約時報》的訪問時表示：「市場上的恐懼正急轉直下。」[24] 加州的理財顧問崔弗．卡蘭（Trevor Callan）說：「我們正目睹全面的恐慌。」法國巴黎銀行的布萊恩．法布里（Brian Fabbri）告訴《華爾街日報》：「我們正卡在一道極暗隧道中。」[25]

道瓊工業指數自二〇〇三年以來首次跌破九千點，一舉抹煞過去五年多頭市場的漲幅。道瓊工業指數在一週內暴跌一千八百七十四點，跌幅一八%，這是有史以來跌幅最大的一週。道瓊威爾夏五千指數（Dow Jones Wilshire 5000）是市場最廣泛的衡量指標，在七個交易日內蒸發二．五兆美元的市值；相較於前一年的歷史新高，市值總共蒸發八．四兆美元。

截至十月九日收盤，標普五百指數當月累積的跌幅已達二二%。這正是史匹茲納格爾的公司過去一年半以來一直告訴投資者，他們會避免投資者受到市場崩盤衝擊的類型。但多數的潛在投資者都說，這種情況不可能發生。

寰宇一直以低價搶購的深度價外選擇權，突然變得非常值錢。九月下旬，標普五百指數在一千兩百點左右的時候，寰宇買進指數在十月底以前跌破八百五十點可獲利的賣權。跌破八百五十點在當時看來，是極不可能出現的崩盤。多數交易員幾乎不看重這種賣權，並以約九十美分的價格賣給史匹茲納格爾。現在，這些賣權的價值約為六十美元。寰宇在五十美元區間的高點，出售多數的投資部位。

當天交易結束後，雅克金把史匹茲納格爾拉出辦公室去喝啤酒，以紀念這個腥風血雨的時刻。當他們走向轉角的酒吧時，驚嘆那些在加州陽光下漫步在聖莫尼卡第二街徒步區（Second Street Promenade）上的人，那些人看起來好像世界太平，什麼事也沒發生似的。他們即將暢飲一杯冰啤酒的儀式，並不是為了慶祝——世界正陷入危險中，他們很清楚這點。史匹茲納格爾舉杯敬酒時說：「許願要當心。」

○○○○

大筆資金突然湧進寰宇的大門，沒有人知道市場會變得多糟，他們只知道市場持續下墜，他們想找降落傘（雖然從飛機上跳下來以後才開始買降落傘通常沒效了）。

在交易約二十年後，史匹茲納格爾終於像他在芝加哥期交所的場內大咖那樣，成為業界大戶。但這是一場被焦慮掏空的勝利。全球經濟因為各種不良行為而陷入混亂，他和塔雷伯多年來一直針對那些不良行為發出警語，但無人理會。那表示很多人確實受到實際的傷害，這不是沾沾自喜地宣布勝利的時刻。塔雷伯對一家英國報紙說：「（這些警告）被證明是對的，令我感到難過。我並不在乎金錢。」[26]

但對寰宇來說，這筆錢既真實又龐大。在全球金融危機的初期，寰宇的投資部位總共賺了約十億美元，相較之下，其他的避險基金則虧了數十億美元。由於該公司收費包括資產管理費一．五%及收益的二〇%，這表示在一．五%的管理費之外，它還可以從十億美元的獲利中獲得約兩億美元的收益。

到了二〇〇八年底，寰宇的黑天鵝基金保護四十億美元的資產。這主要是來自新投資者的新資金，而不是來自黑天鵝交易的獲利。寰宇把大部分的獲利還給投資者，讓他們把錢存下來以備不時之需，或者對大膽的人來說，可用這筆意外之財進場大買價格大跌的股票。

記者突然很想知道聖莫尼卡這位神祕的黑天鵝交易員的一切。幾乎每篇報導都提到《黑天鵝效應》的作者塔雷伯。言下之意是（至少史匹茲納格爾是這麼想的），寰宇是塔雷伯的基金，塔雷伯負責做投資決策，史匹茲納格爾只是搭順風車而已。起初，他喜歡默默無聞，很高興讓塔雷伯成為鎂光燈的焦點，但後來他開始擔心投資者可能誤會。事實上，塔雷伯除了繼續研究肥尾的數學，以及對那些可能對寰宇感興趣的富有聽眾演講以外，幾乎對寰宇沒有任何影響。

整體來說，史匹茲納格爾和他的團隊在二〇〇八年的獲利是一一五%。相較之下，標普五百指數下跌約三九%（寰宇交易部位的實際獲利是數千%）。也就是說，當年一開始在標普五百指數中投資一百萬美元的人，年底只剩六十一萬美元。這位投資者若要回本，該指數必須上漲六四%——這要等近四年才會達到。在寰宇，同樣的一百萬美元變成了兩百一十五萬。

當然，沒有投資者把一〇〇%的財富都投入寰宇，他們只投入一小部分（寰宇建議三%）。那樣配置資金的投資者，在二〇〇八年的整體損失約為八%，遠比標普五百指數失血三九%好。

模仿者紛紛投入華爾街媒體所謂的「黑天鵝基金」。那個策略在塔雷伯與史匹茲納格爾於一九九九年創立經驗資本以前還不存在，現在卻突然變成金融界最熱門的產品之一，這令他們兩人受寵若驚。這兩位顛覆傳統的人創造一個新的資產類別。這世上有多少交易員能這麼說呢？但這也令他們煩惱。現在，史匹茲納格爾不得不與許多模仿者競爭，他確信他們不太擅長交易，但可能更擅長華爾街的一大重要技巧：銷售。

當然，在全球金融危機期間，寰宇不是唯一賺了數十億美元的避險基金。一小群投機交易員找到了放空美國房市的方法。約翰．保爾森（John Paulson）是豪賭型的避險基金經理人，他喜歡豪賭併購案。二〇〇七年，他靠著房地產相關的投資策略，賺了一百五十億美元。神經科醫生轉行當避險基金經理人的麥可．貝瑞（Michael Burry）放空美國房市的衍生性商品，獲利近五〇〇％。由於幾乎沒有人認為美國房市會爆掉，在房市爆掉前押注的成本極其便宜。

在某些方面，這些交易很像寰宇的交易，它們是對房價波動押注。保爾森等交易員使用的金融工具，稱為信用違約交換（credit default swap）。你可以把它想成一份房貸的保單。萬一房貸持有人無法還款（或者，萬一一萬名房貸持有人無法還款），這種交換就有獲利，那就好像股價跌破某個價位，賣權就有獲利一樣。

保爾森與貝瑞發現美國房市的系統性缺陷，並設計一種巧妙的方法，在房市崩盤時獲利。相反的，史匹茲納格爾與塔雷伯是發現**整個金融體系的缺陷**。衍生性商品的廣泛使用，用錯風險管理工具（例如VaR），槓桿的暴增，聯準會寬鬆的貨幣政策，投資銀行業變成肆無忌憚的投機、類似賭場的環境——這一切因素都把全球金融體系變成搖搖欲墜的紙牌屋。幾乎沒有人認同他們的觀點，這表示他們可以像保爾森與貝瑞那樣，以便宜的價格押注。

不同之處在於：保爾森與貝瑞那種賭注是一次性的橫財。房市崩垮後，他們海撈了一票，但此後就再也無法複製同樣的績效了。事實上，保爾森在後續幾年承受鉅額的虧損。他們的押注很像艾克曼在二〇二〇年初做的驚人交易，艾克森也是使用廉價的信用違約交換來押注崩盤，那是一次性、無法複製的賭注。

相較之下，寰宇則可以一次又一次地重複下注，直到永遠。

○○○○

「這個系統非常不穩定。」[27]塔雷伯對著整屋子的私人銀行家說。他表示，資本主義岌岌可危，而且可能崩解。

隨著寰宇的名聲飆漲，塔雷伯的聲譽也跟著飆漲。全球金融危機似乎是典型的黑天鵝（雖然塔雷伯說那是完全可預測的「灰天鵝」）。他突然變成炙手可熱的大紅人，大家都很需要他，他也把握這個機會。

二〇〇八年底，他在法國協會劇場的主要場地佛羅倫斯古爾德大廳（Florence Gould Hall）

登台（位於紐約市東五十九街）。他一如既往沒打領帶，穿著棕色的寬鬆褲子及藍色西裝，看起來像衣冠楚楚的先知，對著一群落荒而逃的自滿精英宣布噩耗。一週前，股市因國會否決重要的紓困案而重挫；一個月前，雷曼兄弟剛倒閉。此時，整個氣氛依然充滿末世感。

他以平靜、堅定的語氣發表末日預言，偶爾還會對觀眾做手勢。隨著大型金融機構像骨牌那樣倒塌，金融市場與整個世界遠比許多人所想的更加動盪。他說，他對黑天鵝現象的關注超越了金融市場，延伸到科學方法本身。狂野、不可預見、混亂的事件隨時都在發生，但華爾街的金融天才卻看不到它們。他們的複雜模型是向後看的，他們依賴鐘形曲線。但問題是，黑天鵝可以一瞬間抹煞整個投資組合，甚至整家銀行。

隨著雷曼兄弟破產的餘波持續在市場上蔓延，塔雷伯加強他對華爾街金融工程師的攻擊力度。

「我們面臨一個問題，」他以冷靜的聲音對那群銀行家說，「那就是控制的幻覺。我們以為世界是可了解與可預測的，但我們並不了解未來。」

「在股市裡，」他繼續說，「過去五十年中最不穩定的十個交易日，代表著五〇%的報酬。在過去二十年中，只有一天的衍生性商品交易就占了九〇%的報酬，那天是黑色星期一。」

最近的事件把金融體系推向極端。塔雷伯對在場的銀行家說，華爾街這場價值數兆美元的信貸危機結束時，將一舉抹除全球銀行業之前賺到的一切。

以前賺到的一切都會蕩然無存。

第二部

肥尾效應到處在

10 夢想與夢魘

二〇〇九年一月，全球頂尖的金融家、政策制定者，以及所謂的精英思想家，蜂擁到世界經濟論壇（World Economic Forum）的舉辦地瑞士達沃斯。他們來這裡，是想要搞清楚問題究竟是出在哪裡，以及下一步該怎麼做。塔雷伯以新晉精英的身分，參與了這場盛會。

在週三晚間的論壇上，塔雷伯與英國的歷史學教授兼暢銷書作家尼爾・弗格森（Niall Ferguson）、以預測金融崩盤著稱的末日博士魯里埃爾・魯比尼（Nouriel Roubini），以及行為金融學家兼諾貝爾獎得主康納曼一起坐在講台上。他們討論的主題是：雷曼兄弟倒閉的關鍵時刻，以及它在隨後的危機中所扮演的角色。

多數人都同意，雖然雷曼兄弟讓情況變得更糟，但金融界的問題更加廣泛，而且是系統性的。弗格森表示，展望未來，世界正進入「全球失落的十年」。他補充提到，美國的情況最糟，將導致「美國霸權的衰頹」。

接著，塔雷伯語出驚人地打趣道：「雷曼破產時，我很高興。」他透過寰宇從雷曼的破產中賺了錢，並表示他聽到那場災難時，不禁手舞足蹈，並補充提到：「我討厭交易員。」以強調他的立場。

前雷曼交易員覺得，他那番話一點也不好笑。他們在巴克萊銀行（Barclays）收購雷曼之後加入了巴克萊，其中一人寫信給客戶表達強烈的不滿：「那番話惹毛了交易員……大家都想殺了他。」[28]《華爾街日報》評論：「塔雷伯可能需要增派保鏢。」史匹茲納格爾試圖緩頰，他告訴《華爾街日報》，寰宇的投資策略有一個令人遺憾的特色：它往往在大家受苦時，享有可觀的獲利。

當時，史匹茲納格爾正在對抗一個完全不同、而且更強大的敵人：柏南克與聯準會。柏南克為了因應金融危機，全力調高金融刺激方案。央行把短期利率調降至接近零的水準，並開始實施所謂的「**量化寬鬆**」（quantitative easing，簡稱QE）。這聽起來很複雜，但其實不然，那是指聯準會購買大量的債券：抵押債券、國庫券等，總值數十億美元。那可以從幾個方面來刺激經濟成長。首先，那樣做可以縮小銀行的資產負債表，銀行不再需要持有那些債券。那也可以讓企業更容易獲得貸款，因為聯準會現在是扮演最後購買者（buyer of last resort）的角色。到了二〇〇九年的年中，聯準會已經買進價值逾兩兆美元的債券。

多數的經濟學家對聯準會的做法表示肯定，他們說那是防止金融體系崩解的必要措施。

有些人把當時的經濟比喻成手術台上需要電擊的病人，唯有電擊才能避免他心臟病發死亡。

史匹茲納格爾認為，病人可能因此存活下來，但病情會比以往更嚴重。他投書《華爾街日報》指出：「利率為零時，貨幣引擎以前所未有的速度運轉……我們又回到一個靠政府來支持繁榮與債務的美麗新世界。」[29]史匹茲納格爾是奧地利經濟學派的信徒，該學派譴責政府干預經濟。其觀點與英國經濟學家約翰．梅納德．凱因斯的支持者形成鮮明的對比。凱因斯主張以政府資助的金融刺激方案，來幫助搖搖欲墜的經濟從衰退或蕭條中復甦。

路德維希．馮．米塞斯（Ludwig von Mises）、弗瑞德呂希．海耶克（Friedrich Hayek）等經濟學家所闡述的奧地利學派觀點，則是為瀕臨倒閉的企業開出難以入口的猛藥，或者更確切地說，是根本沒有藥物。史匹茲納格爾寫道：「讓所有積弱不振的企業倒閉吧，別紓困了。除非消除扭曲，否則金融體系必然會從更陡峭、更高聳的懸崖跌落。」

史匹茲納格爾認為，那些刺激措施有一個重大的風險：引發持續的通膨，尤其是股票之類的資產。二〇〇九年的夏季，為了因應投資者對風險的擔憂，他推出一檔新基金，目的是從不斷上漲的價格中獲利。他買入玉米、原油、黃金等大宗商品的買權，因為這些商品可能從通膨環境中受益。此外，該基金也放空美國公債，因為隨著利率飆升，美國公債勢必會受到通膨的衝擊。

史匹茲納格爾不是唯一預期通膨會急轉直上的人。巴菲特也擔心價格上漲，並指出美國公債市場正處於他所見過最大的泡沫之一。人稱奧馬哈先知的巴菲特曾在二〇一〇年表示：「出現嚴重通膨的可能性增加了，不僅美國如此，而是全球都如此。」塔雷伯表示，他預期會出現**惡性**通膨。

結果，他們都錯了。失控的通膨並沒有像許多人預期的那樣發生。市場上出現一些週期性的價格飆升，但通常很短暫，或只限於某些快速成長的經濟體與中國。中國每年以約一〇%的速度成長，看起來勢不可擋，這種經濟成長率以及隨之而來的需求激增，引發所謂的大宗商品超級週期（commodity super cycle），把銅、鋼、鐵等金屬的價格推升到前所未有的高位。

有一種觀點認為，通膨之所以大致上受到抑制，是因為全球金融危機是由金融體系崩解引發的，而不是製造業等其他經濟領域的疲軟造成的。這導致刺激消費變得很難，因為銀行受到危機打擊後，選擇囤積現金，而不是發放貸款。這就是為什麼一些經濟學家認為（比如經常投書《紐約時報》、也經常遭到塔雷伯批評的保羅．克魯曼〔Paul Krugman〕），聯準會的刺激措施**不夠**，歐巴馬政府的支出不足以重振萎靡不振的經濟[30]。克魯曼在二〇〇九年五月的一篇投書中指出：「銀行沒有把多出的準備金拿出來放貸，而是緊抱著不放。」

通膨維持相對溫和的另一個原因是：在經濟成長溫和下，多數美國人的薪資停滯不前。人們失業，就業市場疲軟，企業不必提高薪資以吸引勞動力。沒有星火可以點燃通膨的篝火。所謂的「薪資—價格回饋迴圈」（wage-price feedback loop），是指薪資較高的勞工會購買更多的商品，推高商品的價格，促使人們進一步要求提高薪資，這是導致一九七〇年代通膨飆升的因素，但這次並未發生。這有部分也是因為一九八〇年代以來工會成員減少及勞動力受侵蝕。來自中國的競爭是另一個因素，製造商以前所未有的速度把生產轉移到海外。經濟政策研究所（Economic Policy Institute）的資料顯示，二〇一〇年代的大部分時間裡，美國的薪資成長幾乎為零。

皮尤研究中心（Pew Research Center）指出，二〇一五年家庭收入的中位數是七萬兩百美元，與兩千年持平，「這代表十五年的停滯期，也是過去五十年來持續最長的時期」[31]。

雖然實體經濟在金融危機之後受到重創，薪資與房價雙雙受到衝擊，但股市卻大幅上漲。擁有大量持股的家庭因此受益匪淺（帳面收益）。但柏南克原本預期資產通膨會對實體經濟產生正面的影響，但這種影響要不是沒發生，就是發生的速度遠比預期還慢。這種貧富差距在美國造成巨大的傷害，使大眾對精英階層的怨恨不斷增加，也使那些無法因聯準會的政策而受惠的許多家庭、小鎮、勞工持續感到絕望。

因此，儘管史匹茲納格爾的新通膨基金可能無效（他在幾年後解散了那檔基金），但他更重要的觀點——寬鬆的貨幣政策與財政刺激並非毫無明顯的負面影響，例如資產膨脹主要是讓富人受益——是正確的。而且，由於通膨在那十年間一直維持在令人費解的低水準，聯準會從未停止寬鬆的貨幣政策。它把利率持續維持在低位，整個二〇一〇年代持續推動量化寬鬆。在新冠疫情爆發後，刺激措施開始超速運轉。然而，當這些刺激最終免不了停止時，那肯定會出現嚴重的經濟低迷。二〇二二年，隨著聯準會開始升息以因應不斷上升的通膨，金融業的許多人開始思考，他們是否應該準備阿斯匹靈或藥效更強的東西，以面對嚴峻的經濟挑戰。

○○○○

塔雷伯的計程車駛入火箭路一號時，偌大的倉庫映入眼簾，那裡是伊隆．馬斯克（Elon Musk）設在洛杉磯的火箭研發公司 SpaceX。[32]二〇〇九年七月二十四日的下午，塔雷伯查看電郵時，看到他的文學經紀人兼活動經紀人約翰．布羅克曼（John Brockman）寫道，「歡迎來到洛杉磯！」

以下是議程的細節：

週五晚上

晚上六點：雞尾酒會——樓中樓

晚上七點：晚餐——樓中樓——第五包廂

週六早上

上午七點半：早餐——樓中樓——第四包廂

上午八點半：搭巴士前往Space X（約二十～三十分鐘）

為了方便只能在下午抵達Space X的克萊格・凡特（Craig Venter）參加，可能的話，我會把馬斯克的演講與參觀安排在下午四點，而不是午休時間。

晚上七點半：晚餐——Spago餐廳（地址：90210加州比佛利山佳能大道北段一七六號）

憑著《黑天鵝效應》的暢銷，塔雷伯進入美國頂級知識分子的沙龍：布羅克曼[九]（Brockman）的前沿基金會（Edge Foundation）。那是一個彙集科學家和思想家（主要是男性）的非正式組織，其中包括理查・道金斯（Richard Dawkins）、史蒂芬・平克（Steven Pinker）、康納曼、夸克的發現者默里・葛爾曼（Murray Gell-Mann），以及Google的創辦人謝爾蓋・布林（Sergey Brin）與賴利・佩吉（Larry Page）、亞馬遜的貝佐斯、微軟的比爾・蓋茲，以及後來因醜聞而名譽掃地的金融家傑佛瑞・艾普斯汀（Jeffrey Epstein）等大亨。這個沙龍背後的理念很簡單：把一群聰明人聚在一起，讓他們交談，看能擦出什麼火花；然後，再撒點億萬富翁的金錢，也許真的可以孕育出大事。《衛報》寫道，這是一個「彙集各領域有重大成就的知識分子，讓他們提出重大、有趣或挑釁概念的論壇」。[33]

那一週，前沿基金會的成員聚在SpaceX及豪華的安達仕西好萊塢飯店（Andaz West Hollywood hotel），聽取哈佛醫學院的遺傳學家喬治・丘奇（George Church）與最早為人類基因組排序的克萊格・凡特（Craig Venter）等專家簡報微生物學方面的最新進展。布羅克曼更早之前寄給塔雷伯一份所謂「大師課」的主題清單，裡面列了許多令人眼花撩亂的先進技術與科學概念，諸如生命的本質與起源、在實驗室創造合成生命、鏡像生命、碳氫化合物和藥物的代謝工程，運算工具、電子生物介面、奈米技術分子製造、生物感測器、加速實驗室演化、定製設計的幹細胞、抗多病毒細胞、人性化的小鼠、讓滅絕的物種復活等。

在SpaceX，丘奇的演講主題是〈夢想與夢魘〉，出席者包括創投業者西恩・帕克

九、文學經紀人，也是專門研究科學文學的作家。他成立了前沿基金會，彙集大批科技領域的思想家。

（Sean Parker，他是臉書的最初支持者）、Google的佩奇、行為經濟學家理查・塞勒（Richard Thaler）、《全球概覽》（*Whole Earth Catalog*）的創辦人史都華・布蘭德（Stewart Brand）、某位來自白宮的人，以及一群理論科學家。馬斯克偶爾會鑽進觀眾席聆聽。塔雷伯自我介紹時，說他是風險工程教授，但也補充提到那頭銜「無法說明我的工作」。

丘奇身材高大，留著濃密的白鬍子，看起來像個巫師。他解釋，一般普遍認為遺傳學家已經排出整個人類基因組，但其實不然。所以科學家偵測DNA中造成某些疾病（如思覺失調症）的遺傳原因時，仍力有未逮。（後來，人類基因組的完整序列終於在二〇二二年完成了）。

當天稍後，丘奇的另一場演講主題是〈以化學物質建構生命〉。「我將描述一些可能會讓你感到震驚的技術。我們真的知道自己在做什麼嗎？我即將提到的幾乎所有事情，都可能產生我們無法預料的意外後果。」

丘奇展示一張投影片，上面寫著：「預防原則。**如果一項行動可能對大眾造成嚴重或不可逆的傷害，在缺乏科學共識之下，舉證責任是落在主張採取行動的那些人身上。**」

丘奇說：「我們有這個預防原則。當你不了解情況時，通常會選擇什麼都不做。這在某些情況下是合理的，但在另一些情況下則不是。我認為我們不需要多談這個原則。」

丘奇接著談到所謂的「全球環境改造」（global terraforming）。他是以全球環境改造做為對抗地球暖化的一種方法，「海洋施肥」就是一個例子：在海洋中灑下廉價的鐵質來吸收二氧化碳，以促進藻類的大量生長。「有些人擔心，當我們在海洋的中央促進藻類大量生長時，我們其實不知道自己在做什麼。重點是，你在地球上做這種全球環境改造時，是在冒這些風險；但你不做的話，也是在冒險。」

下一個主題是使用一種比較便宜的桌上型製造機來合成ＤＮＡ。他說：「這裡，你可以一次生產出天花大小的東西。你可以製造出一種有抗藥性、抗疫苗的天花。這實在令人擔憂，目前有些人開始對監督這種事情產生興趣了。」

這時，現場開始熱烈討論了起來。未來幾年內，這項技術會不會發展到一個境界：在高中的實驗室裡，只要花幾千美元，就可以合成致命的病原體？

丘奇說：「這是一種攸關全球生死存亡的風險，原因在於它們的複製能力。」他指的是病原體，「病原體與核廢料不同，核廢料擴散時會稀釋，但這些病原體會一再複製。」

塔雷伯舉手發言：「你這裡面臨的問題是，當你說『核能』時，大家嚇死了，但核能不會加倍繁衍，錯誤是可處理的。然而，這世上找不到比病原體更容易加倍繁衍的東西了。」也就是說，病毒是呈指數級傳播，「這確實是怪物。」

「沒錯！」丘奇說。

「而且，有人將會發明會擴散的東西，這個機率是百分之百，我們簡直是活在肥尾市（fat-tail city）裡。」

Google 的佩奇說：「現實情況是，有很多方法可以嚴重地擾亂世界，而其中的多數方法還沒有人做過。防範這種風險的問題在於，你必須防止各種可能的威脅，那不切實際。」

塔雷伯說：「這和金融業的問題一樣。在這次金融危機以前，大家都不相信金融體系竟然如此混亂，如此緊密相連，對吧？在一個複雜的系統中，任何過於緊密相連的東西最終都會破裂。我們太緊密相連了。如今拜飛航所賜，我們的連結過於緊密。」

幾天下來，塔雷伯聽了一場又一場有關解構、混合、分割、分解ＤＮＡ的演講，受到強烈的情緒震盪。丘奇隨性地談到由上而下的生命構建工程，以及可能導致人類滅絕的致命病毒。那次造訪 SpaceX 是塔雷伯第一次參加前沿基金會的聚會，也是最後一次。從那時起，他開始深切地擔憂科學家對基因的竄改。他的擔憂後來演變成一場反基改生物的運動，使他成為全球某大公司的箭靶。

11 閃電崩盤

二〇一〇年五月六日，剛過美東時間下午兩點十五分，寰宇聖莫尼卡總部的一位交易員向經紀商巴克萊資本（Barclays Capital）下了一張單子：在芝加哥交易廳買進五萬口賣權。如果標普五百指數在六月份的某日之前跌到八百點（很大的跌幅），那些賣權就有獲利。當時標普是一千一百三十五點。寰宇為那筆交易支付七百五十萬美元。如果標普在六月到期前真的跌至八百點，那賣權的價值將達到十億美元。

在不到半小時內，美國股市見證有史以來最詭異、最動盪的一刻：金融媒體後來稱之為閃電崩盤（Flash Crash）。在短短幾分鐘內，道瓊工業指數跌了一千點。那是真正出乎意料的「黑天鵝」事件，是自黑色星期一以來最突然、最動盪的市場崩盤。

隨著股市暴跌與波動性飆升，寰宇在四月以每口兩美元的價格買入的賣權（標普五百指數跌至一千一百點以下就有獲利，交易當時的標普五百是一千兩百點）開始飆漲。標普五百跌至一千零六十六點時，該賣權瞬間漲至六十美元。寰宇的交易員搶著從他們看空市場的押注中獲利。當其他公司爭相避險、搶購超貴的選擇權合約時，寰宇賣出價值六十美元的賣權。不過，隨著市場在痛苦的暴跌之後迅速反彈，那個機會實際上在一瞬間消失了。史匹茲納格爾回憶道：「一眨眼，你就錯過了。」

據報導，寰宇在那個下午的交易中賺了十億美元。

不久，芝加哥交易大廳裡傳出這樣的流言：在市場極度脆弱之際，寰宇大舉看空的賭注可能助長股市的暴跌。賣權的買家不得不拋售股票，為自己的投資部位避險，以免股價進一步下跌。後來發現，崩盤不是單一原因造成的。交易所與券商都出現大量拋售、龐大成交量和技術問題。隨著混亂的蔓延，許多高頻交易公司關閉自己的交易機器（這些高頻交易公司藉由充當造市者來主導市場。他們在別人賣出時買進，在別人買進時賣出），導致市場上的大量買單消失，市場上只剩一堆人搶著賣出，創造出一個無底洞，像黑洞一樣吸走了賣單。

閃電崩盤提供一個難得的機會，讓人有機會一窺寰宇的黑盒子。寰宇當天透過巴克萊資本所做的交易，其實非常看空市場。那不是押注標普五百下跌一〇%而已，而是下跌三〇%。寰宇的報酬相當可觀：當天以七百五十萬美元購買的部位，賺了十億美元；四月以二美元購買的賣權，在幾分鐘內飆升至六十美元。這正是史匹茲納格爾所說的：寰宇提供**爆炸性**的獲利。

○○○○

那年夏天，史匹茲納格爾與妻子住在他們於密西根州北港購買的第二間房子裡。北港是個小鎮，史匹茲納格爾十歲以前住在那裡。他們在北港發現湖邊對面有一片空曠的土地，去勘查後得知那裡是一片占地兩百英畝的農場，包含幾棵看似飽經風霜的櫻桃樹及幾棟破舊的建築。他們決定以一百萬美元買下那裡。

接著，他們必須決定怎麼處理它。他們知道，他們想要耕種土地，做一些真正與當地相關的事情，並為金融體系與全球經濟的全面崩解避險——這是史匹茲納格爾的腦中深處一直存在的擔憂，也是管理一個靠突發混亂與災難來獲利的基金的缺點。在短暫考慮過釀酒之後，他們決定生產山羊乳酪。為了更了解那個流程，他們走訪加州與法國的山羊乳酪製造者，包括全球頂尖的乳酪專家羅多夫・勒穆尼耶（Rodolphe Le Meunier）。不久之後，他們開始購買及繁殖山羊。最終他們養了數百隻山羊，而這個名為田園農場（Idyll Farms）的事業，最終將產出一些美國最好的山羊乳酪。

塔雷伯則是開始找地方存放他從寰宇及《黑天鵝效應》暢銷中所獲得的收益。二〇一〇年夏天，他造訪祖國黎巴嫩的北部，去買橄欖園。「健康的投資會產出人類需要消費的商品，而不是平板電視。」他在位於艾姆雲的老宅附近接受《華爾街日報》的訪問時這麼說，「股票不是穩健的投資，你應該確保你有一個能結出果實的果園。」[34]

塔雷伯沒有參與寰宇的日常運作。他到全球各地演講，在世界頂級的餐廳裡享用美饌，盡情享受名利雙收的果實。但他確實喜歡飛到美西去參加寰宇舉辦的派對。不過，這種四處遨遊的生活有時也使他疲憊不堪。例如，某次他去參加寰宇的聖誕狂歡（那次狂歡活動是坐在豪華轎車裡，在洛杉磯四處兜風），結果他一坐上寬敞的加長型禮車，就在裡面睡了一整晚。

當史匹茲納格爾沒有在交易選擇權、養羊或嘗試研發新的山羊乳酪時，他和全球一些最大的投資者密切往來，其中包括管理主權財富基金的人。這些主權財富基金是代表政府投資的雄厚基金。剛創業時，他常向毫無概念的基金經理人解釋黑天鵝策略，但往往白費唇舌。如今那種日子已經結束了，寰宇現在正與管理三千億美元的中投公司、中東大型的政府基金、倫敦與日內瓦等地的歐洲富有投資者，以及美國各地的大型退休基金協商。

寰宇現在火力全開，為客戶管理價值一百億美元的投資風險。對史匹茲納格爾與其團隊來說，這本身就代表一筆可觀的收入。寰宇收取的費用結構，說明華爾街為什麼有那麼多人渴望成為避險基金的大亨。一百億美元的一．五％等於一．五億美元，再加上寰宇從閃電崩盤的交易中賺了兩億美元，等於這家約有十六名員工的公司總共賺了三．五億美元（這種收費方式讓一些潛在投資者看了就打消投資的念頭，他們不喜歡看到寰宇從崩盤保險的給付中分一杯羹）。

說白了，史匹茲納格爾變得極其富有，也過著那樣的生活。他花了七百五十萬美元從珍妮佛．羅培茲與馬克．安東尼（Marc Anthony）的手中買下一棟位於貝萊爾（Bel-Air）的豪宅。那是一座門禁森嚴的法式別墅，四周有護城河，內有招待所、游泳池、小溪，還有一座附帶涼亭的花園。屋內有一個房間如紐約的套房那麼大，專門放羅培茲的鞋子。那棟豪宅離史匹茲納格爾的童年偶像雷根總統的故居僅一個街區，南茜．雷根（Nancy Reagan）仍住在那裡。他幻想著漫步到她家，敲門拜訪。

其他想擁有那種豪宅與護城河的基金經理人算了一下數字，並開始仿效寰宇的運作。二〇一〇年八月，《華爾街日報》報導：「越來越多的基金經理人與金融公司正在推出一種投資產品，專門靠所謂的『黑天鵝』事件賺錢。」[35]光是過去十八個月裡，市面上就出現約二十支「尾部避險」基金。

令史匹茲納格爾震驚的是，那篇報導提到，有些投資散戶考慮在當沖帳戶中建立黑天鵝投資組合。文中引用一位三十歲運輸工程師的話，說他想「在盤勢變瘋狂時，額外賺一些錢」。

○○○○

索耐特穿著雙排扣的灰色西裝，洋洋得意地走上講台，面對一群學者、金融家與記者。他屠龍成功了，而且是三條龍。那是二〇一〇年五月三日蘇黎世的一個涼爽早晨，索耐特正要宣布金融泡沫實驗（Financial Bubble Experiment）的結果。

二〇〇九年的年末，他使用LPPLS模型，預測接下來的六個月裡，四種資產會出現泡沫。問題是，當時他沒有公開他的預測，而是把預測提交給一個名為arXiv的開放讀取資料庫。那個資料庫對那些預測做了時間戳記並加密，現在他要公布結果了。

他預測泡沫會出現在巴西股市、債券指數、黃金、棉花中。這四個市場中，有三個如他的預測那樣出現轉變。巴西股市與棉花都出現泡沫，後來分別暴跌一〇％以上。債券指數在他預測的時期之前暴跌，這表示他的實驗開始時，債券指數已經出現泡沫了。

這項實驗結果很難解析。棉花在大幅上漲後暴跌一〇％以上，但指標顯示它仍處於泡沫中。事實證明確實是如此，在接下來的一年裡，棉花與許多大宗商品的價格都飆升三〇〇％。經濟學家稱之為大宗商品超級週期，那主要是源自於中國永無止境的需求（索耐特在一篇論文中，詳細說明實驗結果。該文指出，棉花「過去與現在一直處於泡沫中，沒有明顯的變化跡象」[36]）。金價在短暫下跌後，也繼續走高。索耐特的系統似乎確實找到了一些泡沫，但無法精確地預測那些泡沫何時會破裂。

這些有瑕疵的預測，凸顯出LPPLS方法的缺點。一九九七年十月，他也預測會有一場崩盤，而且他猜中了。但他預期的崩盤規模，遠比實際發生的規模還大。他似乎能夠察覺到震動，他只是不知道那究竟是驚天動地的大地震，還是只是另一場幾乎無人察覺的小地震。

二〇〇九年十二月，索耐特在舊金山的美國地球物理聯盟（American Geophysical Union）演講，展示他在金融危機觀察站的最新研究成果。這恰好是為了紀念混沌理論與非線性地球物理學的先驅而舉行的年度愛德羅倫茲講座（Ed Lorenz Lecture）。羅倫茲在一九六〇年代以蝴蝶效應的描述而聞名。蝴蝶效應是指，巴西的蝴蝶拍動翅膀，理論上可能在德州掀起龍捲風。

索耐特的演講是從攻擊他的勁敵「黑天鵝」開始。

「這就是證據……證明危機**不是**黑天鵝，不是像我的朋友塔雷伯在他的暢銷書中描述的那樣。黑天鵝如今已經變成金融危機的代名詞，但金融危機其實是龍。」他說，「那是什麼意思？你想想黑天鵝的故事……在它們發生以前，它們基本上是未知的，甚至是不可知的。根據這個理論，大地震只不過是一場還沒停止的小地震，是不可能預測的。沒有什麼事情是你可以預先診斷的，那是無法量化、不可預測的。以金融危機為例，那就無法追究責任，那是老天發怒，是天譴！而且面對這種現象，你只有一種獨特的因應策略，你只能買保險。」他指的是寰宇的策略。

索耐特說，龍王就不是這樣了，那是可以量化的，「有一定程度的可預測性。」金融崩盤有獨特、可辨識的數學特徵，與典型的交易時段完全不同。他宣稱，金融崩盤可能導致正常的一天變成災難，是結合超指數成長與正回饋迴圈。價格下跌造成更多的下跌，然後引發越來越多的下跌，直到關鍵時刻到來——恐慌、崩盤、爆掉。索耐特稱這種事件為有限時間奇點（finite-time singularity）。他展示一張投影片，上面顯示有類似正回饋特徵的現象：黑洞的形成、電漿中的亂流、大地震。

或者，城市的規模也是如此。他拿出一張圖，上面顯示法國城市的相對人口。所有的城市都落在一條斜線周圍，可見多數的城市都在正常範圍內，亦即鐘形曲線的安全範圍內。只有一個例外：巴黎。巴黎可說是法國城市中的龍王。他指出：「這裡是巴黎。有一些特殊的機制在運作，促成城市的發展。」

他的夢想是，找出在龍王體內運作的特殊機制，如此一來就可以預測龍王了。主要目標不是總是試圖預測未來（那顯然是不可能的任務），而是找出「有這種複雜性集中的可預測小範圍」。換句話說，就是一個可以預見崩盤的水晶球，雖然這個水晶球可能有點裂痕。

他總結道：「這些是我追逐、獵捕龍王的職涯中遇到的一些例子。」

索耐特與幾位助理決定，既然預測那麼準確，何不乾脆從中賺一些錢呢，就像他在一九九七年十月預測崩盤時所做的那樣？他們在盈透證券（Interactive Brokers）開了一個交易帳戶，投入十萬美元的自有資金。索耐特不願透露他的投資結果，只說投資績效「極好」。但那些投資分散他們研究的注意力，所以他決定終止投資。他告訴我：「我們後來幾乎快變成避險基金了。」

索耐特說，大家老是問他：「既然你預測那麼準，為何不經營一家大型的避險基金？」「學生與同事常這樣問我。」他說，「你想想這個問題意味著什麼。這表示，一個人的顛峰、終極的成功，就是經營一家避險基金。事實當然不是這樣！我的定位是這個世界上最好的定位之一，我可以自由地探索無限的概念。」

他補充提到，管理避險基金的壓力有害健康，他和塔雷伯至少都同意這點。

○○○○

二〇一一年七月下旬，史匹茲納格爾駕著他新買的航海玩具——豪華遊艇 Chris-Craft

Corsair 28——載著彭博社的一名記者，橫越密西根州北部的大特拉弗斯灣（Grand Traverse Bay），那裡離他前一年購買的農場不遠[37]。記者表示，這艘遊艇以時速八十幾公里行駛時會留下很大的尾波。那篇報導寫道：「湍流正是寰宇避險基金的創辦人史匹茲納格爾大展身手的地方。」

該文指出：「投資者紛紛湧入各種末日黑天鵝基金，這種基金讓投資者有機會在危機來襲時，獲得巨額的報酬。」這些黑天鵝基金所募集的資產大幅飆升，在二〇〇八年雷曼破產以前，資產規模僅五億美元，如今是三百八十億美元。

那五億美元中，有很大一部分是在寰宇。事實上。在寰宇成立以前，所謂的黑天鵝基金**並不存在**（經驗資本除外）。許多在危機之後創立的黑天鵝基金，根本是盲目運作。史匹茲納格爾花了數年的時間精進策略，與華爾街的選擇權交易商培養關係，研究如何降低交易成本，建立複雜的電腦模型。寰宇的優勢之一是，它儼然已成為一家選擇權的經紀商，扮演中間人的角色，在投資者（亦即出售選擇權的人）需要流動性時，為他們提供流動性。許多交易商一談到深度價外賣權，就只想出售這些賣權。當下對他們來說，那根本是免費送上門的錢，因為那種賣權通常到期後一文不值。然而，寰宇很樂於以公平的價格接受這種交易。史匹茲納格爾的複雜模型會告訴他，這些選擇權值多少錢，他非常堅持以他想要的價格買到這些選擇權。

寰宇有一部分的策略比較不為人知，那就是每天花心思打造預防崩盤的黑天鵝投資組合。史匹茲納格爾使用的一招，可追溯到以前在經驗資本的日子，那就是出售執行價格接近標的股票價值的選擇權（買權與賣權）。比方說，微軟的股價是每股一百美元，寰宇可能出售的賣權是，如果股價上漲或下跌五美元，那賣權就有獲利。史匹茲納格爾認為，這種選擇權的價值很合理，它們不像他每天購買的那些極不可能執行的深度價外選擇權那麼便宜。事實上，它們的價格可能還**高估**了，這表示出售它們是有利可圖的。而且，他覺得自己比對手更擅長交易這些選擇權。這個策略所帶來的獲利，為他們預防崩盤的投資組合提供了資金。

這也是為什麼他會誇口說寰宇提供華爾街最好的性價比策略，因為這樣做有助於降低投資者為保險支付的金額。如果客戶希望在兩年內避免十億美元縮水二〇％（亦即避免損失兩億），他需要花約三千萬美元投保（亦即十億美元的三％）。這三千萬美元沒有立即投入市場，寰宇只投資其中的一部分，並利用剩餘的部分在接下來的兩年維持交易。有時客戶會用光全部的三千萬美元，但沒有得到任何報酬，就像付了三千萬美元的保費一樣。但史匹茲納格爾認為，發生無可避免的崩盤時（大火燒毀房子），客戶會獲得應有的保障。

○○○○

在貝萊爾的豪宅迎接客人時，史匹茲納格爾夫婦笑容滿面。那是二〇一二年三月，他們為自由意志派的德州國會議員保羅辦了一場每人兩千五百美元的募款活動，以支持他競選總統（雖然勝算渺茫）。保羅與史匹茲納格爾有一個共同的敵人：聯準會。塔雷伯曾說，保羅是這場大選中他唯一信任的候選人。塔雷伯也出席這場募款活動，並發表簡短的演講。「誰不想在珍妮佛．羅培茲睡過的房子裡辯論貨幣政策呢？」一位當地的專欄作家打趣地提到這場活動。

塔雷伯與史匹茲納格爾對保羅的支持，主要是源自於他們對聯準會及其他政府干預的共同蔑視。塔雷伯把後來的著作《不對稱陷阱》（*Skin in the Game*）獻給兩個人，一個是保羅，另一個是在政治上和保羅截然相反的拉爾夫．納德（Ralph Nader）。當然，保羅後來沒有獲得共和黨的提名，最終是米特．羅姆尼（Mitt Romney）獲得提名。

史匹茲納格爾不僅確信，聯準會維持極度寬鬆的貨幣政策正在對經濟造成無法彌補的損害，他也對政府官僚濫改金融體系的複雜槓桿深表擔憂。他經常提到的一個問題是**時間偏好**。想要立即獲勝的投資者（或將軍、央行總裁或擱淺的水手），可能會放棄等待未來更好的機會。央行總裁現在透過降息來提振經濟，是在剝奪未來的潛在成長。史匹茲納格爾認為，他知道有一種更好的方法可以盡可能得到最好的結果（包括提高個人的投資組合價值）。他稱之為「迂迴投資」（roundabout investing），也就是說，不管你的目標是什麼，都選擇走遠路，而不是直奔目標。他喜歡舉丹尼爾・笛福（Daniel Defoe）的小說《魯賓遜漂流記》（*Robinson Crusoe*）為例，那個故事是描述一個遭遇海難的水手一邊挨餓，一邊花寶貴的時間製作魚竿。喜歡賠錢，意味著未來可享有很大的收穫。

這不僅是史匹茲納格爾從芝加哥期貨交易所學到的啟示，也是他多年來研究奧地利經濟學派的作家，例如卡爾・門格爾（Carl Menger）、歐根・馮・龐巴維克（Eugen von Böhm-Bawerk）、路德維希・馮・米塞斯（Ludwig von Mises）、弗瑞德呂希・海耶克（Friedrich Hayek）所學到的。簡言之，奧地利經濟學派強調個人自由與自由市場，反對他們所說的中央計畫者的暴政。這是純粹的資本主義VS（他們所說的）摧毀財富的社會主義。相反的，凱因斯的信徒認為，政府可以透過降息或增加支出，把經濟從衰退與蕭條中拯救出來。想想一九三〇年代經濟大蕭條期間的羅斯福新政，或二〇〇八年鮑爾森推出的七千億美元銀行紓困方案。他們認為，市場力量可能失靈，導致長期的經濟與社會損害。這種情況發生時，政府需要介入以解決問題。

顯然，這兩派的差異遠不止於此。長久以來，奧地利經濟學派因凱因斯派盛行而遭到忽視。但一九八〇年代，美國的雷根政府與英國的柴契爾政府都以反對大政府而聞名，奧地利學派因此聲名鵲起，並在華爾街（自由市場資本主義的中心）流行了起來。交易員受到俄裔美籍自由市場的支持者艾茵．蘭德（Ayn Rand）和海耶克的著作《到奴役之路》（*The Road to Serfdom*，這本書是這場運動的核心經濟文本）的影響，開始鄙視葛林斯潘以及他那些出人意料、擾亂市場的利率政策（諷刺的是，葛林斯潘也喜歡蘭德，稱讚奧地利學派）。

典型的交易員一說到聯準會，通常展現的態度是「去他媽的聯準會」。相較之下，史匹茲納格爾對凱因斯與央行干預的看法則更為細膩。他的看法與塔雷伯的黑天鵝理論類似，呼應他採取的耐心交易策略。如果說這世上有什麼投資方法是「迂迴」的，寰宇那種「喜歡賠錢」的方法就是一種，而且總是有爆炸性的報酬等著你。

史匹茲納格爾在二〇一三年出版的《資本的秩序》（*The Dao of Capital: Austrian Investing in a Distorted World*）一書中，闡述許多這樣的概念。該書融合他的自傳（包括芝加哥期交所的交易故事及克利普的理念，例如「喜歡賠錢」）、歷史、東方哲學、交易見解、軍事策略、經濟理論、《魯賓遜漂流記》的書評，甚至還岔題談到神祕的林業領域。

這本書出版後不久，史匹茲納格爾與雅克金就決定採取一項重大行動。加州的高稅率令他們惱火，他們決定把寰宇的總部搬到邁阿密，因為那裡的政策比較親商（亦即稅金較低）。二〇一三年，史匹茲納格爾以一千萬美元賣掉珍妮佛・羅培茲的豪宅，再次前往東岸。約莫同一時間，他也在底特律的高檔郊區布隆菲希爾（Bloomfield Hills）買了一間房子，並讓兩個孩子到羅姆尼曾就讀的私立學校克蘭布魯克（Cranbrook）就讀。

史匹茲納格爾與妻子決定不住在邁阿密（他在寰宇辦公室附近的四季飯店租了一個房間）。他們想離開另一個像洛杉磯那種龐大蔓延的城市，而底特律離史匹茲納格爾成長的地方比較近。骨子裡他還是覺得自己與中西部那種較為保守、拘謹的心態更親近。此外，住在底特律的想法，與他一貫的逆向思維也不謀而合。畢竟，「誰會想要住在底特律啊？」

二〇一四年的夏季，有感於底特律普遍存在的城市衰頹，史匹茲納格爾想出一個至少可以緩解部分問題的計畫。他把二十隻山羊從田園農場運到底特律西北部一個犯罪猖獗的社區，並啟動一項城市農牧實驗。他希望把那個計畫轉變成一個大型慈善活動，為社區提供平價的羊肉、羊乳與乳酪。由於社區裡隨處可見廢棄的房屋，院裡雜草叢生，他也希望山羊能啃食那些院子裡的蔓生雜草與其他植被。

當地人很喜歡山羊。遺憾的是，史匹茲納格爾從未向市政府徵得許可，他認為官方應該會立即否決。後來，市府確實很快就要求他把山羊送回田園農場。

12 混亂聚落

在拉斯維加斯的百樂宮酒店（Bellagio Hotel & Casino），塔雷伯與雅克金一起在大宴會廳的後台等待，他感到緊張不安。那是二〇一四年五月，投資界的名人齊聚在富麗堂皇的百樂宮，參加一年一度由天橋資本（SkyBridge Capital）主辦的SALT大會。天橋資本是由安東尼．斯卡拉姆齊（Anthony Scaramucci）管理的紐約組合型基金，資產總值達一百一十億美元（後來，他在川普政府中擔任公關主任，僅十一天就下台了）。

斯卡拉姆齊的SALT大會已成為金融業的一大盛事，這場大會讓想要募資的基金與來自世界各地的主要投資者齊聚一堂。過去的講者包括避險基金巨擘保爾森與史蒂夫．科恩（Steven Cohen），以及前總統柯林頓與小布希。今年的講者包括著名的天體物理學家尼爾．德葛拉司．泰森（Neil deGrasse Tyson）、洛杉磯湖人隊的傳奇人物魔術強森（Magic Johnson）、英國前首相東尼．布雷爾（Tony Blair）、電影導演法蘭西斯．柯波拉（Francis Ford Coppola）。歌手藍尼．克羅維茲（Lenny Kravitz）將在會後的慶祝活動中，為兩千多位銀行家與基金大亨演唱〈美國女人〉（American Woman）、〈遠走高飛〉（Fly Away）等熱門歌曲。

阿帕盧薩資產管理公司（Appaloosa Management）的大衛．泰珀（David Tepper）是二〇一三年績效數一數二的避險基金經理人，獲利高達三十五億美元。他提醒大家在投資組合中保留大量穩健的現金。「現在別買進太多，」他對觀眾說，「現在是緊張時刻。」（結果那年股市又上漲了一〇％）。

這次大會的一大亮點是塔雷伯與賴瑞．薩默斯（Larry Summers）的辯論[38]。薩默斯曾在歐巴馬總統的任內，擔任國家經濟委員會的主席；在柯林頓總統的任內，擔任財政部長；也曾是世界銀行的首席經濟學家。斯卡拉姆齊負責主持這場辯論。塔雷伯以脾氣暴躁及不屑經濟學家出名。會前，他曾向斯卡拉姆齊承諾，他在這次辯論中會收斂一點，彷彿薩默斯是一株需要溫柔照顧的脆弱紫羅蘭似的。

雅克金之所以來這裡，是為了會見那些被塔雷伯的名氣吸引而來的潛在投資者。出席這種活動已成為塔雷伯在寰宇的主要職能之一（去年ＳＡＬＴ在新加坡舉行大會時，他也是主講人）。他擔任演講者，可以在ＳＡＬＴ等大型會議上，向全球各大金融家宣傳寰宇。寰宇也許鮮為人知，但塔雷伯可說是人盡皆知。

塔雷伯穿著粉色襯衫與藍色西裝，沒打領帶。等待活動開始時，薩默斯走進了後台的等候區。這位麻省理工學院與哈佛大學畢業的經濟學家面無表情，一臉冷漠，幾乎沒把塔雷伯放在眼裡，這預示著雙方即將展開激烈的辯論。

斯卡拉姆齊精神抖擻地走上舞台，向觀眾介紹他們兩人。塔雷伯與薩默斯隨後都在相同的烏黑皮椅上坐了下來。

斯卡拉姆齊問道：「放眼全球經濟現況，什麼樣的狀況為你所樂見？什麼樣的情況你會感到擔憂？擔心什麼？」

薩默斯說：「我覺得，認為金融不穩定即將結束是不合理的，即使現在的波動性似乎較低。」

塔雷伯說他看到了危險。導致二〇〇八年全球金融危機的問題，仍潛伏在表面之下。「遇到像那樣的危機時，那是很好的止痛劑，可以止血，但治標不治本。我們缺少切膚之痛（skin in the game），這種情況比以往還要嚴重。」

那段話提到塔雷伯正在思考的一個風險管理理論：切膚之痛（這也是他下一本書的英文書名，該書於二〇一八年出版，中文版的書名是《不對稱陷阱》）。那個概念主張，經理人應該持有更多的公司股份，至少對銀行來說應該如此。如果一家銀行倒閉可能導致管理高層也破產，金融機構會安全很多。以目前的情況來看，一家銀行倒閉時，管理高層幾乎沒有受到任何影響，尤其是那種「大到不能倒」的銀行，把風險轉嫁給納稅人，藉此把風險社會化。塔雷伯說，這就是為什麼現在的銀行依然太大、太脆弱，而且倒閉的風險比以往還大。

薩默斯一聽就火大了。歐巴馬政府對金融體系的紓困方案，以及為了支撐銀行的資產負債表而推動的改革，都是由他擔任總規劃師。他說：「主要金融機構的資本狀況已經好很多了。忽視為重組及穩定金融體系所做的努力是錯的。」

塔雷伯不同意。他和史匹茲納格爾一樣反對紓困，並認為當初若讓更多的銀行倒閉，把更多的銀行家送進監獄，系統會變得更好。他說，沒有一家大銀行的高層在危機中蒙受損失，那些冒險的高層基本上都得救了。由於他們沒有切膚之痛，他們把公司變成高風險的賭場，讓他們獲得一切好處，但幾乎不用擔負任何虧損的成本。後來那幾年，塔雷伯甚至把這種情況稱為「魯賓交易」（Bob Rubin trade），這裡的魯賓，指的是柯林頓政府的財政部長魯賓。魯賓在金融危機爆發以前的那幾年，從花旗銀行（Citibank）領了一．二億美元的薪酬。等到花旗銀行週轉失靈時，他沒有被迫歸還任何財富。他因為沒有切膚之痛，所以沒有動機去要求銀行降低承擔的風險。

「這些人是在利用系統，」塔雷伯抱怨道，「我們應該讓銀行回歸以前那種平凡單調的年代。」

薩默斯不認同「沒有人付出代價」這種說法。他說，各大銀行的執行長幾乎都丟了工作（但他沒有提到他們都拿了豐厚的遣散費）。「我並不支持政府經營金融機構，我贊成讓它們變得更不容易倒閉，或是在倒閉時，對系統的衝擊更小。你支持什麼？」

「我支持懲罰。」塔雷伯回應。

○○○○

在百樂宮與薩默斯辯論結束幾週後，塔雷伯在曼哈頓市中心的紐約科學院（New York Academy of Sciences）與索耐特針鋒相對。他們兩人並肩坐在台上，塔雷伯看似一派輕鬆，穿著牛仔褲和西裝外套，熱切地期待著辯論後的暢飲機會。索耐特身穿比較傳統的鈕扣白襯衫和灰色條紋西裝，貌似緊張。這場辯論是黑天鵝與龍王的對決，一方是塔雷伯對預測的極度懷疑，另一方是索耐特精心打造的數學模型，他宣稱那些模型可以預測極端事件。

塔雷伯以一個簡單的例子開啟他的論點：「這個杯子很脆弱。」他指著投影機上的一張瓷杯照片說，「它之所以脆弱，是因為它不喜歡波動性。而且它有非常特定的屬性，對波動性很敏感。」

他的言下之意是：不要當瓷杯。你的交易策略最好不要像瓷杯那樣。他說，在風險管理與機率理論方面，大家很容易犯下的第一個錯誤是：太想要預測未來（例如利率、經濟成長或匯率的走勢），而不是關注曝險的性質（亦即交易部位）。他說：「大家常把注意力集中在隨機變數上，把變數與曝險混為一談。」

問題是，變數很難計算。「與其浪費時間去計算我永遠抓不準的統計特質，我可以改變我的曝險。」

當無法預測的黑天鵝可以像打破瓷杯那樣，完全抹煞你的投資組合時，衡量特定風險及做預測一點也不重要。你需要的是把破產風險降到零（或趨近零）。曝險（你的投資組合中那些投資標的的性質，以及它們對極端事件的敏感性）很重要。塔雷伯說：「我不在乎風險，我只在乎風險對我的影響。」

他展示一張投影片，他稱之為「混亂聚落」（Disorder Cluster）：不確定性……可變性……不完全的知識……機會……混沌……波動性……紊亂……無序……時間……未知……隨機……動盪……壓力……錯誤。

「自然界中的萬物，在某種程度上喜歡或不喜歡這些東西。」他說。

這是取自他二〇一二年出版的新書《反脆弱》（*Antifragile*）。那本書也是暢銷書，書中探索一系列被混亂聚落（亦即極端波動）摧毀或改善的現象。所謂的反脆弱（塔雷伯的自創語），是指在遇到混亂、混沌、波動時變得更強大。就像《黑天鵝效應》一樣，該書源自於塔雷伯與史匹茲納格爾在經驗資本開發的防崩盤交易策略：那些價外賣權都喜歡波動性，而且波動性越大越好。

塔雷伯說完後，索耐特從椅子上站起來，指著一張投影片，標題寫著：「為什麼？如何？何時？」那張投影片顯示許多世界各地的歷史事件，包括法國大革命、一九一八年的西班牙流感、蘇聯解體、一九八六年的挑戰者號太空梭災難、二〇〇〇年網路狂潮破滅、二〇〇八年的金融危機。

「這些不同的系統有什麼共通點？」他以濃濃的法國腔問道，「我會說，這些事件與許多其他的事件都經歷了動態流程。那些流程使它們在某種程度上是可知的，在某種程度上是可預測的。所以我想討論的根本流程是什麼？嗯，我是從我自創的觀點，我稱之為龍王，來看待這些極端事件的世界。」

他解釋，龍王是一種動態流程，朝著很大的不穩定——亦即所謂的相變（phase transition）——移動。例如，他展示一張把水加熱到沸點（攝氏一百度）的投影片。

壞消息是，龍王出現的頻率，比傳統統計模型暗示的頻率高出許多。但好消息是，系統接近他所謂的「分叉」（bifurcation）時，這種行為是可預測的。分叉是相變中的突然轉變，也就是從水變成蒸汽。「靠近分叉時，會出現短暫的能見度。」就像一架從雲層飛向陽光的飛機，「我是從狀態改變的角度思考這個世界。」

另一張投影片顯示金融危機觀察站從二〇〇八年以來的結果。

「我認為這種類型的知識，應該可以讓我們進入下個階段，也就是控制。」他說，「我很高興跟各位報告……我們已經能夠證明，在某些情況下，當我們了解系統的動態，當系統顯示龍王事件的冪律分布時，我們在適當時機，做極小的改變，就可以控制這條龍，殺死它，屠殺龍王。這是很棒的成就！」

索耐特說完後，在塔雷伯的旁邊坐了下來，得意地咧嘴而笑。

塔雷伯故意送了一本《黑天鵝效應》給索耐特，接著問他一個問題。「你認為九一一恐攻是黑天鵝事件嗎？」

「不是。」索耐特回應。

「對世貿大樓裡的某個人來說，那是黑天鵝事件嗎？」

索耐特聳了聳肩。

「對駕駛那架飛機的人來說，那是黑天鵝事件嗎？我的意思是，一件事情對火雞來說是黑天鵝事件，但對屠夫來說並不是黑天鵝事件。」

接著，塔雷伯說了一些他知道會刺激索耐特的話。他說，他幾年前就提出龍王的概念了，只是他把那種現象稱為「灰天鵝」，亦即有一些可預測性的極端事件（他宣稱全球金融危機是「灰天鵝」）。他補充說，雖然他在一定程度上同意索耐特的分析，但它的致命缺陷在於，在他的超指數模型的輸入中，稍微改變輸入，就可能產生戲劇性的結果，也就是說，稍微調一下刻度，本來每一千萬年發生一次的事件，可能變成每六百天就發生一次。因此，儘管索耐特的分析在數學上很嚴謹，但它無法做出管理風險所需的精確預測。

塔雷伯的主要重點與模型無關，也與黑天鵝、灰天鵝、龍王之間的區別無關。關鍵議題在於，你如何交易，以及你用什麼交易，也就是說，你對市場的曝險。

「我做了二十一年的交易員，」塔雷伯說。「我剛開始交易時，還有頭髮。身為交易員，你學到的一件事是，你的看法不會讓你賺錢或破產。但你知道，真正決定成敗的是，你怎麼**表達**你的看法。金融工具或策略遠比你是否猜對還要重要。例如，你使用選擇權，它們是凸性的（convex），你即使九九%的時間都看錯了，那也沒問題（簡言之，凸性的東西會因波動性而受益）。」

做預測是在浪費時間。交易的訣竅在於找出一種不依賴預測的策略。「你應該擺脫標的資產的統計屬性，讓你在判斷錯誤時，損失很小；在判斷正確時，獲得很大的獲利，這才是最重要的。那些隨性查看統計資料、以為統計資料與結果直接相關的人，並不了解這點。」

索耐特顯然很激動。他說：「國王效應（king effect），也許你知道國王效應吧？有些國家的王室存在感，遠比全國人民還大。我是指那種國王效應[十]。那不只是灰天鵝，而是國王效應，是龍王。」

「是灰天鵝！」塔雷伯堅稱。

「讓我說！」索耐特怒嗆，「我剛剛讓你說了，現在讓我說幾句。首先，那是龍，是有特殊屬性的神祕動物。那是龍王，是可預測的，但它們是異常值。第二點，抱歉，塔雷伯，你應該不會認同，你有點誤解冪律了。你是指統計上的冪律以及肥尾的難以估計，而我說的是不同類型的預測模型，它根本上是動態的，**不是**統計。這是我前述一切的根本主題。」

索耐特是在說，塔雷伯的分析是以錯誤的數學（亦即統計）為基礎。他的黑天鵝理論是一種時間快照，是極端事件的單一**靜態**照片。相對的，索耐特的方法是以物理學為基礎，是

十、在索耐特的研究中，「國王效應」（或稱「龍王」）是指統計資料中的離群值，這些離群值非常極端，超出常態冪律分布。這些事件不僅罕見或極端，其原因與影響也是獨一無二的，往往是由特定、可辨識的機制造成，而不是隨機發生、不可預測。

動態的。隨著系統的改變，並從一種狀態往另一種狀態加速，索耐特的方法會演化及掌握變動。塔雷伯觀看市場時，只看到肥尾，其他的都沒看見，然後他的唯一反應是遠離，買很多保險。索耐特宣稱，他的模型顯示市場如何從一種狀態（穩定）發展到另一種狀態（泡沫、超級泡沫、崩盤），而且他可以據此進行交易。

塔雷伯不認同這種觀點。

「我已經說過，我開始交易時，還有很多頭髮。漸漸地，我頭禿了。這段期間，我看到很多人試圖掌握動態……」

「你看，我的頭髮還在。」索耐特打趣道，「而且我們正在交易。」

◌◌◌◌

儘管泰珀等投資者緊張不安，但股市在當年剩餘的時間裡依舊頗有韌性。二〇一五年的夏季，這種緊張情緒再次出現，隨著報導指出中國的經濟成長減緩（中國是推動全球經濟成長的主要動力），世界各地的市場出現震盪。八月二十四日週一，中國股市開始出現龐大賣壓，導致上證指數下跌了九％。紐約股市開盤後不久，道瓊工業指數就暴跌，在短短六分鐘內重挫一千零八十九點，創下史上最大的盤中跌幅，超越二〇一〇年的閃電崩盤。

寰宇位於邁阿密總部的交易員迅速採取行動。後續幾天塵埃落定時，寰宇的獲利已達十億美元。史匹茲納格爾認為，這次股市重挫與中國沒有太大的關係，他認為中國是點燃另一顆更大炸彈的導火線。在他看來，股市正處於聯準會引發的泡沫中，那個泡沫是無法持續下去的。投資者將會承受更大的痛苦，這只是痛苦的開始。

但他錯了。雖然美國股市在二〇一五年表現平平，全年下跌約一%，但市場在二〇一六年與二〇一七年又再次上漲。

不過，史匹茲納格爾有沒有接到投資者的憤怒電話，怒斥他浪費他們的錢呢（就像以前塔雷伯在經驗資本遇到的那樣）？答案是沒有。寰宇策略的一大特色是，雖然它避免投資者蒙受巨額損失，但它也讓投資者從市場上漲中受益。而且史匹茲納格爾表示，寰宇的累積收益比世界上其他的避險策略還好。在二〇一〇年《巴倫周刊》的一篇報導中，他比較陽春型尾部避險策略的歷史報酬與其他降低投資者風險的策略，例如黃金、十年期美國公債、瑞士法郎（歷史上的安全貨幣）。

在尾部避險策略的三種替代方案中，黃金的避險效果最好。資料顯示，一九七四年以來，當市場一年的跌幅超過一五%時，黃金的報酬率從七〇%到五%不等，平均是三〇%。問題是，在其他年份，黃金的報酬率差異很大，有時獲利高達一二五%，有時虧損三〇%，平均報酬不到七%。此外，你需要大量的黃金才能提供足夠的保障，你的黃金投資量要大到約你持股的三分之二才夠。那表示，市場上漲時，你放棄很大的收益。他說：「這就像跳傘時，帶著一個可能展開、也可能不會展開的降落傘一樣。」

債券與瑞士法郎在崩盤中的報酬微不足道。也就是說，它們幾乎沒有提供任何保護。

然而，當標普五百指數在一年內下跌超過一五%時，寰宇尾部避險策略的獲利超過一五〇〇%。更重要的是，由於該策略在投資者的投資組合中只占極小的部分（約二%到三%），剩餘可投入股票或其他風險資產的金額，遠遠高於持有黃金、債券或瑞士法郎的投資組合。例如，標準的公債避險策略，通常需要把三〇%或四〇%的資金投入債券。

史匹茲納格爾的觀點是，寰宇的投資者在多頭市場中也可以獲得很好的績效，因為相較於利用公債或現金來尋求保護的投資者，他們可以獲得更多的上檔獲利。

但這不表示這很容易做到。寰宇的交易員覺得這很辛苦，而且通常很乏味。每天來上班，賠錢，而且是**持續好幾年**。對交易員來說，一個很大的激勵因素是年終獎金，那通常是按交易員一整年的獲利百分比來計算。那讓交易員有毅力每天進辦公室，從事一項以任何標準來看壓力都很大的工作。在寰宇，沒有獲利可說是家常便飯。

他們建議交易員像民營科技公司的員工那樣思考，也就是說，要等公司上市時，手上的大量選擇權才有價值。你可能需要等好幾年，但只要等到它發生，你就發了。

史匹茲納格爾仍然異常地悲觀，他總覺得另一次崩盤即將到來。但這不表示他試圖把握市場時機，或對股市崩盤做出投機性的預測（萬一崩盤沒發生，投資者反而受害）。寰宇的策略幾乎就像魔術一樣，讓投資者不管在多頭市場、還是空頭市場都可以賺錢。畢竟，這正是避險基金宣稱的功能，也是避險基金中「**避險**」那兩字的真義，只是許多避險基金並未做到這點。

◌◌◌◌

二〇一五年八月，塔雷伯前往塔夫茲大學（Tufts University）的所在地麻州的梅德福市（Medford），在該校舉行的年度政治風險大會上演講。演講結束後，東地中海研究的專家納迪姆．什哈蒂（Nadim Shehadi）在台上詢問他，世界上最令他擔憂的威脅是什麼？他對伊斯蘭國（ＩＳＩＳ）有什麼看法？這個殘酷的中東恐怖組織是在伊拉克戰爭期間誕生的，最近一直在敘利亞發動戰爭。什哈蒂說：「從敘利亞返回的ＩＳＩＳ聖戰分子令西方國家恐慌。」[39]

「我對此一無所知，」塔雷伯說，「目前這是很小的風險來源，微不足道。」

新聞中報導很多這類風險，但它們不算系統性的社會威脅。「如果你看我們每天面臨的風險，你會發現真正的風險不是ＩＳＩＳ，那根本不算什麼。」他說，「真正的風險是伊波拉病毒（Ebola），因為伊波拉病毒會傳播，而且它可以加速傳播。我們將面臨的下一種病毒，是史上頭一遭搭英航（British Air）傳播的流行病。當然，它也會搭達美航空（Delta），它會在聯合航空（United）上吃到難吃的食物，遭到空服員的惡劣對待。所以那才是問題，但我們從來沒有面對它。因此，每次有人跟我討論風險時，我第一個提到的是流行病的蔓延，ＩＳＩＳ可能會加速這個風險，但它也可能自然發生。」

⑬ 波動性末日

二〇一六年的夏天，寰宇收到朗恩・藍納多（Ron Lagnado）的來信。藍納多是加州公務員退休基金（California Public Employees’ Retirement System，簡稱 CalPERS）的資深投資組合經理人，他有興趣了解更多寰宇的運作方式，想安排一場電話會議。

CalPERS 是美國最大的公共退休基金，當時管理的資產逾三千億美元。即使只從這塊大餅中分到一小部分的資金，對寰宇來說也有如大補丸，而且可以幫它打通退休基金這塊頑固又保守的領域。寰宇管理的許多資產是來自捐贈基金與私人財富管理公司，他們通常是精明的投資者，對寰宇的策略有很深入的了解。然而，退休基金往往是比較傳統的投資者，易受驚嚇，幾乎沒有人想偏離群體，嘗試看似實驗性的策略。如果寰宇可以把 CalPERS 轉為客戶，或許這個先例會讓其他的退休基金認為，尾部避險策略是正當合理的做法。這個機會可能帶來變革性的效果。

藍納多的老闆，也就是CalPERS的投資長泰德・埃利奧普洛斯（Ted Eliopoulos）最近看了塔雷伯的一次演講，對於利用尾部避險策略來抵禦黑天鵝事件產生了興趣。退休基金界普遍認為，這種策略過於昂貴，無法擴大運用以配合其龐大的投資組合。即使股市崩盤時可以賺錢，但股市蓬勃時的持續虧損使這種投資並不值得。埃利奧普洛斯開始懷疑，或許那樣的普遍認知不見得正確。

此外，他也開始緊張了起來。隨著股市持續上漲，CalPERS 越來越容易面臨崩盤的毀滅性風險。股市已經連漲了七年，當下還有一場決定性的總統大選正在進行：希拉蕊與川普之間的較量。市場上處處瀰漫著風險。

CalPERS 為了自保，其投資委員會做了一個決定。賣出價值一百五十億美元的股票，約占整個基金的五%，以降低曝險。CalPERS內部的一些人（包括藍納多）認為此舉太瘋狂了。這顯然是在預測市場走勢，萬一股市在接下來幾年上漲怎麼辦？

藍納多與埃利奧普洛斯因此對黑天鵝尾部避險策略產生了興趣，那就像買保險以避免投資組合受到重大衝擊一樣，那樣做就不必降低市場曝險了，甚至還可以**增加**曝險也說不定。

他們的直覺與許多投資者當時的感受正好相反。經濟衰退後出現的長期多頭似乎永無止境，美國搭上史上最長的經濟擴張魔毯。越來越多的投資者開始認為，他們不需要繼續把資金投入尾部避險基金中，許多人正退出這種策略。一些模仿寰宇的基金正轉向沒那麼積極的避險策略，或是乾脆關閉基金。

雖然市場是大多頭，但CalPERS等美國退休基金卻陷入困境。他們承諾提供受益人的退休保障，與資產負債表上的實際資金之間，有高達數兆美元的落差。州退休基金的資產負債表顯示，總資產約為其承諾給付的七〇%。一些批評人士指出，這還是根據對市場的樂觀預期，所得出的過度樂觀估計。對依賴退休金生活的美國退休人員來說，這有如一場迫在眉睫的災難。

在CalPERS的內部，一些基金經理人已經開始質疑其策略背後的基本假設，也就是別把雞蛋全放在一個籃子裡的多角化投資策略，該策略正是現代投資組合理論的基石。CalPERS的績效每年比基準指數標普五百低約二%，因為它有很大一部分的資產是投入績效不佳的公債。如果CalPERS直接把所有的資金都投入一支低成本的標普五百指數基金，績效會好很多。雖然每年績效差二%看起來不多，但從複利的角度來看，那對退休基金的長期報酬有毀滅性的影響。

這一切非改變不可，也許尾部避險策略可能有所幫助。於是，埃利奧普洛斯指派其副手艾瑞克・巴格森（Eric Baggesen）去了解這件事，巴格森又把這項任務指派給藍納多。

巴格森告訴藍納多：「我不知道你是否聽說過這些人，但你去調查一下吧。」

藍納多是華爾街的資深人士，他是一九九〇年代從利蘭—歐布萊恩—魯賓斯坦聯合公司（Leland O 'Brien Rubinstein Associates）開始入行。這家公司以創造投資組合保險而惡名昭彰，那是一九八七年導致黑色星期一崩盤的關鍵因素。後來，他先後在美國銀行（Bank of America）、紐約梅隆銀行（BNY Mellon）等銀行任職，二〇一四年加入CalPERS。

藍納多曾建議CalPERS，不要為了降低曝險，而在二〇一六年出售一百五十億美元的股票。他抱怨道：「你可能運氣好，剛好抓對時機，但如果你繼續這樣預測市場走勢，總有一天會猜錯。」[40]近十年前的二〇〇八年，CalPERS在危機最嚴重的時候，拋售了價值數十億美元的股票。那表示翌年股市開始反彈時，它錯失了機會。藍納多擔心他們重蹈覆轍。

藍納多與史匹茲納格爾及雅克金通過幾次電話後，於二〇一七年五月，偕同一群CalPERS的人員，飛往邁阿密開會。這很大程度上是一種形式，藍納多與上司已經同意投資了。寰宇通過了實質審查。二〇一七年八月，寰宇受託管理CalPERS的十五億美元曝險。這個數字預計每三到六個月會增加一次。

當年剩下的時間裡，股市持續上漲。接著，二〇一八年二月，市場再次以驚人之勢崩盤。波動性飆漲，而且瞬間破表，後來大家稱之為波動性末日（Volmageddon）。華爾街過於激進的行銷手段是幕後推手。

隨著金融危機後的大多頭年復一年地走高，華爾街開發出一些巧妙的交易產品，只要市場持續穩健地發展，這些產品就有獲利。何樂而不為呢？畢竟，在聯準會看似無窮無盡的刺激方案下，波動性接近歷史低點。那些新產品的定位，基本上與市場波動率指數ＶＩＸ相反。ＶＩＸ一般稱為恐慌指數，通常會在市場崩盤時飆升。本質上，投資那些新產品的人是在賭極端波動性不太可能發生。

二月五日週一，災難衝擊那些投資者。那些反波動性的產品在一天內失去八〇%以上的價值。道瓊工業指數創下有史以來盤中最大跌幅。波動性就像機關槍掃射一樣，源源不斷地湧現。那週剩下的時間裡，道瓊指數除了一天以外，每天的波動幅度至少一千點。一名交易員對《華爾街日報》說，「感覺我整週都受到炮火的襲擊。」[41]由於行情波動實在太劇烈，交易員往往連上廁所的時間都沒有。

當然，寰宇又海撈了一票。

接下來那個月，史匹茲納格爾發了一封信給寰宇的投資者，紀念黑天鵝保護議定滿十週年。他寫道：「當我們敲響鐘聲，回顧這些年來的成就時，我想起一句古老的俄羅斯諺語，它提醒我們，『沉溺過去，如瞎了一眼；遺忘過去，如兩眼皆盲。』」

史匹茲納格爾就像他在《巴倫周刊》的報導中所做的那樣，比較六種避險策略，包括黃金、債券、避險基金，當然還有寰宇的基金。在過去十年裡，黃金與標普五百指數各占二五％與七五％的投資策略，產生八．五％的年複合成長率；二五％的債券和七五％的標普五百產生九．七％的年複合成長率；二五％的避險基金與七五％的標普五百產生八．二％的年複合成長率。

僅三．三％投資寰宇的基金、其餘都投資標普五百的策略，年複合成長率可達一二．三％。史匹茲納格爾希望他的投資者知道，那個年複合成長率很重要。因為那表示，過去十年來，寰宇的基金不只比其他策略的績效高出二％以上而已，而且**每年**（平均）都是如此。

這樣的影響很顯著。如果二〇〇八年你投入一萬美元到寰宇避險策略（亦即三％投資寰宇的基金，九七％投資標普五百），十年後你將擁有三萬一千七百美元。同樣的一萬美元投資績效第二好的債券策略，十年後可得到兩萬五千二百五十美元，比寰宇策略的報酬少二〇％。十年後黃金的報酬是兩萬兩千六百美元，避險基金是兩萬兩千美元。隨著時間的推移，策略之間的報酬差距逐年擴大。

更糟的是，除了寰宇的基金以外，其他投資策略的績效都不如標普五百本身。這只不過再次證明華爾街的慘敗。大家把多少金錢、腦力、花俏的投影片、無窮無盡的電話會議與開會時間花在那些策略上，結果績效卻不如把所有的資金都無腦地投入標普五百指數型基金。歸根究柢，與其說寰宇的故事顯示寰宇的績效有多棒，不如說華爾街那群投資顧問（巴菲特曾輕蔑地稱他們是「助手」）不過是嘉年華會上的雜耍人員，目的只是想從投資者的身上撈錢罷了。這些雜耍人員管理的資產中，有三十五兆美元是退休人員存在美國退休基金中的老本。

二〇〇七年巴菲特就曾經質疑，避險基金並不像大家說的那麼好。當時，許多專家認為這位奧馬哈先知看走眼了，因為多年來避險基金的整體績效普遍打敗大盤。那時巴菲特與 Protégé Partners 公司對賭：Protégé 精選的一批避險基金，十年績效贏不了標普五百指數型基金。二〇〇八年避險基金先傳捷報，但此後的每一年，標普五百指數每年都贏，漲幅高達一二六%；而收取高額費用的避險基金平均漲幅是三六%。這個結果給我們的啟示是：投資「不需要高智商，不需要經濟學的學位，也不需要熟悉華爾街的術語」[42]，巴菲特在二〇一七年致波克夏海瑟威公司（Berkshire Hathaway）股東的信中寫道，「投資者需要的是，既能無視集體的恐懼或一窩蜂的熱情，又能專注於幾個簡單的基本原則」。

例如：不要賠錢[十一]。

十一、股神巴菲特曾說過：「投資有兩大原則，第一是不要賠錢，第二是不要忘記第一原則。」

史匹茲納格爾在信中寫道：「過去有效的策略，不見得未來就一定奏效。」他坦承自己可能只是一直很幸運罷了，也就是說，被隨機性騙了（他當然不相信這點），「然而，如果一種策略在過去行不通，你卻一直期望它在未來奏效，那不是很不科學嗎？」

他以一句鏗鏘有力的話，為那封信劃下句點：「我們目前為止的戰績不言而喻。」

○○○○

那年夏天，史匹茲納格爾、雅克金、塔雷伯飛往加州的沙加緬度（Sacramento），與CalPERS 的資深經理人見面。那是一場有如馬拉松的會面，他們待在一間大會議室裡五個小時，會見 CalPERS 內各投資團隊的負責人及其龐大的隊員。有時整個會議室裡擠滿三十多人。史匹茲納格爾負責大部分的談話，二月剛發生的波動性末日幫他們做了最佳例證，因為那一週的獲利不只幫他們的避險策略支付一整年的費用，而且還有餘額。

會中，有一個問題不斷出現：如果市場沒有崩盤，只是隨著時間的推移，緩緩下跌，那會發生什麼事？那不就浪費錢在尾部避險上，又得不到驚人的報酬了嗎？

史匹茲納格爾坦承，在那種市場中，寰宇的尾部避險策略確實無效，那是寰宇的罩門。他指出，歷史上，那種市場幾乎沒有先例。相反的，空頭市場的特徵是突然崩盤，甚至在多頭市場中也會出現崩盤，波動性末日就是一例。他說，矛盾的是，對投資者來說，一個緩慢下跌的市場反而是最兩全其美的狀況，因為那樣一來，他們就有機會退場了。崩盤時，反而會受困無法脫身，大家都搶著從窄門逃生。「既然那對投資者來說是最兩全其美的狀況，我又何必幫你迴避那種情況呢？」他反問在場的人。

由藍納多領導的 CalPERS 團隊，幾乎評估過華爾街的所有尾部避險策略。他們認為，沒有一家比得上寰宇的績效紀錄，或管理策略的方式及過去提供的崩盤報酬能跟寰宇相提並論。CalPERS 希望史匹茲納格爾和他的團隊成為它們新避險策略的基石。（他們把一小部分資產分配給寰宇的競爭對手：加州的長尾阿爾法公司〔Long Tail Alpha〕）。

會後，寰宇團隊聚在當地的高檔義大利餐廳 Il Fornaio，與 CalPERS 的資深經理人共進晚餐。史匹茲納格爾坐在埃利奧普洛斯與巴格森旁邊，他們問了一堆田園農場的問題（巴格森在密蘇里州也有自己的農場）。CalPERS 新來的高階投資經理人伊麗莎白・布爾基（Elisabeth Bourqui）引起雅克金的關注。布爾基是瑞士籍的風險管理者，有二十年的退休資產管理經驗，擁有蘇黎世聯邦理工學院（索耐特任教的地方）的金融數學博士學位。史匹茲納格爾覺得她非常聰明，很了解寰宇的策略。當年早些時候，他得知埃利奧波洛斯將離開 CalPERS，並認為布爾基很可能接替他。雅克金、史匹茲納格爾、塔雷伯都覺得這樣的發展很不錯。

他們興高采烈地飛回邁阿密。當時，CalPERS 已經把五十億美元的股市曝險委託給寰宇處理，那是很龐大的投資部位，在黑天鵝保護協定中占了一半的投資組合。藍納多與巴格森說，他們希望把這個數字提高到一百五十億美元，甚至可能到兩百五十億美元。

在寰宇，時局正好，前景看來一片光明。

○○○○

二○一九年一月，寰宇接到令人驚訝的消息。他們原本以為埃利奧普洛斯離職後，布爾基將接手掌管 CalPERS 的投資，沒想到她竟然離職了。一封發給 CalPERS 員工的電郵並未說明詳情：

> 早安，
>
> 伊麗莎白・布爾基已提出辭呈，辭去CalPERS投資長一職，即日起生效。
>
> 就這樣。

那封信是孟宇（Ben Meng）寫的，二○○○年代他曾在退休基金工作，那個月才重新加入退休基金，史匹茲納格爾與雅克金從來沒聽過他的名字。

寰宇始終不知道，孟宇在 CalPERS 的內部爭權奪利，搞權力鬥爭。他將接替埃利奧普洛斯，掌控 CalPERS 的整個投資組合。一位熟悉 CalPERS 的人士指出：「孟宇一直在幕後操縱，操作棋盤上的棋子，好讓自己掌權。」

不久，孟宇開始審查 CalPERS 每個投資部位與策略——這對當時管理資產高達四千億美元的 CalPERS 來說是很浩大的工程，尤其當時股市仍持續上漲。但這確實是明智之舉，因為 CalPERS 多年來一直表現不佳，確實很需要審查。它還沒有從全球金融危機中復原，那次危機使 CalPERS 在二〇〇八至二〇〇九年度虧損近四分之一的資產，導致依賴該基金的城市、學校、州政府機關都陷入難關。孟宇聘請外部分析師來幫忙評估 CalPERS 的投資策略。

分析師抓出幾個有待檢討的投資策略，寰宇的尾部避險方案是其一。

他們認為寰宇的投資方案太貴了，是一大費用負擔，會拉低整體績效。況且，相對於 CalPERS 的龐大投資組合，寰宇的投資只是九牛一毛，永遠不可能以符合成本效益的方式，擴大到足以影響整體績效的程度。

CalPERS 的其他顧問不同意這個觀點。威爾夏投顧（Wilshire Associates）的高層安德魯・詹金（Andrew Junkin）在二〇一九年八月的一場退休基金董事會議上表示，寰宇的投資策略很值得付出那樣的費用。

他告訴董事會：「這一頁上有一些非常奇怪的數字，我認為值得強調。」[43]他指的是一份有關 CalPERS 策略與績效的全面報告。他請董事會注意「避險策略」那一行。CalPERS 在那些策略上投入兩億美元，當時的狀況是暴跌了八二%。

「這看起來很糟。」詹金說，「但別忘了它們的作用，它們是尾部避險策略。在正常的市場中，或在小幅上漲、小幅下跌，或甚至大幅上漲的市場中，這些策略都不會奏效。但可能有一天，市場突然暴跌，我們會看到這些避險策略上漲一千%。那天出現時，你可能會自問，當初為什麼沒多買一點這些東西。」他說，「這是一種保險費。市場正常時，你支付一點保費，等市場開始恐慌拋售時，它有助於撐住基金。」

孟宇不認同這個觀點，並決定在徹底檢討外部基金經理的過程中，一併終止這個策略。寰宇對此決定一無所知，被蒙在鼓裡好幾個月。直到十一月，雅克金才接到CalPERS的人來電，他從未與對方交談過。他心想：「這太奇怪了吧。」

「我們需要在下週安排一次重要的電話會議。」對方告訴他，「不要驚慌。」

他嚇壞了。多年來，他和史匹茲納格爾一再看到這種情況：客戶對市場崩盤感到緊張，但年復一年，崩盤並未發生。他們開始覺得這種避險策略是不必要的支出，拖累他們的績效。後來，在電話會議上，藍納多的老闆巴格森宣布了壞消息：CalPERS 要退出，並補充提到他個人對此決定感到失望。他看起來一臉尷尬，因為 CalPERS 要求寰宇在一月底以前贖回全部的部位。

這是一大打擊。目前為止，CalPERS 是寰宇最大的客戶，占他們管理資產的一半。在那之前，他們只談到 CalPERS 的投資部位有多大，是二百億？還是二百五十億？CalPERS 要求寰宇拋售大量的賣權——那跟寰宇總是買進賣權的一貫策略正好相反。

史匹茲納格爾告訴巴格森：「我只是覺得我讓你們失望了。」他知道問題不在於績效，或許問題在於如何向 CalPERS 的高層解釋這個策略。「我們還能做些什麼來挽救嗎？」

「你們做得很好。」巴格森說，「我們只是需要贖回很多的投資部位。」雅克金試圖說服 CalPERS 繼續留下目前的投資部位，其中大部分的部位可望持續到翌年的九月，但CalPERS拒絕了。史匹茲納格爾別無選擇，只好向旗下困惑的交易員下指令：清算CalPERS的部位。

約莫同一時間，中國武漢有人開始咳嗽了。

⑭ 現實世界就是這樣

哈佛大學的流行病學家丁亮在推特上寫道：「天啊，這個新冠病毒是三・八！！！」那是二〇二〇年一月二十日的午夜前不久。丁亮剛看完一份新冠病毒的未發表報告，該報告估計，新冠病毒的R0（衡量一個帶原者可感染多少人的指標）可能高達三・八。考慮到新冠病毒的致命性，那將使它與現代史上最致命的病毒相提並論。「我實在不想成為被迫承認這點的流行病學家，但我們可能面臨一場無法控制的疫情，這可能是一九一八年西班牙流感以來從未見過的規模。我們一起祈禱它不會達到那個程度，但如今我們生活的世界裡，飛機與火車都比一九一八年還快。@WHO和@CDCgov需要儘快宣布全球進入公衛緊急狀態！」

那則推文發布後，丁亮遭到流行病學界的強烈抨擊。他們指責他驚慌失措，危言聳聽。如今回顧起來，他提早恐慌當然是完全正確的。二〇二〇年三月，《紐約》雜誌（*New York*）的大衛・華勒斯—威爾斯（David Wallace-Wells）發表了一篇文章，談丁亮的推文及其引發的反彈[44]。該文指出，如果其他人早點以同樣的恐懼與擔憂來因應疫情，情況會好很多。

「誠如我以前撰寫氣候變遷的報導一樣，當消息令人震驚時，當下唯一負責的反應是感到震驚，並發出警訊。」他寫道，「多年來，專家一直警告，全球可能爆發疫情。就像失控的氣候變遷一樣，全球疫情的威脅提醒了我們，公共政策的制定應該總是採取預防原則，而不是等無庸置疑、無可辯駁的證據出現時才行動。等那麼久才行動的話，一切都太遲了。」

當時，塔雷伯是非常認真看待新估計值的少數人之一。他為了參加一場在邁阿密舉行的金融大會，來到寰宇的邁阿密辦公室。他已經為武漢流傳新病毒的消息失眠了。那時新聞畫面中可以看到武漢出現方艙醫院，中國醫生從頭到腳穿著防護裝，封城把數百萬人關在家裡，遊輪裡有很多人染疫。

塔雷伯在飯店的室內游泳池游了幾圈後，開始思索預測病毒傳播的電腦模型。在一篇名為〈流行病模型〉的文件中，他使用類似這樣的指令：「如果 f 是非線性的，那麼 f 的計算除了有不確定性以外，可能還包括嚴重的偏誤」、「技巧（脆弱性）：對分布／破產屬性的尾部做同樣的操作」[45]。他精心製作互動圖表，以便在病毒的各種特徵與傳播之間切換。他很快就把寰宇的計量團隊也抓進來一起做預測。結果看起來很不樂觀。

某天，他順路來辦公室，找史匹茲納格爾與雅克金一起去海濱散步。在邁阿密攝氏二十七度的高溫下，身穿西裝的塔雷伯汗流浹背。他突然看到停靠在路邊的蒸汽壓路機前面有一枚硬幣，他把硬幣撿了起來，笑著提到一個圈內人常講的笑話：避險基金經理人為了微利而冒險，就像在壓路機前搶硬幣一樣[十二]。當晚，他們在義大利餐廳 Brasserie Brickell Key 聚餐，那家餐廳有非常豐富的酒單。他們享用尼格羅尼雞尾酒（Negroni）與義大利麵時，討論最好的因應之道。史匹茲納格爾擔心政府干預太多反而把事情搞砸。

他說：「政府往往把問題搞得更糟。」

塔雷伯指出，病毒的R0遠高於一，疫情失控的風險非常高。那表示政府有必要採取極其強硬的行動，例如關閉邊境、實施封城等。

與此同時，股市繼續在平靜的氣氛中上漲。二月中旬，VIX恐慌指數接近歷史低點。不是所有人都那麼安逸自滿。有兩家對疫情越來越緊張的新客戶決定投資。其中一家曾在二〇〇八年金融危機的前夕投資寰宇，並在大賺一筆後離開。另一家已經與寰宇談了十幾年，終於在這時決定，做點崩盤防禦投資可能是好主意。

當然，他們抓的時機都非常巧妙。由於多數投資者並不擔心風險，而且波動性又接近歷史低點，寰宇可以在局勢變得瘋狂以前，迅速買進非常便宜的標普五百指數賣權及VIX買權（亦即押注波動性飆升）。

○○○○

二〇二〇年一月二十三日，原子科學家公報（Bulletin of Atomic Scientists）把末日時鐘調快了二十秒，距離象徵世界末日的午夜零時只剩一百秒（它說：「比以往更接近世界末日了」）。該組織是一九四五年由愛因斯坦與其他參與製造原子彈的人一起創立的。他們把氣候變遷、始終存在的核災威脅、網路資訊戰列為導致威脅升級最突出的因素。這個由科學家組成的監督小組，在冷戰之初首次發布這項指標。這次調整是這項指標發布以來，離世界末日最近的一次。

但這次報告中並未提到新冠肺炎。

三天後，塔雷伯、巴爾楊、諾曼發布了備忘錄，提醒大家這個源自中國的新型病毒給人類帶來巨大的風險。

二月初，這種疾病已經蔓延到二十三個國家，但美國只出現幾十個已知病例，大家依

十二、在選擇權的領域，大家常用「在壓路機前撿硬幣」（picking up pennies in front of a steamroller）的比喻，來指為了微利而冒巨大風險。

舊老神在在。世界各地的股市都創下了歷史新高，從併購銀行家轉行當作家的威廉・科漢（William Cohan）對泡沫市場感到緊張。在股市高漲、債券殖利率接近零的情況下，該轉往何處？為了找到答案，他打電話給史匹茲納格爾[46]。

史匹茲納格爾警告他，凜冬將至，要怪就要怪央行，他說：「你隨便看一下螢幕，實在很瘋狂。大型股、小型股、信貸市場、波動性，一切都太瘋狂了。低利環境導致大家為了獲得更高的收益，而追逐更高風險的投資。」

史匹茲納格爾告訴科漢，他不知道這場瘋狂的派對何時會結束。他說：「現實世界就是這樣，我們只能因應。」

大部分的外人以為，寰宇是靠崩盤獲利，但史匹茲納格爾的看法正好相反，他說：「即使以後再也沒有崩盤了，他也很滿意。」他的理由是，寰宇的主要功能是為投資者提供爆炸性的崩盤保護，讓投資者可以充分地投資股票，而不是把大量資金投入公債之類的標準避險資產，這樣一來，投資者就可以「承擔更多的系統性風險」。舉例來說，雖然剛好抓對時機的少數新投資者看起來很聰明，但如果他們在長達十年的大多頭市場中都投資寰宇，他們的收益可能更可觀。

科漢為《浮華世界》（*Vanity Fair*）報導他與史匹茲納格爾的談話。他寫道，他可以「了解史匹茲納格爾那套方法的智慧」，並問到一般小散戶如何從他的智慧中受益。

「每天都有人問我這個問題，」史匹茲納格爾回答，「真的每天都有，我應該為他們做點什麼。但我有好幾個很大的客戶。所以啊，如果我不是那麼忙的話，我會給點建議，我應該那樣做，我應該想想辦法。」

○○○○

二月下旬，隨著新冠疫情持續擴散到中國海外及豪華遊輪之外，史匹茲納格爾與雅克金飛往紐約會見客戶。市場開始出現震盪，顯示恐懼正在擴大。武漢的大規模封城令投資者感到不安。隨著市場開始震盪，華盛頓特區的官員仍故作堅強。二月二十四日，道瓊工業指數下跌逾三%。川普在推特發文：「我覺得，股市開始變好了。」

翌日，史匹茲納格爾在紐約接受彭博社主播艾瑞克．沙茨克（Erik Schatzker）的訪問，沙茨克說：「你的基金為投資者提供保護，算是一種針對低機率事件設計的保單，這次新冠病毒爆發是你們一直等著因應的黑天鵝嗎？」[47]

「這很難說。」史匹茲納格爾說，「我不知道它是不是。我覺得沒有人真的知道它是不是……床底下通常沒有怪物潛伏，但有時會有。我認為，只有在你知道為時已晚時，大家才能真正判斷那究竟是不是黑天鵝。」

沙茨克說：「我們很難把任一事件直接稱為終極黑天鵝。我可以想到一些非常可怕的結果，事後我們可能稱之為終極黑天鵝，但疫情似乎就屬於這一類。」

史匹茲納格爾回應：「預測不該是你投資概念的一部分。如果是的話，那你就有麻煩了。」

沙茨克問道，既然如此，為什麼有那麼多投資者投入那麼多時間與精力做預測呢？

史匹茲納格爾說，問題與其說是預測，不如說是許多投資者試圖透過分散投資，來避免自己受到不可預測因素的影響。「這是現代金融灌輸我們的觀念，多角化投資、降低投資組合的波動性，將會以某種方式避免我們受到這類事件的衝擊。但事實上，它並沒有那種效果。它所做的，只是讓我們最終變得貧窮而已。它在我們需要保護的時候，並沒有提供足夠的保護。」

當天稍後，史匹茲納格爾與雅克金順道去上了塔雷伯開的一門課。那是他為真實世界風險研究院（Real World Risk Institute，簡稱RWRI）開的課程，以討論許多有關風險管理的話題。RWRI是一個由來自醫界、軍界、政策制定者、創投業、銀行業、複雜系統理論者、心理學界等各行各業約一千人所組成的團體。當天的討論主題是：新冠肺炎及如何應對。

市場再次崩盤。在RWRI課程結束後，史匹茲納格爾與雅克金走在紐約市繁忙的街道上。隨著確診病例開始在週邊行政區迅速湧現，街道上充滿了恐懼。他們開始討論萬一疫情惡化，辦公室的應急計畫。由於寰宇以前是設在充滿地震威脅的洛杉磯，如今又設在經常出現颶風的邁阿密，他們很早就為運作突然中斷做好了準備。寰宇迅速關閉了邁阿密總部，讓交易員在家上班。幾位高階職員持續進辦公室開會，座位相隔如籃球場那麼遠。市場很快就陷入史上最痛苦的波動期之一（波動期雖短，但痛苦絲毫不減）。史匹茲納格爾與家人飛到他在北港的偏遠木屋。在Zoom開會時，他提醒交易團隊，要隨時準備好因應央行的激進干預。

他說：「我們絕對要預期聯準會做出令所有人震驚的反應，甚至連我們也可能被嚇到。」[48]為了讓大家充分了解他的想法，並為這個嚴峻時刻增添一點幽默，他分享一張動畫貼圖，那是克里斯汀・貝爾（Christian Bale）在二〇〇〇年恐怖片《美國殺人魔》（*American Psycho*）中飾演的華爾街瘋子派翠克・貝特曼（Patrick Bateman），貝特曼慢慢地撕下臉上的面具，這是暗示聯準會的干預可能使市場「變臉」反彈。

沒過多久，聯準會就採取行動了，但股市反彈要過久一點才出現。三月三日，聯準會緊急降息兩碼。央行表示：「新冠病毒對經濟活動造成不斷演變的風險。」當天股市又跌了三％。美國十年期公債的利率首次降至一％以下。摩根大通的經濟學家布魯斯・卡斯曼

（Bruce Kasman）指出：「大家對於央行的行動能否減少病毒相關的衝擊感到懷疑。降息無法阻止病毒的傳播，也無法抵消那些遏制病毒的措施所造成的直接經濟成本。」[49]

「我認為金融市場會反彈。」川普對記者說。

三月十二日，道瓊指數暴跌兩千三百五十二點，跌幅近一〇％，創下黑色星期一以來最大的單日跌幅。銀行家與監管者開始擔心整個金融體系可能像二〇〇八年那樣失靈。三月十五日週日的下午五點，聯準會宣布進一步降息，並宣布一項購買七千億美元債券的計畫。這項出乎意料的舉動，非但沒有安撫市場，反而引發了恐慌。投資者開始擔心，聯準會採取這番行動的背後，可能暗示著某種崩盤或銀行倒閉，就像二〇〇八年雷曼兄弟倒閉那樣。利率衍生性商品的複雜變動，塞滿了銀行的資產負債表，導致他們突然無法購買債券，因為新資產會增加風險。抵押擔保債券以及擁有那些債券的公司開始崩解。市政債券有如燙手山芋。波動性暴漲，ＶＩＸ指數飆升至創紀錄的八二．六九。

雅克金在邁阿密看盤時，認為ＶＩＸ甚至可能飆到一百。在波動性創紀錄之下，寰宇的交易員就像一群海盜剛剛挾持一艘滿載黃金的西班牙大船那樣，開始搬運堆積如山的黃金。寰宇的系統化、計量化程式會以訊號通知交易員，隨著波動性的暴漲暴跌，何時該賣出突然變得非常有價值的投資部位，以及何時該買進。

其他公司則是逐一爆掉。當時流行一種交易是：押注亞洲市場會突然出現波動，而歐美市場沒有多大波動。因為他們認為新冠肺炎會擾亂亞洲經濟，但西方國家大致上不會受到影響。結果，相反的情況發生了，亞洲設法控制了病毒，但歐美的反應一塌糊塗。正因為如此，亞洲的波動性還算平靜，但歐美的波動性狂飆。

那些系統化地拋售波動性的基金（亦即押注市場將維持穩定）根本是在自焚。由兩名前高盛衍生性商品交易員創立的紐約避險基金孔雀石資本公司（Malachite Capital Management）多年來一直做與寰宇完全相反的賭注。該公司一直靠賣出標普五百的賣權來收費——就像俗話說的，在蒸汽壓路機前撿硬幣——隨著股市逐年悄悄走高，該公司的年報酬率達到兩位數。波動率指數創新高的第二天，孔雀石資本整個化為烏有，承受十五億美元的虧損，虧損額是其資產負債表上資產的兩倍多。它把這一切歸咎於「最近幾週極端不利的市場狀況」。

為德國金融巨擘安聯（Allianz SE）管理資金的安聯投資公司（Allianz Global Investors），其管理的基金多年來也一直透過承作與寰宇相反的賭注（賣出在崩盤時有獲利的賣權），而獲得穩健的報酬。二〇一九年末，那些基金管理著一百一十億美元的資產。安聯的結構化Alpha基金（Structured Alpha funds）的經理人葛瑞格．圖蘭特（Greg Tournant）在二〇一六年五月的一段行銷影片中說：「我們的做法就像一家保險公司，收取保費。災難性事件發生時，我們可能不得不給付，這很像保險公司。」

保險公司會努力精算，以確保災難性事件爆發不會消滅它們（亦即不會成為破產問題）。但圖蘭特那個策略背後的數學（他告訴投資者，那包含預防下檔風險的措施），在二〇二〇年三月災難來襲時並不合理。短短幾天內，那些基金就損失高達七十億美元。有一檔基金當年縮水九七%，這是賭徒破產鮮明的實際例子。退休基金也遭到重創，阿肯色州的一支教師退休基金為此控告安聯投資公司，說其損失高達八億美元。雷神技術公司（Raytheon Technologies）也提出訴訟，說該公司的退休基金三・七五億美元損失了二・八億（二〇二二年初，投資者與安聯達成和解）。

聯邦調查人員發現可疑之處。司法部的資料顯示，其他的指控很快就出現了。他們指控，二〇一五年底，圖蘭特在未通知投資者之下，調整避險策略。二〇二二年五月，安聯投資公司承認犯有詐欺罪，並同意支付約六十億美元的罰款與賠償金，原因是他們曲解結構化 Alpha 基金所構成的風險。圖蘭特自二〇一四年以來累積約六千萬美元的收入，他在科羅拉多州被捕，並於繳交兩千萬美元的保釋金後獲釋。他不認罪，他的律師表示，對他的控告毫無根據，那只是想把「二〇二〇年三月新冠疫情引發的空前市場混亂」的衝擊嫁禍給他罷了。

當然，那是黑天鵝事件，沒有人能預見它的到來。

15 樂透彩券

隨著市場在二〇二〇年初崩盤，CalPERS的董事瑪格麗特・布朗（Margaret Brown）對該公司過去幾年做的新尾部避險策略的績效感到好奇。三月，她在董事會的會議上向CalPERS的投資長孟宇提出這個問題。

她問道：「孟宇，你能不能告訴我，我們的左尾投資績效如何？」[50]她指的是寰宇的投資（曲線的左尾是崩盤），「在當前的經濟低迷期，它們的表現符合我們的預期嗎？」

孟宇回應：「是的，對於你所指的左尾避險策略，他們應該在這種下跌市場中表現很好，就像他們原先設計的那樣。據我們所知，這些策略的績效大多達到預期的效果。」

不久之後，布朗發現，該退休基金過去幾年投資的尾部避險策略，大多已於當年一月終止。她因此大發雷霆，在臉書上寫道：「孟宇的回應沒有提到他已經放棄寰宇的避險機制，董事會必須追究執行長與投資長的責任。」

原來，孟宇指的尾部避險策略，是投入美國公債與一些降低風險的股票投資。在對

CalPERS 員工講話的影片中，孟宇為自己削減寰宇投資的做法辯護，他以退休基金常用的理由來辯稱那項投資太貴，規模不夠大，不足以對該基金產生影響。他說：「購買明確的尾部避險並不划算，尤其考慮到那種保險策略的成本及缺乏擴展性。」

「因此，基本上，我們選擇更好的替代方案來避免基金縮水。事實證明，在最近的市場暴跌中，它們是更好的替代方案。」他說，「這兩個避險類別為我們的避險策略貢獻逾一百一十億美元。」

為了替自己的決策辯護，孟宇提到AQR資產管理公司（AQR Asset Management）在二〇一二年提交的報告。AQR資產管理公司是計量交易傳奇人物克里夫・艾史尼斯（Cliff Asness）創立的格林威治避險基金。那篇報告嚴厲批評尾部避險策略，是由AQR的投資組合經理人安蒂・伊爾曼恩（Antti Ilmanen）撰寫，報告標題是〈金融市場究竟是獎勵購買保險與債券，還是出售保險與彩券？〉。該研究的結論是，長期來看，**賣出**保險（可從股票下跌中受益的賣權）與彩券（可從股票上漲中獲利的買權）比買進好。然而，孔雀石資本等基金之所以會化為烏有，就是採用那種策略。

伊爾曼恩寫道：「長期來看，在左尾（保險）或右尾（彩券）賣出波動性，都能增加價值。相反的，買進預防股災的尾部保險，然後持有類似彩券的高波動投資，則導致長期報酬不佳。」

那與史匹茲納格爾及塔雷伯的策略完全相反。伊爾曼恩寫道，他建議「投資者**減碼**、而不是**加碼**低機率事件」，而且證據「並不支持塔雷伯的觀點」。

不出所料，塔雷伯當然不認同他的觀點。在熱門財經網站「赤裸資本主義」上，他發布了一段影片。他指出，孟宇吹噓的一百一十億美元收益，沒有計入一開始就持有龐大公債部位的機會成本。那個策略因持有大量債券，而錯失股市的漲幅。他說，「我們認為，根據初步的估算，這種所謂的避險策略，導致該基金前一年少賺了約三百億美元。所以你賺了一百一十億美元，但你前一年少了三百億美元，這根本不是好交易。如果你長期來看，那絕對不是好交易，因為你在股市大漲中沒賺到，在股市大跌時賺回了一點，這不是避險策略。」

不久之後，艾史尼斯與塔雷伯在推特上展開一場超級互嗆大戰（多年來，艾史尼斯的公司發布多份抨擊尾部避險策略的報告）。塔雷伯先開嗆：

@nntaleb

AQR發布的瑕疵報告宣稱，尾部避險（理論上）無效，選擇權「太貴」，但他們沒有透露的是：

①他們的風險溢價策略賠錢。

②他們其他的垃圾商品，績效遜於大盤。

根本是在侮辱客戶與現實世界。

與此同時，寰宇的避險績效優於標普五百指數，而AQR的垃圾商品與風險平價垃圾商品的績效比標普五百指數還差。

艾史尼斯反擊：

@CliffordAsness

我避免和那個瘋子爭論已好一陣子了，雖然他有時很聰明，但他經常錯得離譜，而且顯然既是瘋子，又是世界級的壞蛋。我的人生實在不需要跟那種人有任何瓜葛，但有時瘋子最終會找上你。

他接著表示，塔雷伯「崩潰了」，「滿口毀謗、尖酸刻薄的胡言亂語」，充滿「邪惡的虛假意圖」。

@CliffordAsness

辯論是好事，但顯然他無法在不撒謊、不轉移話題、不指責下進行這場辯論。他只會用誇大不實、胡言亂語、惡毒的狠話與術語來壓人。

塔雷伯再次指出AQR的一些基金績效不如大盤。艾史尼斯表示，那不是重點，與尾部避險策略毫無關係。

@nntaleb

或許艾史尼斯可以用事後諸葛的方式，向我們這些實證主義者證明，他希望我們挑選哪檔基金以獲得較好的收益。附註：我對艾史尼斯不感興趣，甚至對AQR也不感興趣，但他們既然敢胡亂批評尾部避險策略，就甭想放話後一走了之。

@CliffordAsness

我只是覺得，靠著說「災難偶爾會發生」名利雙收，然後好運真的矇到災難發生時，大喊「看吧！」，即使你已經賠過許多次了。然後，利用這個平台來誹謗及汙辱他人，這真是太噁心了。

@nntaleb

> 給那些看到艾史尼斯回錯我上一則貼文而且還發火的一般大眾：AQR宣稱，基金不需要尾部避險，因為有其他辦法可以做得更好。但我們發現：AQR的績效並未證實這點。

他倆就這樣繼續唇槍舌戰。彭博社的一篇報導標題寫道：〈《黑天鵝效應》的作者與計量交易傳奇爭論尾部避險〉。史匹茲納格爾覺得很尷尬，他沒有使用推特，他從來不和其他的避險基金經理人公開爭論。但他和塔雷伯一樣，鄙視AQR對尾部避險策略的研究。AQR無法複製寰宇的報酬有什麼好意外的嗎？二十多年來，史匹茲納格爾一直在精進他的避險策略。他告訴《機構投資者》（*Institutional Investor*）：「寰宇十二年來的績效說明一切。那些缺乏經驗的研究者所做的回測，只是令人遺憾的誤導。」[51]

最令史匹茲納格爾惱火的是，AQR的研究說服CalPERS放棄原本可在二〇二〇年三月大賺一筆的投資。而且，未來幾年CalPERS原本可為退休人員賺取的獲利，全部化為烏有。二〇二一年，CalPERS執行孟宇所規劃的一項計畫，是利用槓桿（更多借來的錢）來增加多角化投資。那包括增加對私募股權基金的投資（同時削減其股票投資組合）。由於私募股權基金本身就是一種槓桿（它們通常是用借來的錢買東西），所以那樣做根本是在槓桿上疊加槓桿。

寰宇三月的投資績效非常驚人，為投資者提供高達四一四四%的報酬（亦即一百萬美元的投資變成四千一百萬美元）。隨著這個驚人消息的傳開，孟宇拋售尾部避險部位的愚行變得更加顯而易見。曾負責管理 CalPERS 投資寰宇部位的藍納多忍無可忍，憤而辭職，並立即加入寰宇，擔任研究總監。

孟宇遭到嚴格審查。他在接受《華爾街日報》的訪問時表示，他不後悔終止寰宇的投資。他說：「即使知道後續的發展，我們依然會做出完全相同的決定。」[52]在外界批評他害CalPERS錯失寰宇的巨額報酬之際，他於八月辭職。

CalPERS在史上最糟的時機拋售寰宇投資，可能錯失二十億至三十億美元的收益。翌年，它的績效也很差。在截至二〇二一年七月二十七日的財報年度中，CalPERS 的報酬率是二一%，那漲幅主要是由股市反彈推動的。在《退休基金與投資》（*Pensions & Investments*）同期追蹤的所有退休基金中，CalPERS 的績效名列倒數第二，略微領先德州市政退休基金（Texas Municipal Retirement System）。CalPERS 的姊妹基金 CalSTRS 是管理加州龐大的教師投資組合，其同期報酬率是二七%。

與此同時，投資者蜂擁至寰宇，就像二〇〇八年崩盤後那樣。史匹茲納格爾獲封為最新的避險基金界大師（Master of the Hedge Fund Universe）。《華爾街日報》稱他為「避險基金之星」[53]。《富比士》認為：「史匹茲納格爾的數學世界觀，在某些方面類似資本主義的終極樂觀主義者巴菲特。畢竟，巴菲特的主張『犧牲即時滿足感，以換取未來的巨額收益』，就是為了在股市崩盤時變現與獲利。」[54]

《富比士》估計史匹茲納格爾的身價為二．五億美元（這可能低估了），並思索他的成功會不會吸引模仿者，而導致競爭激烈，降低這個策略的獲利。史匹茲納格爾在接受《富比士》訪問時表示：「那是一定的，但我會因此而失眠嗎？完全不會……金融界很容易出現從眾行為。」

到二〇二一年底，史匹茲納格爾與其團隊管理約一百六十億美元的股市風險，高於疫情來襲時的四十億美元，也比 CalPERS 贖回投資前的管理資產總值高出數十億美元。

寰宇不是唯一從二〇二〇年三月的瘋狂震盪中受益的基金。當然，艾克曼的潘興廣場也大賺二十六億美元。德意志銀行的前交易高手波茲．溫斯坦（Boaz Weinstein）為薩巴資本（Saba Capital）管理的一支尾部避險基金放空垃圾債券，光是三月就獲得近一〇〇%的獲利。CalPERS 投資的另一家尾部避險基金「長尾阿爾法公司」獲得近一〇〇〇%的報酬率[55]

（據報導，市場崩盤時，CalPERS 正在轉賣長尾阿爾法的投資部位，所以它可能從長尾阿爾法的部位中獲得了一些收益）。[56]

與此同時，艾史尼斯的AQR與許多避險基金一樣大幅縮水[57]。截至三月三十一日（二〇二一年），其管理的資產從二〇一八年的顛峰兩千兩百六十億美元跌至一千四百三十億美元，也比二〇一九年底少了四百三十億美元。一位避險基金經理人對《紐約郵報》（*New York Post*）表示：「情況很糟，但減少四百三十億美元是一個死亡訊號。」

三月後市場的大幅反彈也沒有任何助益。到了二〇二一年底，AQR的資產已降至一千三百七十億美元。當然，這家避險基金歷史悠久，曾經熬過其他更長的市場動盪，例如網路泡沫、全球金融危機，所以可能未來仍會存續很長一段時間。

○○○○

索耐特跨坐在 S 1000 RR BMW 重機上，持續催緊油門，時速從兩百四十公里，升至兩百六十五公里，再升至兩百八十公里。他朝聖切薩雷奧鎮（San Cesareo）飛馳時，兩邊的羅馬風光模糊成一片。當天一早他就離開蘇黎世，試圖在一天內完成通常需要兩三天的旅程：從瑞士的住家前往義大利南部的那不勒斯（Naples），全程一千零四十六公里。

不知怎的，他沒有死。就像在洛杉磯一樣，索耐特持續以驚險的速度飆著重機，只是現在換成在歐洲。他也持續尋找泡沫，獵捕難以捉摸的龍王。

二〇二〇年，他認為他正在見證其泡沫追尋生涯中最大泡沫的形成：電動車製造商特斯拉（Tesla）。伊隆．馬斯克（Elon Musk）一直是泡沫大師，在二〇〇〇年代初期網路泡沫破滅時成為億萬富豪。他的一大成就是以十五億美元的價格把 PayPal 賣給 eBay（他是 PayPal 的最大股東，持股約一二%）。如今在特斯拉，他搭上索耐特所說的綠能泡沫（索耐特認為，馬斯克是這個泡沫的主要創造者之一）。此外，馬斯克也涉足加密貨幣，索耐特認為那是另一個泡沫。

索耐特在二〇二〇年二月發布的每月《全球泡沫狀況報告》（*Global Bubble Status Report*）中指出：「特斯拉身為電動車公司的龍頭，說服許多人相信它是未來十年的新『蘋果』（APPLE），而所有其他的燃油車公司都像『諾基亞』（Nokia）。」那份報告稱馬斯克是一位「聰明的執行長，有許多充滿創意的行銷策略」，並稱特斯拉讓人想起網路泡沫時代的股票，「對放空者來說非常危險」。該報告也嘲笑這家電動車製造商的最大股東羅恩．巴倫（Ron Baron），笑他預測特斯拉的市值將在十年內達到一兆美元。

特斯拉處於泡沫中，但「從長期來看，這是一個仍處於早期的正向泡沫」。隨著特斯拉的出現，綠能與電動車領域正在形成泡沫。《全球泡沫狀況報告》指出：「因此，技術性修正是無可避免的。」當修正出現時，「特斯拉的天價估值（缺乏合理的基本面來證明其股價的合理性）將成為刺破泡沫的最後一把匕首。」

當時，特斯拉的市值是一千六百億美元。索耐特還沒有說泡沫快破了。然而，二〇二一年底，特斯拉的市值已飆破一兆美元，比巴倫的預測早了九年。其市值比排名其後那八家汽車製造商的**總和**還大。馬斯克成了全球首富，《時代》雜誌把他評選為二〇二一年的年度人物。

索耐特看到了麻煩，他在二〇二一年十一月的《全球泡沫狀況報告》中宣稱：「我們的警報訊號顯示，特斯拉可能很快就會出現回檔。」警告訊號比比皆是，包括馬斯克本人在內的大投資者都在拋售股票。執行長馬斯克就拋售價值約一百億美元的自家公司股票。

當然，到了那個時候，索耐特這個蘇黎世先知並非唯一針對特斯拉發出警訊的市場專家。十一月索耐特發出回檔警訊的時候，約莫同一時間，傳奇投資者傑瑞米．格蘭瑟姆（Jeremy Grantham）也表示，特斯拉必須成為「資本主義史上最成功的公司之一」，才能符合投資者對那超高股價的預期。隨著世界上每家大型汽車廠都投入電動車的領域，特斯拉很快就會面臨激烈的競爭。格蘭瑟姆說：「要符合那天價的預期是不可能的。」事實上，當特斯拉的股價在當年十一月觸及每股四百一十美元的歷史高點時，那兩位市場預言家都被證明有先見之明。到了二〇二二年底，當馬斯克辛苦地處理命運多舛的推特收購案時，特斯拉的股價暴跌至每股近一百美元，也就是說，投資者的資本蒸發約八千億美元。當然，馬斯克也不再是全球首富了。

更廣泛地說，格蘭瑟姆指出，股市本身正處於一個「超級泡沫」中，投資者比一九二九年及二〇〇八年崩盤前更加樂觀。「這次大家更加相信價格永遠不會跌，只要持續買進就對了……這表示，價格崩跌時，那可能比美國史上的任何一次崩跌更慘重、更顯著。」

龍王隱約浮現了。

索耐特就像當時幾乎每個對金融有點興趣的人一樣，也對電腦生成的加密貨幣比特幣產生了興趣。二〇二〇年，他與另一位ETH的教授在一篇合撰的文章中指出，比特幣是「人類史上最大的投機泡沫之一」[58]。他們說，所謂的「社會泡沫假說」（Social Bubble Hypothesis）現象，推動了比特幣的成長。在這種情境下，泡沫有利於創新，透過社會群聚與規模效應來推動科技進步。隨著大量的投資者投入比特幣（二〇一八年，他們把比特幣的總值推升到三千億美元），它做為一種金融工具的可行性增加了。那篇文章寫道，比特幣泡沫「對於加密協定與加密貨幣的啟用與擴展是必要的」。

索耐特就像格蘭瑟姆一樣，預期世界上會發生戲劇性的事件，只是規模全然不同。早在二〇〇一年，在一篇研究全球人口成長率、全球經濟生產、國際股市的論文中，他就發現與泡沫及崩盤中看到的現象出奇相似的長期型態。他因此做了一個超長期的預測：他認為，人類正進入一種新的「狀態」，其特色是長達數百年、甚至數千年的超指數經濟成長將在二〇五〇年左右停止。

「在這方面，歷史告訴我們，文明是脆弱、無常的，」他寫道，「我們目前的文明是一個比較新的文明，承襲許多已經死亡的文明。」過去引發文明崩解的因素包括：過度的複雜性、戰爭、瘟疫、環境破壞。太多人與太少淡水也是文明崩解的常見原因。因此，索耐特寫道，文明變得很容易受到環境壓力的影響，例如長期乾旱或氣候的急遽變化。

歷史紀錄中充斥著極不穩定的因素，包括突然爆發長達幾百年的乾旱，對毫無準備的社會造成毀滅性的破壞。那種事件「極具破壞性，導致社會崩解，這是對原本無法克服的壓力所產生的適應性反應」。

當然，現代世界有複雜的技術，以及看似取之不盡的能源，跟早期比較簡單的社會完全不同。我們有可能搞定問題，並從技術上破解即將到來的災難嗎？我們有可能發展出一條走出困境的道路嗎？索耐特認為，可能會，也可能不會。部分問題在於，推動成長的複雜性與創新，是導致未來不穩定的主要因素。他宣稱，加速的技術複雜性「本身就蘊含著導致崩解的種子」。

他指出，一些複雜系統在面對大擾動時，確實會發展出一種穩健性，但它們也可能「對設計缺陷或罕見事件極其敏感」。生物與生態系統可能對溫度、濕度、營養、捕食的巨大變化有很強的適應性，但它們也可能對一些小擾動（例如奇怪的基因突變、新的外來物種或新型病毒）非常敏感。

社會從越來越快的技術進步中獲益良多，但索耐特認為，這種越來越快的步調是不可能持久的，因為當它接近極其複雜的程度時，造成的問題可能比解決的問題還多。這就是為什麼他認為，「萬一全球發生重大變化，需要一種不同的動態機制，我們的文明很容易受到衝擊」。

隨著二〇二〇年代以各種反烏托邦的事件揭開序幕（諸如新冠肺炎與市場崩盤、政治混亂、街頭抗議），索耐特沒有理由放棄他的預測（文明將出現重大變化）。事實上，隨著全球暖化、地緣政治不穩、民主危機、人工智慧的迅速發展、揮之不去的疫情、無窮無盡的新冠病毒變種等因素的不斷惡化下，他二十幾年前做的預測，似乎準得出奇。

第三部

衡量風險太棘手

16 這個文明完蛋了

魯伯特・瑞德（Rupert Read）衣著考究，身形瘦削，頂著一頭淺棕色的頭髮，他是綠黨政客，牛津大學畢業的哲學家，維權環保組織「反抗滅絕」運動（Extinction Rebellion）的發言人。火車來到了達沃斯廣場（Davos Platz），他下了火車，呼吸到阿爾卑斯山的清新空氣。

這裡是瑞士的達沃斯，世界經濟論壇的年度聚會場所，每年聚集來自全球的權貴、富豪、政治人物與政策制定者。這是二〇二〇年一月，為了避免搭乘排放二氧化碳的飛機（因此放棄從希斯洛機場起飛的一個半小時航班），瑞德搭了整整十四個小時的火車，從倫敦來到這個冰雪覆蓋的滑雪勝地。他沉醉在沿途的美景中，如詩如畫的法國鄉野風光，以及阿爾卑斯山脈霧濛濛的崎嶇山巒。但長途旅行無疑令人頭疼，他抵達達沃斯時，很快就猜到，許多與會者是搭私人飛機前來。他認為，這世上根本不該有私人飛機，那些飛機都應該報廢。

瑞德是東安格里亞大學（University of East Anglia）的哲學教授。他抱著一絲希望，帶著他自己近乎異想天開的計畫前來達沃斯。只要他能說服幾個億萬富豪，把財富中的一部分捐出來因應全球暖化的災難，就有可能幫助實現「反抗滅絕」活動永遠無法實現的十幾個目標（他日益覺得，除非這個抗議組織獲得一大筆資金來擴大規模，否則它不會有多大的未來）。瑞德這次前來達沃斯，可說是完全豁出去了。出席達沃斯論壇的全球精英擁有私人飛機、豪宅、豪華轎車，他們都是全球暖化的主要促成者，更不用說他們經營的企業都消耗大量的化石燃料。不過，瑞德覺得，這裡還是值得一試。只要有一小部分的超級富豪加入「億萬富豪起義」（Billionaires Rebellion），就有可能發揮顛覆性的效果。

論壇的能源轉型委員會主席阿戴爾・特納勳爵（Adair Turner）主持一場私人會議。在那場會議上，瑞德對著一些全球知名的實業家演講，其中包括一家石油巨擘的高層。他說，如果不立即採取行動以大幅減少碳排放，文明將有崩解的風險。他指出，目前，世界需要採取適應性措施，為即將到來的破壞力做好準備，例如超級風暴、海平面上升、農作物燒焦等。他坦率地警告，目前可能為時已晚。我們需要大規模的財富重分配，以幫助全球最窮的人口，因為他們最容易遭到衝擊。坐在觀眾席上的石油公司高層顯然不為所動。

那位高層可能更討厭十幾歲的環保活動人士格蕾塔・童貝里（Greta Thunberg），她那慷慨激昂的主張，讓那些自信滿滿的達沃斯精英感到不安（前一年，她告訴觀眾：「我不想要你們感受到希望，我希望你們感到恐慌。」因此引起媒體關注）。二〇二〇年，她在〈避免氣候末日〉的演講中，指責世界各國的領導人沒有採取行動：

「你們的任何計畫或政策，如果不包括從今天起從源頭徹底減排的話，就不足以實現《巴黎協定》中把全球平均升溫控制在攝氏一．五度或遠低於攝氏兩度的承諾。你叫孩子不要擔心，說把這件事交給我們就好，我們會解決的，保證不會讓你們失望，別這麼悲觀。然後呢，什麼也沒做，就只有沉默。」[59]

瑞德搭火車回倫敦的漫長旅程中，格蕾塔與其父親斯萬特（Svante）陪他搭了第一段。瑞德送給格蕾塔一本他的著作《這個文明完蛋了》（*This Civilization Is Finished*）。該書是以他幾年前在英國各地發表的氣候緊急演講為基礎。瑞德與斯萬特花了幾小時討論非暴力直接行動的有效性，那是「反抗滅絕」活動於二〇一八年與二〇一九年在倫敦各地採用的抗議策略。那樣的做法引起國際的關注，也受到一些人的譴責。

瑞德失望地離開了達沃斯，但對此結果並不感到意外。億萬富豪在抑制全球暖化方面講得頭頭是道，但一談到錢，對話就變得尷尬起來，尤其是當潔淨能源無法為他們帶來任何利益之下，那樣的對話更是尷尬。瑞德就像童貝里父女一樣，當世界對因應全球暖化缺乏興趣時，他已經習慣失望了。

世界經濟論壇結束幾週後，新冠病毒開始在各大洲肆虐，瑞德拿到一份摩根大通銀行的祕密檔案。那份檔案詳述摩根大通銀行對全球暖化日益加劇的擔憂。摩根大通是美國的大銀行，也是化石燃料公司最大的融資者之一。那份二〇二〇年一月十四日的檔案顯示，「我們不能排除人類生命受到威脅的災難性後果。雖然我們不可能做出準確的預測，但顯然地球發展的軌跡是無法持久延續的。人類若要生存下去，改變就勢在必行。」

懷疑論者可能對瑞德或格蕾塔等高喊文明已經完蛋的末日預言家嗤之以鼻，但上述對存在的風險與破產問題感到束手無策的，可是**摩根大通**啊，不是什麼泛泛之輩！瑞德把那份報告洩露給《衛報》，該報刊出一篇報導，標題是〈摩根大通的經濟學家警告，氣候危機威脅人類生存〉（另一個媒體《新共和》〔*New Republic*〕的報導標題更加聳動：〈毀了地球的銀行說，地球完了〉）。瑞德並不需要摩根大通的經濟學家來告訴他全球暖化是一個攸關生死存亡的威脅。他早在幾年前就得出那個結論了。

二〇一六年，他開始在英國各地演講，題目很悲觀：〈這個文明完蛋了：我們該做什麼？〉。內容是對人類應對氣候威脅的冷酷控訴，也是在譴責世界對化石燃料的依賴，他認為這是一場氣候引發的災難，正在摧毀文明。瑞德說，化石燃料驅動的文明正在做垂死的掙扎。二〇一八年十月，他在劍橋大學的邱吉爾學院向該校師生發表演講。

「我想對你們講述的事情有點嚴肅。」他開始說，「領導人辜負了你們，政府辜負了你們，父母和他們那個世代辜負了你們，師長辜負了你們，我也讓你們失望了。我的意思是，我們都沒有充分警告及預防目前正在發生的危險氣候變遷。這種變化來了，而且肯定會變得更糟，絕對會！由於我們沒有做到充分的警告與預防，我為你們感到擔心，我很擔心你們，我擔心你們之中有些人可能沒有機會變老，安享天年。」

這樣的說法令人震驚，也引發相當大的反彈，包括其他氣候社運人士的批評。他們認為，那種「末日論」的語言可能使人放棄一切，而不是激勵大家採取行動。有些人說，那可能引發孩子的自殺念頭。但也有人私下認同，他的嚴詞警告其實沒有那麼激進或危言聳聽。隨著世界各地的碳排放持續上升，大家越來越不敢奢望世界達到二〇一五年《巴黎協定》設定的攝氏一．五度升溫上限。目前看來，幾乎沒有跡象顯示碳排放減緩，也沒有跡象顯示各國政府採取有意義的行動，它們除了發布激怒格蕾塔的空洞承諾以外，幾乎毫無作為。事實上，二〇一八年，全球在因應氣候變遷方面不僅沒有進步，似乎還退步了。川普政府已經退出《巴黎協定》；巴西選出極右派的總統雅伊爾．波索納洛（Jair Bolsonaro），他承諾向更多的農業與工業開放亞馬遜雨林；中國持續以驚人的速度建設燃煤電廠。

瑞德的演講在英國的環保人士圈爆紅。分子生物物理學家蓋兒．布萊德布魯克（Gail Bradbrook）和瑞德一樣，對全球暖化日益感到恐慌。她聽到瑞德對東安格里亞大學的大一新生的演講。他和一小群活動人士一直在討論成立一個新的激進環保組織，專注於全球暖化與物種滅絕問題。他們把那個組織命名為「反抗滅絕」（簡稱XR）。XR將使用甘地與美國民權運動開創的非暴力直接行動技巧，來讓大家更加認識迫在眉睫的文明災難。她希望瑞德能幫忙發起這個組織。

瑞德告訴她，XR應以預防原則為基礎，冷靜沉著地採取氣候行動。他指出，氣候變遷的懷疑論者與否認者以及企業，常以科學資料及其依賴的複雜模型充滿不確定性為由，來阻止大家採取行動。即使是最好的模型，對於碳排放不斷增加的後果，也有很大的不確定性。氣溫究竟會上升到多高？何時上升？那會產生什麼影響，真的有那麼糟嗎？大氣層暖化所造成的雲層，究竟是加速大氣層的升溫趨勢，還是會阻擋陽光來減緩大氣層的升溫趨勢？（遺憾的是，它們可能加速大氣層的升溫趨勢）。他們說，面對這種不確定性，在我們獲得更多的資訊之前，為什麼要採取像減少使用化石燃料那樣激進、代價高昂又破壞經濟的行動呢？想想窮人，他們也想要廉價能源啊！

預防原則是繞過那種論點的方式。科學也許不精確，但風險（包括大規模的人類死亡和潛在物種滅絕）太高了，不採取行動是不行的。當時，值得信賴的氣候模型預測，根據目前的碳排放趨勢，到本世紀末，地球的平均氣溫比工業化以前的水準上升攝氏六度的可能性是一

○%。這是一種真正的災難性結果，機率高得令人毛骨悚然。預防原則是在告誡大家，在你跨過那個致命的鴻溝以前，要三思；或者根本不要跨過去，因為氣候模型可能不正確，風險可能遠比模型估計的還高。懷疑論者經常忽視氣候模型中有可能出現不可知的毀滅性尾部風險。

二○一八年十月三十一日的萬聖節前夕，瑞德與布萊德布魯克在倫敦的議會大廈前首次見面，正式發起XR。他們的口號是：「這是緊急情況！」、「我們完了！」。當時的新聞上充斥著毀滅性洪水的影像，大洪水把威尼斯一半以上的地區淹沒在幾英尺深的大水下。格蕾塔當時是鮮為人知的十五歲瑞典氣候活動人士，她發送著傳單，上面寫著：「我這樣做，是因為你們成年人在毀滅我的未來。」一個月前，《衛報》才剛把她介紹給全世界。「在瑞典經歷有史以來最熱的夏天之後，格蕾塔決定在議會罷課，以促使政客採取行動。如果政客不注意這些事實，那又何必費心去學校學任何東西呢？」[60]

在陽光普照的議會廣場上，格蕾塔站在英國前自由黨首相大衛．勞合．喬治（David Lloyd George）的雕像前，面對聚集的群眾。瑞德穿著綠色背心、黑色外套，打著領帶，脖子上掛著黑框眼鏡，站在格蕾塔的正後方，鼓勵她講話。這是她第一次向國際大眾演講，她說：「在生存問題方面，沒有灰色地帶。」[61]附近的旁觀者複誦著她講的每句話，因為擴音器不夠強，無法讓聚集的大量群眾都聽到。「我們要嘛以一個文明繼續存活下去，要嘛消亡。

我們非改變不可。」

她說完後，瑞德接過麥克風。「各位，這是格蕾塔・童貝里！」他高呼，「她真是了不起的英雄，照亮了未來的道路。」

然而，瑞德對未來並不樂觀，未來把他嚇壞了。

◌◌◌◌

在倫敦長大的瑞德，喜歡到城市外的湖區旅行，他母親的娘家就在那裡。他常獨自在有名的綠色山丘上漫步數小時，那些綠地曾是浪漫主義詩人威廉・華茲華斯（William Wordsworth）與山繆・泰勒・柯勒律治（Samuel Taylor Coleridge）以及《彼得兔》（*Peter Rabbit*）的作家碧雅翠絲・波特（Beatrix Potter）的靈感來源。他是勤奮的學生，在校表現優異，後來獲得牛津大學貝利奧爾學院（Balliol College）[十三]的錄取。他在那裡結識另一位貝利奧爾學人：未來的英國首相鮑里斯・強森（Boris Johnson）。一九八七年畢業後，他移居美國，在羅格斯大學取得哲學博士學位，專門研究另一位深具影響力的奧地利哲學家路德維

十三、牛津大學最著名、最古老的學院之一，以活躍的政治氛圍著稱，曾培養出多位英國首相及英國政界名人。

希・維根斯坦（Ludwig Wittgenstein）的晦澀著作。

美國有一些事情令瑞德震驚。例如，紐澤西州北部猖獗的工業汙染、大氣中的化學物質使夕陽顯得色彩繽紛、貧富差距與種族之間的明顯分歧等。他在政治上變得日益激進，並加入抗議賓州黑金斯市每年舉辦的射鴿活動，試圖介入獵人與那些註定遭到獵殺的鴿子之間。他也加入加州的「地球優先！」（EarthFirst!）紅杉夏季運動，抗議伐木對老林的破壞（屬於一九九〇年代所謂「木材戰爭」〔Timber Wars〕的一部分）。

一九九〇年代中期，瑞德回到英國，在東安格里亞大學的哲學系找到教職。這所學校位於英格蘭東海岸的諾里奇（Norwich），這一區正成為環保人士聚集的熱點。二〇〇四年，瑞德獲選為諾里奇的綠黨議員。他加入一場公民不服從運動，以抗議三叉戟飛彈。為了採取更直接的行動，他曾打斷英國下議院的議程，以抗議在伊拉克使用集束彈藥。他因此遭到懲戒，被囚禁在西敏寺的小房間裡一個下午。

二〇〇〇年代的末期，瑞德開始關注氣候問題。在大量閱讀這個主題的過程中，他偶然看到歐盟的歐洲環保局發布的二〇〇一年報告，標題是〈從預警獲得的遲來教訓：一八九六～兩千年的預防原則〉。該報告檢閱一系列環保、醫學、化學爭議，從十九世紀的英國漁業到放射性物質再到石棉，以及如何把預防原則應用到那些爭議上（裡面幾乎沒有提到全球暖化，二〇一三年的後續報告才提到）。瑞德開始研究預防原則的複雜歷史，他相信，對於全球暖化及其他迫在眉睫的風險與災難所帶來的日益強大威脅，預防原則應該可以提供一套因應的範本。

二〇〇八年的金融危機令瑞德感到不安，銀行與避險基金的魯莽行為令他震驚。他認為，把預防原則套用在金融界，應該可以阻止銀行家把世界推向懸崖。那也是他第一次接觸到塔雷伯的作品。

二〇一二年九月，瑞德邀請一群演講者來參加東安格里亞大學的系列講座，暢談哲學與全球金融危機。塔雷伯也是受邀的講者之一，他的演講主題是取自《反脆弱》，標題是〈不透明、不對稱與倫理〉。

會後，塔雷伯與瑞德去當地酒吧啜飲單一麥芽威士忌，他倆一拍即合，他們都認為世上的人大多過於低估黑天鵝的風險。瑞德陪塔雷伯走到附近的火車站。

「你需要報銷旅費嗎？」他問道。

塔雷伯一聽，不禁笑了。「瑞德，你應該知道我是和銀行對賭吧？」他是指他在寰宇的獲利，「我知道他們不在意承擔尾部風險。所以，我不需要向大學報銷旅費。」

「那當然。」瑞德笑著說，「對了，趁你走之前，我還想問一件事。我不明白，你為何不談談預防原則。從我的立場與工作角度來看，那不正是你的主張嗎？」

塔雷伯皺起眉頭想了一下，「瑞德，你說的沒錯，我們應該把它寫下來，你和我一起寫。」

回美國後，塔雷伯開始大量閱讀預防原則的相關文獻。他不記得二〇〇九年哈佛的遺傳學家丘奇曾在 SpaceX 公司舉行的前沿基金會聚會上講過這個原則。但他確實回想起自己對當時討論的話題，有近乎噁心的極度不安感，例如人為篡改ＤＮＡ、某天高中實驗室可能創造出抗疫苗的天花病毒株等——當時他把那種風險稱為「肥尾市」。

不久，塔雷伯與瑞德開始歸納他們的觀點，最終寫成一篇多人合撰的論文〈預防原則〉。

◌◌◌◌

二〇一三年四月，塔雷伯收到音樂家兼製作人布萊恩．伊諾（Brian Eno）的一封公開信。那封信是透過 Longplayer 網站發送的，該網站是一個千年音樂播放計畫，始於一九九九年十二月三十一日，伊諾是該計畫的成員。

伊諾把那封數位信件設計成連鎖信。塔雷伯收到信後，會寫一份回應，然後再把它發送給另一位公共知識分子。那位收信者也會寫一份回應，並發送給其他人。伊諾寫給塔雷伯的信，是連鎖信的第一封。

他的信是有關現代社會的一個普遍問題——我們的目光短淺，只關注當下，例如季報、下次政治大選、明天的天氣。伊諾說，以前不是這樣的。橄欖栽種者及大教堂的建造者是做跨世代的思考，他們開墾的農場可能幾十年也不會結出果實，或者，他們種植橡樹林，是為了未來幾百年可用橡木來修建教堂的屋頂。現代人似乎已經失去跨世代思考的能力。以福島核災為例，那座日本核電廠在二〇一一年因海嘯衝擊而發生爐心熔毀。儘管災難嚴重，但沒有發生輻射相關的死亡事件。然而，這不是你在媒體上看到的訊息。伊諾寫道：「它變成微小但大家普遍接受的錯誤資訊之一：在核能、福島、災難之間劃上了等號。」[62]這導致令人遺憾的結果：德國等國決定關閉核反應爐，以燃煤電廠取代核電廠。「因此，福島核災的真正災難是在未來，」伊諾寫道，「那將導致大氣中的二氧化碳大幅增加。」

伊諾想喚起跨世代思考的能力，這並不容易。「那些橄欖栽種者與教堂建造者，有一個我們所沒有的特點：感覺未來很可能與現在相似。相反的，我們可以肯定，未來絕對不會與現在相似。所以問題在於：我們連未來是怎樣都無法想像了，那要如何為未來做設計？」

塔雷伯的回應是直接引自他與瑞德所做的研究，以及《反脆弱》的啟示。他寫道：「我被一塊大石頭砸中所受的傷害，將比總重相同的一堆小砂石連續擊中的傷害大得多。」

那塊大石頭就是塔雷伯的破產問題。

「既然我們有這個原則，讓我們把它應用在世間的萬物生靈上吧。」他寫道，「這是我與哲學家瑞德正在闡述的非天真預防原則（non-naive Precautionary Principle）的基礎，它包括針對國家與個人的詳細政策建議。根據定理，一切都是源自非線性回應的原則。」

規則①：規模效應。你對地球所做的每件事，大者所帶來的危害遠比小者還大。因此，我們需要盡可能地隔離危害的來源（前提是這些來源不會相互作用）。比方說，如果我們減二〇%的碳排放，我們可能會減少五〇%以上的危害。相反的，僅增加一〇%的碳排放，可能會使風險增加一倍。

其他規則包括：避免大規模、由上而下的指揮控制系統，因為這種系統容易受到人為錯誤的影響，並可能讓危害廣泛地傳播；採用分散的局部系統，因為局部的錯誤不會傳遍整個系統；優先考慮使用天然的法則，而不是人造的預防措施。「大自然比人類更擅長統計，它出過數以兆計的『錯誤』或變異，卻沒有爆炸。」在複雜系統中，「根據巴爾楊的定理，我們不可能預測正向行動的結果，所以我們應該像大自然那樣，維持錯誤的孤立性及低發生率。」

塔雷伯寫道，基因改造生物（genetically modified organisms，簡稱GMO）就是運用這些規則與原則的一個例子。基因改造生物，顧名思義，就是為了特定目的，插入其他物種（如細菌或病毒）的DNA，以改造基因的生物，例如抗枯萎病的番茄、可對有害蝶類釋放毒素的玉米、可在世界上最乾旱的沙漠中生長的稻米、理論上不會受到大劑量除草劑傷害的小麥。基改生物與透過雜交改良的穀物（或動物）不同（從演化的角度來看，雜交與生命一樣古老）。基改生物背後的科學已有約三十年的歷史。塔雷伯警告，這些混合物可能會在短期內帶來好處，養活更多人，但長遠來看（跨幾個世代），可能在全球釀成災難，那是我們永遠不該承擔的風險。

塔雷伯把他的信寄給《全球概覽》的創辦人兼恆今基金會（Long Now Foundation，目標是促進長期思維）的主席布蘭德。塔雷伯曾在二〇〇九年那次在SpaceX舉行的前沿基金會聚會上，與布蘭德短暫見面。他對布蘭德的回應感到震驚，布蘭德寫道：「基因工程的科學，遠比盲目的選擇性育種精確得多，因此比較安全。我認為大眾對基改生物的擔憂，似乎是源於一種誤解的傳染概念。大家想像的是，任何轉移的基因都可能像放肆的鼠疫病毒那樣——

也就是說，大家以為它可能感染一切，也可能隱藏多年，然後引發災難。但基因不是那樣運作的。」

塔雷伯驚訝地發現，多年來，布蘭德一直是基改生物的堅定支持者。這個事實不需要花太多時間就可以找到。二〇一〇年，布蘭德出版的著作《全球紀律：為什麼密集城市、核能、基改作物、恢復荒地、激進科學、地球工程是必要的》（*Whole Earth Discipline: Why Dense Cities, Nuclear Power, Transgenic Crops, Restored Wildlands, Radical Science, and Geoengineering Are Necessary*）就是在頌揚以創新的技術方案（包括基改生物）來解決全球弊病。《金融時報》（*Financial Times*）的一篇書評寫道，該書「滔滔不絕地頌揚科技，那種狂熱程度甚至可能讓孟山都（Monsanto）的發言人自嘆弗如」。

那是布蘭德的一貫立場。「我們就像神一樣，」他在一九六八年首次出版的《全球概覽》中寫道，「何不乾脆做到出神入化。」

這並不是塔雷伯或瑞德喜歡看到的觀點。

○○○○

二〇一三年五月，塔雷伯與瑞德前往威爾斯的寂靜市鎮瓦伊河畔海伊（Hay-on-Wye），參加熱門的哲學與音樂節 HowTheLightGetsIn（這個名稱是源自李歐納・柯恩〔Leonard Cohen〕的一首知名歌曲）。在一場有關靈性與自然的辯論中，瑞德與全球暖化政策基金會（Global Warming Policy Foundation）的負責人班尼・佩澤（Benny Peiser）辯論。全球暖化政策基金會是一個倫敦的組織，以鼓動大家不要對全球暖化制定任何政策而聞名。

佩澤告訴觀眾，他來自開明的人文主義傳統，並抱怨極端環保主義者（他稱之為「深綠派」的麻煩製造者）把人類和大自然的其他一切擺在相同的地位，那是在貶抑人類。他說，人類在地球上其實是扮演「特殊的角色」。

他表示：「我是從社會與道德的角度來看待環境問題，所以我認為我們是冒險者。人類根本不可能完全不冒險，這是一種不斷試誤的過程，這是我們演化的方式，我們就是這樣演化而來的。因此，我認為，犯錯是人之常情，要進步就要冒險，這包括在保護環境及干預環境之間取得平衡。」[63]

他說，氣候危機與其他的環境危害是可衡量的風險。我們需要仔細思考修復環境所涉及的成本與取捨。那究竟有多糟？他抱怨，深綠派過度沉陷在「悲觀與厄運」中，想要停止經濟成長。那樣做忽略了成長其實是環境保護的核心。貧國根本沒有本錢去制定代價高昂的環保政策。佩澤說：「顧好環境是一種奢求。」

瑞德回應：「當我們把自己想成在自然中，或把自己想成是自然時，不要誤以為我們可以從根本上把自己與自然**分隔開來**，這點非常重要。**那**正是佩澤犯的錯誤。我們幻想著人類以勇於創新的形式凌駕在自然之上，能夠支配與利用自然。這種幻想是對自然抱持一種根本的理性主義心態，這就是啟蒙運動出錯的地方。」

佩澤說，那種論點正是典型的深綠派狂熱。「那些狂熱分子、教條主義者、極端分子總是搞錯了。即使他們的理念是對的，但他們還是搞錯了。我們之所以有今天，是拜化石燃料所賜。沒有煤炭、沒有天然氣、沒有核能的話，英國就不是現在的英國了。光靠太陽與風力的話，我們不會有今天。」

瑞德說，那種冷酷無情的偽理性觀點是危險的短視近利，沒有顧及尚未出生的後代，他們沒有發言權，卻必須為今天人類的錯誤付出代價。「當佩澤說我們必須權衡事情、必須拿捏平衡、必須有所妥協、必須承擔風險時，我們絕不能做的是，賭上未來子孫的生存。」

○○○○

翌日，瑞德與塔雷伯一起登台，他們談論的題目是：「如何解決像不確定性這樣的問題？」

塔雷伯說，人類對自然界所做的危險實驗，是不確定性主導的一個領域。第一個證據是基改生物。「隨著時間的推移，大自然慢慢地調整改變。但現在一些笨蛋在推特上告訴你，」塔雷伯看著瑞德說，「基改生物很自然，那根本是胡說八道。大自然花了一億年的時間來製造生物，如今我們人類傲慢地想由上而下地推出新生物。我們推出的任何東西往往是脆弱的。」

他說，這就是預防原則派上用場的地方。「如果我違背自然，我就必須證明為什麼我沒有傷害自然。有人可能會說，你沒有證據可以證明我在傷害自然。我說不不不，事情不是這樣運作的。你需要拿出你沒有造成傷害的證據。你想想，在風險系統中，證據往往只有在為時已晚之後才會顯現。」

塔雷伯補充說，思考這點的一種方式，是想想一個事實：這世上病情輕微的人遠比病情嚴重的人還多（他說，這也是為什麼大型藥廠會不斷開發治療輕症的療法）。由於大自然已經看過太多輕微的問題，它不需要重大的干預，或者完全不需要干預。大自然會自己打理好，不需要預防原則。然而，非常嚴重的問題需要迅速、積極的干預。

「這為預防措施提供一個統計結構。」他說，「它為我們採用的預防措施增添一層嚴謹性。如果我感冒了，那不要治療。如果我頭痛，那不要治療。如果我得癌症，那就去看六個醫生，不是只看一個。」

◌◌◌◌

二〇一四年的夏天，新英格蘭複雜系統研究院（NECSI）的創辦人巴爾楊聽說塔雷伯與瑞德正在研究預防原則，他很感興趣。他打電話給塔雷伯，塔雷伯正打算去麻州劍橋市，參加巴爾楊在NECSI舉行的大會。

「塔雷伯，我認為你研究的東西很有意思。」巴爾楊說，「你來參加大會時，我們可以聊聊。」

「好啊！」塔雷伯回應。

在NECSI，他們開始針對如何精進那篇論文交換意見。巴爾楊的專長是複雜系統。複雜系統的一個特性是，很難預測它們將如何因應新的資訊或行動，這是巴爾楊常寫到的一個難題。他認為，在某些類別的複雜系統中，例如在所有系統中最複雜的自然界，對照實驗與模型，就不足以判斷現實世界會發生什麼。由於很難判斷具體的結果，焦點必須縮小到一個簡單、關鍵的問題：威脅是局部的，還是全面的？

17 轉向滅絕

二〇一〇年，塔雷伯去劍橋市參加新英格蘭複雜系統研究院（NECSI）的某次大會時，第一次見到巴爾楊。巴爾楊是個削瘦、理智的人，頂著一頭捲髮，特別喜歡羊毛衫。塔雷伯在紐約大學授課時，是使用巴爾楊寫的教科書《複雜系統的動態》（*Dynamics of Complex Systems*）。他也覺得，巴爾楊的專業（複雜系統理論）與他那套獨特的黑天鵝世界觀之間有一些有趣的關聯。他逐漸相信，巴爾楊是全球頂尖的複雜理論專家。

這是很大的肯定，連史蒂芬·霍金（Stephen Hawking）這樣的權威也宣稱：「複雜性是二十一世紀的科學。」巴爾楊不僅是NECSI的創辦人，也是複雜系統國際大會（International Conference on Complex Systems）的主席，長期以來一直引領複雜理論的發展。

複雜系統的研究，是分析系統及其組成部分的相互關係與新興特性，以及它們與更大世界的連結（**複雜系統**的定義有數百種，不是所有的定義都一致）。這聽起來可能很含糊，但它在現實世界中有實質的意涵。蟻群的屬性無法在單一螞蟻的身上看到，只出現在所有螞蟻一起運作的集體屬性中。牠們一起運作時，形成一個複雜系統，即一個蟻群。拿著長矛的希臘步兵方陣向馬拉松（Marathon）進軍的本質，無法用單一步兵的心理來捕抓——方陣本身是一個東西，是一個複雜系統，它有自己的規則與屬性。在一場打成平手的比賽的第四節最後兩分鐘，美式足球聯盟（NFL）進攻的性質，無法在四分衛的大腦中看到。你必須分析整個球隊、教練、防守、比賽規則，以及更多的因素，才能抓到系統的動態。對複雜系統的研究，是無法透過拆解組成要素來了解的。你必須研究整個群體，整個團隊。誠如複雜系統的科學家彼得・多茲（Peter Dodds）所說的：「碳原子中沒有愛，水分子中沒有颶風，一美元鈔票中沒有金融風暴。」

巴爾楊在數學與科學方面的職涯發展，似乎是命中註定。他一九六〇年生於波士頓，還在蹣跚學步時，姊姊就教他數學了。他的父親是大屠殺的倖存者，也是卡內基梅隆大學與麻省理工學院培育出來的粒子物理學家。他的母親是兒童發展心理學方面的專家。

一九六七年上小學時，他從電視上看到奈及利亞內戰導致兒童挨餓的畫面。他永遠忘不了那可怕的畫面，日後他對那些孩童的記憶，促使他決定努力研究解決貧困與饑餓的實際辦法。一九七八年，他從麻省理工學院畢業。六年後，他從麻省理工學院取得應用物理學的博士學位。

一九九六年，巴爾楊創立NECSI，那裡迅速成為學者的溫床，他們開發出預測及解決棘手問題的模型，例如饑荒、流行病、金融崩盤、全球暖化、種族清洗、經濟危機等。研究人員從資料中尋找型態，從雜訊中尋找訊號，以便預測極端、往往有害的事件，希望有時能阻止它們出現，或採取措施以減輕它們的影響。或者，有時是為了從那些事件中獲利。

複雜系統的科學令人望而生畏，因為它很複雜，但也非常迷人，因為它有可能解決現實世界的問題。巴爾楊在二〇〇四年出版的著作《解困之道：在複雜世界中解決複雜問題》（*Making Things Work: Solving Complex Problems in a Complex World*）中，詳細闡述複雜系統在現實世界中的一些應用。主題包括軍事戰爭、教育、醫療、種族暴力、恐怖主義。它是一本為門外漢撰寫的手冊，教大家如何運用複雜系統理論。該書是以一個獨特的見解為核心：為了解決複雜問題而成立的組織，其複雜性需要達到（或超過）問題本身的複雜性。這表示，根據定義，單一個人無法解決非常複雜的問題，解決非常複雜的問題需要一大群人。巴爾楊寫道：「這本書的根本挑戰是質問：我們如何建立比單一個人還要複雜的組織？」

○○○○

巴爾楊關注的領域中，最重要的是：在全球化的世界裡，流行病不斷演變、日益致命的性質。二〇〇六年，他與人合撰一份研究論文，說明長途運輸即使微幅成長，也會極大幅地提高疫情廣泛傳播的風險。該論文寫道，「全球混合」（global mixing）可能導致人口突然不穩定，例如爆發致命的疫情。令人擔憂的是，「隨著全球混合頻率的增加，這種情況可能在毫無預警下」發生。

「我們的研究結果顯示，有必要採取協調一致的因應措施，包括醫學發展，或許還有社會變革。」該論文總結，「由於全球運輸日益增加，除非採取預防措施（限制全球交通運輸或其影響），否則大規模的疫情可能無預警地席捲全球。」

翌年，巴爾楊幫忙製作一個數學模型，他宣稱該模型可以預測種族衝突的爆發。那個模型使用方法來偵測型態的形成（例如化學物質如何相互作用），藉此分析可能強烈暗示即將發生暴力的訊號。例如，在多族群混合、但沒有一個族群占主導地位的地區，暴力風險往往很高，那很容易導致緊張局勢升溫。

這項研究發表在《自然》雜誌（*Nature*）上，參與該研究的一位科學家表示：「我們的研究顯示，當一個民族的規模大到可以在公共場所強加文化規範，但又還沒有大到足以防止那些規範遭到推翻時，暴力就會發生。」

複雜系統的理論家所使用的一個關鍵工具，是研究相變（phase transition，例如水變成蒸汽，或冰變成水，或日常的市場下跌加速變成崩盤）背後的物理學。當初正是這些相變（從分析亞利安火箭的壓力缸突然破裂開始）吸引索耐特，並促使他開發出龍王的概念。這種轉變是突如其來的，有破壞性。套用在社會現象時，相變有助於解釋穩定的東西是如何突然變得不穩定、混亂的，例如種族暴力的爆發。

理論上來講，那種轉變可能發生在文明上。二〇〇八年，《新科學家》雜誌（*New Scientist*）刊登了兩篇令人擔憂的文章：〈流行病會拖垮文明嗎？〉（Will a Panademic Bring Down Civilization?）以及〈為什麼文明的消亡可能無可避免〉（Why the Demise of Divilization May Be Inevitable）。巴爾楊是那兩篇文章的主要資料來源，第二篇文章問道：「如果文明的本質意味著，我們的文明就像其他的文明一樣，遲早會崩解，那該怎麼辦？多年來，一些研究人員一直提出這樣的主張。令人不安的是，複雜系統理論等領域的最新見解顯示，他們的主張是正確的。一個社會的發展超過一定程度的複雜性時，似乎會變得越來越脆弱。最終，它會達到一個點。在那個點上，即使是一個不大的干擾，也可能導致一切崩解。」

該文引用猶他州立大學的人類學教授約瑟夫．泰恩特（Joseph Tainter）的研究成果，泰恩特曾在一九八八年出版開創性的著作《複雜社會的崩潰》（*The Collapse of Complex Societies*）。那篇文章描述歷史上的文明如何在努力解決各種挑戰（從食物與水資源的短缺，到野蠻人入侵）的過程中，演變成越來越複雜的結構，內有錯綜複雜的階級。社會必須持續解決新的問題才能生存與發展，那表示複雜性會加速提升。「繁榮會使人口增加，促成更多種類的專家，產生更多需要管理的資源，創造出更多需要處理的資訊，最終，導致報酬遞減。泰恩特認為，最終會達到一個點，讓一個社會擁有的所有能源與資源，只能用來維持目前的複雜程度。」

就是這個現象促使索耐特預測，社會崩解迫在眉睫（他也引用泰恩特的研究），巴爾楊完全認同那種觀點。「複雜性會導致脆弱性增加，」他告訴《新科學家》雜誌，「這不是大家普遍了解的道理。」在一個很複雜的系統中，故障有可能因為相互連結的網絡（如全球供應鏈）而廣泛傳播。這種相互連結的網絡，就像龐大的複雜生態系統，有無數的瓶頸。拉皮德城（Rapid City）的一家汽車經銷商無法銷售汽車，因為福特無法獲得需要的電腦晶片，因為台灣的一家晶片廠被大水淹沒了。一艘貨櫃船卡在蘇伊士運河，就會擾亂全球的供應鏈。巴爾楊指出：「連接我們的網絡，可以放大任何衝擊。任何地方發生故障，越來越有可能意味著各地都跟著停擺。」

只講究利潤的公司，在盡可能優化其營運的同時，可能導致這種情況變得更糟。只要供應鏈按計畫運作，及時供貨（just-in-time delivery）可為公司帶來豐厚的獲利。但是萬一供應鏈無法按計畫運作，隨著瓶頸點的減速拖累整個系統，整條供應鏈可能會斷裂。想像一下，全球經濟都依賴優化的供應鏈（和食物鏈），全靠電腦化的金融市場支持與管理，而這些市場越來越容易受到極端事件的影響。衛星、社群網路、飛機機隊把社群連結起來。

二〇二〇年新冠疫情爆發時，我們就是活在這樣的世界中。隨著企業與整個經濟陷入停滯，經濟減緩及停工的連鎖反應，導致國際供應鏈癱瘓，與此同時，人類也被迫面對全球暖化的破壞性影響，包括洪水、熱浪、野火、超級風暴。

巴爾楊在二〇〇八年就已經預見這樣的世界，他警告：「文明非常脆弱。」

⚬⚬⚬⚬

二〇一〇年末，巴爾楊注意到中東的糧食價格出現令人不安的飆漲。他研究高糧價與社會動盪之間的歷史關聯，發現每當聯合國糧食及農業組織（FAO）的糧食指數攀升至二一〇以上時，暴力事件爆發的風險就會飆升。這情況令人不安，因為過去十年，糧食價格一直穩步上漲，期間曾出現極端的波動。NECSI的研究人員發現導致全球糧食成本上漲的兩個主要觸發因素，而且那兩個因素都與美國政策有關。其一是一九九九年大宗商品市場的放鬆管制，引發交易員的投機行為。其二是使用美國玉米製造乙醇，在小布希總統政府的任內，乙醇產量大增。

糧價飆漲，再加上社會動盪及政治不穩加劇的跡象，使巴爾楊預測中東與北非將出現極端的動盪。十二月，他向美國政府報告他的預測。幾天後，二十六歲的突尼西亞蔬果小販穆罕默德·布瓦吉吉（Mohamed Bouazizi）在當地警察的騷擾下自焚身亡，這個事件引發抗議浪潮，並迅速蔓延到其他國家，成為眾所皆知的阿拉伯之春（Arab Spring）。巴爾楊出奇精準的預測，與新興的複雜系統科學，因此一起成為國際關注的焦點。

二〇一一年三月，路透社的一篇報導宣稱：「變化的時代可能很劇烈（革命推翻獨裁者，極端天氣導致數萬人死亡，市場崩盤使人陷入貧困），但是對研究複雜系統的科學家來說，變化的時代是研究的沃土。巴爾楊認為，這種科學是避免社會受到流行病、天災、恐怖主義、氣候變遷、資源枯竭、經濟危機等危險的重要工具。」

巴爾楊指出，目標不單只是預測結果，或是像賭場裡的賭徒那樣權衡賠率，而是找出事情是如何運作的，以及哪裡出了問題，以便在問題爆發以前加以解決。某種程度上來說，這是一種積極主動的保險形式。他對路透社說：「預測是告訴你將來可能發生的事情，這很有幫助，因為必要的話，你可以逃離。但更好的做法是，了解它**為什麼**會發生，這樣我們就可以採取行動，防止事情發生。」

◌◌◌◌

全球金融危機後，巴爾楊開始研究股市這個複雜系統。他宣稱他幫忙發現一種塔雷伯等懷疑論者認為不可能的現象，那就是一種預測市場崩盤的系統，就像索耐特的LPPLS模型可以偵測龍王那樣。二〇一一年四月，巴爾楊和NECSI的一組研究人員發表一篇論文，宣稱他們找到可預示崩盤的內部市場機制。那項研究是分析一九八五年以來的市場崩盤，結果發現，一群股票開始一起上漲或下跌時（研究人員稱之為「**模仿**」），那是市場即將陷入恐慌的跡象。巴爾楊宣稱：「我們已經從數學上證明，有重要的預警訊號可以清楚地告知崩盤即將到來。」

二〇一四年一月，巴爾楊在日內瓦的世界衛生組織（WTO）演講，說明長途運輸對病原體演化的影響。他展示一段影片，顯示各大陸之間的交通增加，如何使伊波拉病毒像野火般在全球蔓延。最初，中非出現一個微小、看似無害的小點；但不久之後，小點迅速出現在歐洲、古巴、美國，然後蔓延到南美、俄羅斯、亞洲、澳洲，最後覆蓋地球大部分地區（除了海洋、南極洲、加拿大北部的大部分地區以外）。全球混合的興起，使世界變得非常不穩又無法預測。「一般預期，以前的經驗可以預測未來的事件，」他後來描述這項研究時寫道，「但在這種情況下，那已經行不通了。」

幾個月後，全球最大規模的伊波拉疫情在西非爆發，病例幾乎每週增加一倍。公衛官員開始追蹤接觸者以控制疫情。但NECSI後來的分析顯示，那樣做沒有效果。首先，多數人一開始並不知道自己感染伊波拉病毒，因為一開始的感覺像普通的病毒感染。此外，在西非的城市中心有許多人共乘交通工具，大家往往不可能知道病人接觸過哪些人。最後，隨著疫情呈指數級擴散，接觸者追蹤員的理想人數上升到不可能達到的水準。有些追蹤伊波拉疫情的人擔心，光是非洲就可能有一千萬人喪生。

巴爾楊與NECSI的同事眼看著追蹤接觸者的做法顯然無效，他們開始規劃替代對策[64]。他們把焦點放在社區層面的干預，在出現感染的地區，限制地區旅行，並透過挨家挨戶的調查，積極找出感染者。這種方法將縮限病毒的活動範圍，直到病毒完全不能再傳播（他們是這樣想的）。他們與美國陸軍工兵部隊（U.S. Army Corps of Engineers）合作，迅速制定一項計畫。巴爾楊聯繫聯合國、疾病控制中心、白宮國安委員會的主要官員。但隨著致命疾病持續傳播，他越來越擔心應對措施的速度不夠迅速。

他越來越驚慌，主動向賴比瑞亞的當地人伸出援手，那裡是伊波拉疫情最嚴重的地方。那是十月，令他欣慰的是，他得知一些社區已經開始實施他提議的方法。醫療團隊帶著紅外線體溫計，挨家挨戶地篩檢發燒的情況。「結果很戲劇性，」巴爾楊在隨後的分析中寫道，「原本呈指數成長的疫情，開始呈指數下降。」

後來獅子山也部署同樣的方法，並獲得同樣的效果。翌年，賴比瑞亞已經完全消滅伊波拉病毒。不久，非洲大陸已經大致控制住伊波拉病毒。巴爾楊說：「如果這是對疫情的最早反應，那可以拯救更多的生命，也可以避免難以想像的苦難以及經濟與社會混亂。」

由於對伊波拉疫情感到不安，巴爾楊以他二〇〇六年的研究〈交通對病毒傳播的影響〉為基礎，寫了一份令人擔憂的報告，標題是〈轉向滅絕：緊密世界中的流行病〉。他指出，歷史上，致命性高的病原體往往一開始傳播得很快，然後隨著它們殺死所有的宿主而耗盡。

然而，就像野火吞噬森林一樣，現代的交通工具「可在一天半內抵達任何地方」，這種連接性為病原體提供更廣大的宿主群。事實上，幾乎**每個人**都可能變成宿主。隨著病原體持續不斷地傳播，人類最終將達到巴爾楊那份報告所說的關鍵時刻：「轉向滅絕」。

也就是說，人類的滅絕。

○○○○

二〇一四年在劍橋市舉行NECSI會議後，巴爾楊開始加入撰寫塔雷伯與瑞德的預防原則論文。當時這份檔案還是相當籠統的草稿，只有幾個章節標題（比如〈為什麼毀滅是嚴肅的事情〉、〈何謂肥尾〉）以及約五頁的文字。他指派助理先為論文填寫內容，但助理覺得很困惑，去找同事諾曼求助。諾曼是NECSI新來的年輕研究員。

「我不知道該怎麼寫。」她說。

諾曼看了一眼草稿，不禁興奮了起來，覺得這個議題很有意思。他心想：「這是很好的論點。」而且，上面還有塔雷伯的名字。諾曼很欣賞塔雷伯的作品，尤其是《反脆弱》。他第一次讀完那本書後，馬上去買了二十本，分送給朋友。

「讓我試試吧。」他說。

諾曼是名副其實出生在一個複雜系統的世界裡。他的父親道格拉斯是複雜系統的工程師，需要把該領域的深奧概念應用到現實世界以打造東西。他的工作包括軍事合約，例如在阿富汗與伊拉克設計及建造空中管制基地。有時，他也在NECSI與巴爾楊合作。

諾曼的成長過程中，家裡到處都是複雜科學的相關書籍。他追隨父親的腳步，在中佛羅里達大學（University of Central Florida）念機械工程系，但後來改念哲學與生物學。他開始迷上生成主義（enactivism）學派。智利生物學家溫貝托．馬圖拉納（Humberto Maturana）與佛朗西斯科．瓦瑞拉（Francisco Varela）在一九九二年出版的著作《知識之樹：人類理解的生物學根源》（*The Tree of Knowledge: The Biological Roots of Human Understanding*）中闡述這門學問，該書深入探究人腦與世界的動態關係。

二〇〇九年，諾曼從中佛羅里達大學畢業，在佛羅里達大西洋大學（Florida Atlantic University）獲得複雜系統與大腦科學領域的博士學位。二〇一四年，他畢業後的第一份工作是加入NECSI，他在那裡合撰的第一篇論文就是《預防原則》。那份論文在塔雷伯、瑞德、諾曼、巴爾楊之間傳了好幾版的草稿。

後來，他們終於在秋天完成論文。二〇一四年十月十七日中午十二點三十分，塔雷伯按下電腦上的按鈕，在康乃爾大學的 arXiv.org 上發表了《預防原則（以及生物基因改造上的應用）》。

按下那個按鈕後，塔雷伯也因此捲入他這輩子遇過最激烈的公共風暴之一。

18 破產是永遠的

摘要——預防原則（precautionary principle，簡稱PP）主張，如果一項行動或政策有可能對公共領域造成嚴重的危害（影響一般健康或整體環境），在科學無法近乎確定其安全性下，不該採取行動。在這種情況下，沒有危害的舉證責任是落在提議採取行動的人身上，而不是反對採取行動的人身上。

這是《預防原則》論文的摘要，後面開始詳述其內容。

長久以來，大家對這項原則的抱怨是：它太含糊了。什麼時候風險高到需要引用這個原則？為了解決這個難題，塔雷伯利用他研究極端事件及設計交易策略，以防範黑天鵝事件的長久經驗。「我們認為，只有在極端情況下，才應該引用預防原則，這是指當潛在傷害是系統性的（不是局部性的），而且後果可能涉及完全不可逆的毀滅的時候，例如人類或地球上所有生命的滅絕。」

這是很強烈的措辭。不過，就像這種複雜問題經常發生的那樣，魔鬼其實藏在資料中。如何判斷系統性風險、不可逆的毀滅風險、局部損害之間的區別？答案與寰宇的交易策略有直接相關。

想像一下，一百名賭徒走進一家賭場，每個賭徒在輪盤上賭一千美元。有些人贏了，有些人輸光了。賭徒五十九號輸錢並不會影響到賭徒六十號。他們走出賭場時，平均獲利是十美元，這對賭場來說可能是糟糕的一天。

現在想像一下，一個賭徒走進賭場，打算在輪盤上連續下注一百次。他把所有的錢都押在紅色上，而且一直這樣做。他可能下一百次賭注嗎？不可能，他只要輸一次就輸光了。如果他在第五十九次下注時輸光賭注，他就無法再賭第六十次。他已經玩完了，是一個輸光（破產）的賭徒。

這是一個破產問題，確切地說，賭徒破產了。破產問題不適用於一個群體一系列不相關賭注的總合平均值，而是適用於一個人在**一段時間內**的軌跡。就是這個問題導致那些沒有妥善管理風險的銀行與避險基金爆掉。他們可能一直運氣很好，連續十次擊敗莊家，但在第十一次押注時輸得一乾二淨。塔雷伯與論文合撰者把這個情況描述為「局部的非擴散性影響」和「導致不可逆與廣泛損害的擴張性影響」之間的差別。

寰宇從來不承擔這種風險。史匹茲納格爾只承受小額損失（像克利普那樣喜歡虧損），如此一來，他就不會像那些肆無忌憚的避險基金，或那些把槓桿開到最大的投資銀行那樣爆掉了（一般散戶把錢投入有股票與債券的共同基金時，並不是在玩破產遊戲，因為市場永遠不會虧損一〇〇%，但他們可能在市場崩盤時看到基金價值大幅縮水，那有損他們的長期財富）。史匹茲納格爾可能流幾滴血，但他不會在一天內大出血致死。

統計資料顯示，一次又一次玩破產遊戲的人，最終一定會爆掉。我們以俄羅斯輪盤這種破產遊戲為例[十四]。塔雷伯與合撰者寫道：「根據破產定理，如果你冒一個機率很小的『一次性』破產風險，然後倖存下來；接著你再次承擔那個風險（另一個「一次性」賭注），如此繼續下去，你遲早會破產。」

預防原則是藉由拒絕承擔可能導致全面系統性危機的風險（「不可逆地大規模終結生命，甚至有可能遍及全球」），來幫人類避免這種毀滅。

B. 破產是永遠的

當傷害的影響延伸到未來的所有時間（亦即永遠），那麼傷害就是無限大。當傷害無限大時，任何預期傷害（非零機率×傷害程度）也是無限大。任何潛在效益都無法拿來彌補無限大的傷害，因為潛在效益必然是有限的。

面臨破產問題時，不要權衡賠率或做成本效益分析。無論效益有多大，都不值得去冒那個險，因為只要這個遊戲一直玩下去，你終究會破產（毀滅），那在數學上是必然的。你玩俄羅斯輪盤時，可能幸運地通過好幾輪，或者第一輪就是最後一輪。「由於破產的『成本』其實是無限的，成本效益分析不再實用。」該論文提到，「在這種情況下，我們必須竭盡所能地避免這場災難。」

由於我們是處理一個非常複雜的系統（**所有的自然與人類**），用來評估風險的模型先天就是有限的。要證明「沒有傷害」幾乎是不可能的。

這使人類陷入一個令人不安的境地。你不能使用證據，因為那需要冒險去看會發生什麼事（當這攸關全人類的存亡時，這是個壞主意），你甚至不能模擬可能的場景，因為這個系統太過複雜了。塔雷伯等人認為，答案是要搞清楚涉及的風險是不是**全面系統性的**。他們寫道：「關鍵問題是有沒有可能造成全面危害。」

這個鏈條中是否有相互依賴的環節，可能造成作者所說的**連鎖反應**，導致危害跨越國界到處蔓延？

十四、一種危險的遊戲，參加者在能裝六發子彈的左輪手槍中，只裝一發子彈，然後將槍口對準自己的頭扳動扳機。

他們寫道：「以二〇〇八年的全球金融危機為例。隨著金融公司在二十世紀的後半葉變得越來越相互依賴，平靜時期的微小波動，掩蓋系統對連鎖失敗的敏感性。我們經歷的不是系統中某個獨立區域的局部衝擊，而是一場有連鎖反應的全球衝擊。」

那次危機只是肥尾事件因通訊能力、交通運輸、經濟相互依存增加而風險變大的一個例子。他們寫道：「我們今天面臨的危險是，我們這個文明是全球相連的，衝擊分布的肥尾擴及全球，對我們不利。隨著連結性增加，滅絕的風險是以非線性的方式急遽攀升。」

7. 脆弱

……預防原則只適用於最大規模的影響，因為維持其結構的系統先天就很脆弱。隨著影響規模增加，危害是以非線性的方式增加，直到毀滅。

複雜系統很容易崩解，因為結構內部的深層互連把一部分與另一部分連在一起。只要扯掉蜘蛛網上的一條線，整張網就會分崩離析。這種影響是非線性的，因為一個微小的干擾就可能導致整個故障。這就好像路克·天行者（Luke Skywalker）的微型質子魚雷在瞬間炸毀死星一樣。

誠如塔雷伯在寄給布蘭德的 Longplayer 信中所寫的，規模很重要。把一塊二十五公斤重的石頭砸向一個人的頭，會造成很大的傷害。扔一萬顆總重二十五公斤的小碎石，並不會造成傷害。

對影響與模型可靠度的不確定，增加破產的風險，因此需要更多的預防措施。塔雷伯等人寫道：「對模型的懷疑越多，意味著對尾部的不確定越多。那就需要對新技術或更大的曝險，採取更多的預防措施。大自然可能不聰明，但它的歷史紀錄比較悠久，那表示遵循它的邏輯時，不確定性較小。」

○○○○

《預防原則》中，有一節內容呼籲全面禁止基改生物。那部分引起外界對這幾位作者的一致抨擊，塔雷伯因其大眾形象最為突出而首當其衝。他們寫道：「基改生物（GMO）及其風險是目前大家爭論的議題。我們認為，它們是適用預防原則的完美範例，因為它們的風險是系統性的。」

塔雷伯等人認為，基改生物背後那三十年的研究，並不足以推論那些對大自然做的廣泛基因實驗是無害的。而且那是一個問題，因為（他們認為）基改生物有尾部事件的風險，也就是有破產風險。如果一種基改水稻以某種方式開始在野外與天然水稻雜交，或者，如果新的DNA被導入某種其他生物中（例如細菌），那結果是未知的。即使那些風險很小，但它們的存在也需要套用預防原則。他們說，那些支持基改生物的人需要毫無懷疑地證明生存風險幾乎是零，那確實是非常嚴峻的挑戰。

槓上基改支持派是有風險的。批評基改生物的人，常被貼上反科學陰謀派的標籤。有些人甚至把批評基改的人和反疫苗或否認氣候變遷的人混為一談。這對瑞德來說是一大諷刺，畢竟多年來他一直在對抗那些否認氣候變遷的人。瑞德認為，反對在養活地球大部分人口的農作物上大規模地實施一種新的工程方法，並不是「反科學」；當一項技術可能有很大的潛在風險時，對於該技術的推行提出邏輯、哲學、倫理、政治、統計問題，也不是「反科學」。塔雷伯等人想要改變這個辯論。他們覺得那不是「**科學VS反科學**」，而是「**肆無忌憚VS謹慎預防**」。

他們在論文中指出，基改生物可能「失控地傳播」，因此無法局限在局部——它們可以跨越國際障礙，像病毒一樣，並以非線性的方式在地球的生態系統中擴散。它們的影響無法測試，因為自然界太複雜了，充滿隨機性和混亂。簡言之，引入新的基改物種是一次危險的擲骰子。

他們認為，基改生物與選擇性耕作或某種作物的不同類型雜交（例如玻利維亞的玉米與愛荷華州的玉米雜交）不同。選擇性育種是緩慢的，需要經過好幾個世代才能完成。那通常是局部性的，萬一出錯，在傳播之前就會消亡。他們寫道：「透過選擇性育種來稍微改變生物的基因組成，是一個有悠久歷史的漸進選擇過程。那與由上而下的基因工程，直接把魚的基因植入番茄中，是截然不同的。這裡需要採用預防原則，因為我們不想在對環境與健康造成很大的不可逆傷害後，才發現錯誤。」

基改生物的支持者常提出一個論點：禁止基改生物會增加飢荒的風險。對此，該論文指出，普遍的飢荒往往是糟糕的經濟與農業政策造成的。如果有其他的方法可以解決問題（例如，改善從盛產區到缺糧區的交通運輸），那就不值得冒災難的風險（即使災難再怎麼短暫都不值得）。供應鏈追蹤公司 Wiliot 的資料顯示，世界上生產的食物中，約三分之一浪費掉了。避免其中的一部分遭到浪費，對於解決世界上的飢荒問題大有幫助。

該論文寫道：「有鑑於美國對引進基改生物的監管有限，以及引進那些基改生物對全球的影響，我們正面臨一個典型的破產問題。」

另一個問題是化學除草劑的大量累積及環境中的殺蟲劑，因為有一種基改目的是使植物對化學物質（如除草劑年年春〔Roundup〕）產生抗藥性，那將鼓勵這些化學物質在世界各地大規模傳播。如此造成的除草劑廣泛使用，相當於對全球環境進行一次大規模的實驗。少量測試的話，風險可能很小。但全球測試的話，那風險會加劇，可能變成系統性風險——有如對大自然投擲一塊巨石，而不是一堆小碎石。

其中一種風險是孟山都公司一直輕描淡寫、避重就輕的：除草劑年年春無法殺死的雜草會演化，它們對作物的傷害比以前的雜草更大，就好像對疫苗產生抗藥性的致命病毒一樣。這種事情確實發生了。二〇一〇年代的中期，一種名為帕爾默莧菜（Palmer amaranth）的超級雜草長得很快，它對年年春產生抗藥性。到了二〇二〇年代的初期，它已經蔓延到美國的二十幾州，使那些完全依賴年年春的農民不堪其擾。這種雜草可使大豆與花生減產六八%，玉米減產九一%。二〇二一年一月，一項雜草研究警告：「對除草劑有抗藥性的雜草，尤其是對多種除草劑都有抗藥性的雜草，對全球的糧食生產構成嚴重的威脅。」[65]

年年春的其他問題也出現了。二〇一八年，德國的製藥巨擘拜耳（Bayer）收購孟山都。二〇二〇年，拜耳同意支付一百億美元的和解金，以終結數千起年年春致癌的指控。儘管後來達成了和解，拜耳仍堅稱年年春是安全的。

不只年年春有這樣的問題。實驗性的人造化學物質隨處可見，到處都有。連珠峰的頂端及全球海洋的最深處都可以看到塑膠的蹤影。二〇二〇年，地球正接近（甚至可能已經超過）化學汙染的臨界點。斯德哥爾摩應變中心（Stockholm Resilience Centre）和其他地方的十四名科學家做了一項全面性的新研究。他們發現，一九五〇年以來，化學品的生產增加五十倍。該研究預測，到了二〇五〇年，化學品的生產會再增加兩倍。該研究警告，這種失控的超大生產，正把全球生態系統推過一條「星球極限」，超過那條極限後，生態系統就無法恢復了。蘇格蘭聖安德魯斯大學的生物學家伊恩・博伊德（Ian Boyd）在接受《衛報》採訪時，談到這項新研究：「環境中的化學物質越來越多，這種現象廣泛存在，而且隱含危害性。我們對正在發生的事情視而不見。在這種情況下，當我們不確定這些化學物質的影響時，我們更需要對新的化學物質以及排放到環境中的化學物數量，採取更謹慎的預防措施。」[66]

○○○○

《預防原則》在網路上發表後，迅速在基改專家之間流傳。他們不僅不認同，還把這些作者歸為反疫苗陰謀論者的同類，或是更糟的類別。創立「我們愛基改與疫苗」網站的中學教師史蒂芬・內登巴赫（Stephan Neidenbach）甚至把塔雷伯比作希特勒。當時聘請塔雷伯當教授的紐約大學收到數百封抗議那篇論文的信件，有些人鼓吹解聘他。塔雷伯在職涯中雖然遇過很多爭議，但從未見過如此尖刻的言辭。

他在推特上多次與他所謂的基改「騙子」或「宣傳者」起爭執，使他不禁在網上破口大罵那些人是**白癡**、**賤貨**、**壞蛋**、**畜生**。塔雷伯的這一面是讓一些朋友感到最困擾的。他把推特視為智力競技場，像一個瞪大眼睛的先知那樣，在那裡與「敵人」交戰，譴責對方是異端邪說，並做出無情的評論。受害者形形色色，從隨機的無名小卒到諾貝爾獎得主都無法倖免。他採納友人羅里．薩特蘭（Rory Sutherland）的建議，薩特蘭是奧美英國公司（Ogilvy UK）直言不諱的副董事長，他喜歡打趣說，花是有廣告預算的雜草。他告訴塔雷伯，他建議執行長要粗魯無禮，罵髒話，因為那樣做讓他們看起來更真誠，也顯示他們不受社會規範的約束。然而，塔雷伯那種無情謾罵與幼稚侮辱，也損害他在朋友與敵人眼中的聲譽。不過，顯然他根本不在乎這些。

這不是他後來才發展出來的新特質。認識塔雷伯幾十年的人說，他向來有這樣犀利的一面，那是他在紐約與芝加哥當交易員時磨練出來的性格，在那些地方，像酒醉水手那樣飆髒話是先決條件。許多人諒解他這種出言不遜的方式，把它當成聽塔雷伯直言不諱的代價。經濟學家兼部落客諾亞．史密斯（Noah Smith）曾寫道：「塔雷伯是個大老粗，滿口髒話，但我很喜歡他。」[67]或許只有這種粗魯的人（有時是非常粗魯），才能有效地譴責華爾街的絕大多數人是一群騙子。常批評他的友人布朗告訴我：「如果他更有禮貌，應該不會獲得那樣的關注。你溫和有禮地說話，人家把你當耳邊風。你必須大罵每個人都是白癡、都是江湖騙子，大家才會注意聽你在說什麼，那才是問題所在。」

儘管塔雷伯等人對基改生物與其他形式的基因操縱發出警訊，但基改這個精靈已經從瓶子裡釋放出來了。基改生物隨處可見，美國市場上約九〇%的玉米、大豆、甜菜是基改作物。隨著全球暖化改變世界各地的氣候，立意良善的科學家正努力設計耐高溫、耐旱、抗氣候變遷副作用的作物。布蘭德那種「我們就像神一樣」的世界觀方興未艾。

○○○○

二〇一五年，塔雷伯、瑞德、巴爾楊、諾曼寫了一篇簡短的論文，把預防原則應用在另一種全球風險上：全球暖化失控。他們寫道，氣候變遷的政策辯論，往往在討論模型的準確性。相信模型的人主張要採取具體行動以抵禦即將到來的損害。懷疑模型的人則是指出模型的不確定性，並表示沒有足夠的證據足以支持激進的行動。

這幾位作者提出一個耐人尋味的問題。如果我們根本沒有可靠的模型，那怎麼辦？「即使沒有任何精確的模型，我們仍然可以推斷，汙染或顯著改變環境可能使我們陷入未知的狀況，而且毫無統計紀錄可以參考，還有可能產生嚴重的後果。」[68]

「我們只有一個地球。」他們寫道，「這個事實從根本上限制適合大規模承擔的風險類型。即使是機率很低的風險，當它可能影響所有人時，也變得無法接受。想要逆轉那種規模的錯誤是不可能的……把一個複雜的系統推向極限，它就再也回不來了。」

結論是：「不管氣候模型告訴我們什麼」，都要減少二氧化碳的排放。

○○○○

二〇一八年，塔雷伯出版《不對稱陷阱》一書，再次提到預防原則。該書是他所謂「不確定」（Incerto）系列的第五本，那個系列是研究如何在一個充滿極端不確定性的世界裡生活與行動，包含《隨機騙局》、《黑天鵝效應》、《反脆弱》，以及一本格言書《黑天鵝語錄》（*The Bed of Procrustes*）。《不對稱陷阱》就像塔雷伯的所有著作一樣，涉及的面向很廣，探討的主題從複雜理論到行為心理學，再到不同政治制度之間的比較差異（民主VS獨裁），不一而足。基本上，那是一本關於美德的書，而美德是由是否有切膚之痛來定義。那些在公司倒閉時毫無受損的銀行家（塔雷伯稱之為「魯賓交易」），就是沒有切膚之痛。相反的，在崩盤中可能損失很大一部分財富的避險基金經理人，**確實有**切膚之痛，因此更有動機去避免基金爆掉（雖然很多基金經理人還是爆了）。

對投資者來說，塔雷伯最突出的觀點是出現在最後一章〈承擔風險的邏輯〉。他在那一章中比較兩種不同的風險分析方法：「集群機率」（ensemble probability）與「時間機率」（time probability）。回想一下有助於定義破產問題的兩種賭博思考方式。第一種，一百名賭徒在輪盤下注一千美元。有些人贏了，有些人賠光了。如果第五十九號賭客賠光了，那並不影響第六十號賭客，整群賭徒的平均獲利可能是十美元，這就是「集群機率」。

第二種賭博是一個賭徒在輪盤下注一百次，每次都把所有的錢押在紅色上。這種賭徒永遠無法賭到一百次，這就是以「時間機率」的方法來看待風險，結果深受時間順位的影響。塔雷伯認為，這才是思考風險的正確方式，尤其是可能破產的情況。雖然「時間機率」顯然是現實世界運行的方式，但現代金融大多不是用這種方法來權衡市場風險。現代金融理論喜歡計算所有賭徒的平均值，並以那個平均值來代表個別賭徒承擔的風險。根據這種觀點，在一輪俄羅斯輪盤賭中，倖存下來的機率是八三%，不算太差。但即使出價一百萬美元，幾乎沒有人願意冒這個險。

承擔集體賭注的平均風險，等於隱藏災難（賭徒破產）的風險。誠如塔雷伯在《不對稱陷阱》中所寫的：「如果一條河的**平均**水深是一百二十公分，那絕對不要渡河。」透過這樣的思考，「二十幾年前，我和史匹茲納格爾等實務工作者建立起整個事業生涯……雖然我退休後到處漫遊，史匹茲納格爾仍繼續在他的寰宇公司孜孜不倦地努力著，而且經營得相當成功。」

這些相互關聯、自我強化的極端風險情境，正是預防原則適用的地方。在「時間機率」的領域，每次擲骰子或旋轉輪盤都是相互關聯的，不能分成獨立事件，然後再平均計算。同樣的，當面臨風險的人之間有相關性與連結時，就會發生系統性風險。一個人死在浴缸裡，並不會增加他的鄰居死在浴缸裡的風險。一個人死於傳染病，**確實會**增加他的鄰居也罹病死亡的風險。當這種風險變成系統性風險、對整個社會構成潛在的毀滅時，就需要採取極端的預防措施。

○○○○

塔雷伯把他從華爾街記取的經驗，應用到世界上日益嚴重的威脅，但他不是唯一這樣做的系統性風險專家。在二〇一〇年代，鮑勃·利特曼（Bob Litterman）曾為高盛（Goldman Sachs）管理全球最大的股票投資組合之一。他把數十年的風險管理技能，應用到最嚴重的威脅之一：全球暖化。

他與塔雷伯不一樣。塔雷伯迴避模型，認為氣候變遷的預測充滿不確定性，所以需要採取極端的預防措施。利特曼則是建構一個模型，該模型建議的預防方法，跟混沌之王採用的方法一樣：當風險事關存亡時，你應該趁早慌。

19 那太遲了

利特曼開著特斯拉，在紐澤西收費公路上行駛，暴雨打在擋風玻璃上。那是二〇一四年十二月六日週六，利特曼與妻子瑪麗正期待前往紐約市，與朋友共進晚餐，欣賞百老匯的節目，度過開心的夜晚。他把特斯拉的巡航定速設為時速一百一十五公里。車子接近花園州高速公路（Garden State Parkway）的岔道時，瑪麗尖叫了起來。

「哦，天啊！鮑勃，小心！」

他看見遠處有一輛大卡車，但那台車不知怎的，怪怪的……它正在**彈跳**，著火了，而且正以高速朝著他們開過來。

利特曼告訴自己：「集中注意力，這可能很棘手。」他猛踩煞車，以些微的差距閃過那台油罐車，當然也逃過了死劫。那台十八輪的卡車有如一枚載滿九千加侖汽油的炸彈，它爆炸了。如果利特曼當時沒有用力地踩煞車，他的特斯拉會剛好開到那個爆炸點。這種與死亡擦身而過的體驗，為現實世界的風險管理提供經驗教訓，日後他也把它應用在全球暖化失控的致命威脅上。

二〇二〇年三月，曾在紐約高盛擔任高層兼風險經理的利特曼搭乘火車，從紐澤西州前往華盛頓特區，到參議院的委員會前，為全球暖化的代價及處理方案作證。當時他和全球數百萬人一樣，驚慌地看著感染新冠病毒的病例持續增加。他不再握手，而是以碰手肘的方式取代。

利特曼越想越覺得，疫情與氣候危機之間的相似處令他不安。在高盛任職二十三年退休後，他就一直關注氣候危機。如今新冠肺炎陷入失控狀態，世界未能阻止病毒的擴散，眼看著疫情即將像大火般四處肆虐。他覺得，全球暖化也是如此。不確定性，以及化石燃料業的持續欺騙與否認，導致世界陷入癱瘓。真實的大火正在燒毀森林。

利特曼在參議院作證幾個小時後，我在華盛頓特區與他見面。那是我和他最後一次當面相見，因為新冠疫情爆發後，全美各地開始封城。利特曼告訴我，他擔心新冠病毒很快就會變成全球疫情，他說的沒錯。

「這是遇到風險管理問題的完美例子：它很緊急，你不知道你還有多少時間可以處理。」他說，「對於新冠病毒，我們浪費好幾週的時間。」氣候問題也是如此，「我們必須馬上踩煞車。」他指的是碳排放，以及上次遇到油罐車起火的經歷。

換句話說，就是趁早慌。

不過，說到全球暖化，所謂的「早」，是一個令人擔憂的相對用語。許多氣候專家會說，「早」是指二〇〇〇年或一九九〇年。利特曼說：「那太遲了。」

這位前風險經理是名副其實以實際行動證明自己的話。他十年前離開高盛後，加入一家管理二十億美元資產的紐約避險基金，名叫奇保斯資本（Kepos Capital）。奇保斯的投資策略，是賭大家會從使用化石燃料迅速轉變成使用潔淨能源，也就是說，是押注氣候混亂的效應。它會放空一批能源股（石油鑽探商、煤礦股），然後投資潔淨能源股，以及其他可從轉型中受益的資產（不過，由於中國有大量燃煤電廠及猖獗的工業汙染，又是可再生技術供應鏈的關鍵組成，「潔淨能源」是一個相對用語）。這個策略是在賭氣候危機將持續加劇，最終將導致一般投資者放棄那些造成氣候危機的汙染產業。雖然二〇二二年俄羅斯入侵烏克蘭後，油價上漲使這種策略暫時受挫，但利特曼毫不懷疑，化石燃料業的長期發展肯定會沒落，潔淨能源則有無限的前景。

當天我們見面時，這位頭髮花白的六十八歲華爾街資深人士剛在參議院的民主黨氣候危機特別委員會發表談話，羅德島州的參議員謝爾登．懷特豪斯（Sheldon Whitehouse）是委員之一。利特曼穿著優雅的灰色西裝，藍色襯衫，打著領帶，他呈現出來的形象，與指控石油公司很邪惡的環保狂人截然不同。不過，他的言語仍流露出強烈的擔憂。

「我們沒有為氣候風險定價，沒有制定適當的減排激勵措施：這是可悲、而且可能是災難性的錯誤。」他告訴現場的參議員，「目前的激勵措施，是把資本導向**增加**排放的方向，那會導致溫室氣體在大氣中不斷累積，使地球及後代子孫的福祉永久受損的風險迅速增加。」

接著，他提出一個似乎直接源自預防原則的觀點。他說：「風險管理的首要原則，是你必須考慮最糟情境。」

關於全球暖化，**最糟情境**是無限的，超出模型的範圍，這是破產問題。當你不知道自己的風險時，就無法為它們做合理的定價。它們是未知的未知，不能用成本效益法來衡量。利特曼對參議員說，金融危機就是發生這樣的狀況。抵押貸款中累積的系統性風險，沒有得到適當的定價，所以爆炸了。如今，社會沒有對全球暖化的風險做適當的定價。事實上，政府還提供化石燃料公司數十億美元的稅賦優惠，那是在補貼大氣汙染。

「時間非常重要。」利特曼說。

時間耗盡時，只能面臨災難。時間正一分一秒地流逝，「我們不知道，在地球的氣候系統被迫超越災難性的臨界點以前，我們還有多少時間。一旦超越那個臨界點，後果是非線性且不可逆的。」

利特曼講完後，換鋒裕匯理（Amundi Group）的投資長弗雷德里克・薩瑪馬（Frederic Samama）向委員會講話。鋒裕匯理是歐洲最大的資產管理公司，管理一・八兆美元的資產。「今天，我的證詞是把焦點放在《綠天鵝》（*The Green Swan*）上，這是最近我與法國央行、國際清算銀行、哥倫比亞大學的作者合寫的一本書。」他開始說，「各國央行現在意識到，氣候變遷威脅到金融穩定。要嘛我們什麼都不做，把人類置身險境，要嘛我們調整管理系統的方式。」[69]

令人畏懼的挑戰是：眼前的任務如此艱巨，甚至威脅到全球經濟的金融穩定。

薩瑪馬說：「這是該書作者提出『綠天鵝』概念的原因，靈感是來自塔雷伯的黑天鵝理論。綠天鵝是一個非常確定的事件，有多個非線性、相互作用的原因，威脅著地球上的生命。氣候變遷就是綠天鵝的一個例子。」

那個麻煩的字眼又出現了：**非線性**。

薩瑪馬說：「氣候變遷帶來各種非線性、相互作用的風險：實體風險、監管風險、社會風險。建構如此複雜的模型非常困難。」氣候變遷可能導致極端的短期損失，甚至導致一大部分的人類滅絕。他說，過去四十年來，極端天氣事件多了三倍。他警告，更多的熱浪、乾旱、颱風、流行病、海平面上升即將到來。

聽到當天的證詞，有人可能會想像，那些參議員彷彿遭到格蕾塔或瑞德的嚴厲指責，而不是聆聽退休的高盛計量分析師與歐洲最大的基金管理公司的高層發表證詞。金融界確實正從氣候災難中覺醒，因為大筆資金以及人類的命運岌岌可危。

是不是太晚了？

利特曼告訴我：「可能吧。」地球可能已經過了關鍵的臨界點。永久凍土層融化了，釋出大量甲烷；冰河不斷縮小；潮汐上漲與超級風暴。他很清楚，全球暖化可能導致一系列事件，那些事件可能啟動自我強化的回饋迴圈，從而引發難以想像的災難。然而，他認為，有權採取行動以扭轉這輛超級油罐車的人，是現代最不正常的審議機構的成員，也就是二〇二〇年三月那天他發表講話的對象：美國國會。

○○○○

利特曼向來很擅長在不同領域之間切換。在學術生涯中，他可以輕鬆地從一個領域轉到另一個領域。他本來在史丹佛大學讀物理系，但那時正值越戰高峰期，他不確定抽象的理論物理界是當時的最佳領域。於是，他轉到當時史丹佛剛成立的人類生物學系。那個系橫跨許多學科，融合生物學、心理學、人類學與歷史學。他從那個系中學到一個終身難忘的概念：

了解人類行為需要了解**動機**。這個概念也是他接下來研讀那個領域的關鍵學門：經濟學。

他也為校報《史丹福日報》工作，並成為《時代》雜誌的特約記者。他在《聖荷西信使報》（*San Jose Mercury*）實習。一九七三年畢業後，他的第一份工作是在《聖地牙哥聯合報》（San Diego Union）當記者。但新興的電腦程式設計領域令他癡迷，吸引他重返校園，到加州大學聖地牙哥分校讀經濟系，以便接觸學校的電腦。他在那裡認識未來的妻子瑪麗，不久，瑪麗決定搬回明尼蘇達州的老家。他跟著瑪麗遷移，轉學到明尼蘇達大學的經濟系，那裡的教授深受芝加哥經濟學派的影響，強調米爾頓・傅利曼（Milton Friedman）與喬治・史蒂格勒（George Stigler）的自由開放市場理論，以及尤金・法馬（Eugene Fama）的效率市場假說。

在學校的電腦中心工作期間，他回答學生提出的程式設計問題，並為學校的統計套裝軟體提供支援。他的電腦技能引起系裡兩位年輕教授的注意：湯姆・薩金特（Tom Sargent）與克里斯・西姆斯（Chris Sims），這兩人後來榮獲了諾貝爾獎。利特曼花時間研究西姆斯建議的一個深奧主題：向量自我迴歸（vector autoregressions）。那是使用過去的經濟變數來預測當前或未來的變數，例如觀察利率與就業水準以算出未來的經濟成長。這些自我迴歸產生的預測，成為利特曼論文的基礎，也成為他未來職涯**計量經濟學家**的基石。所謂的計量經濟學家，不過就是一個花俏的詞彙，用來指那些使用複雜的數學與電腦程式來做預測的人。

他第一次嘗試預測就失敗了。由於有太多的自由參數需要估計，導致結果太多，顯然與現實狀況不符。在西姆斯的建議下，他嘗試一種統計方法，結合兩個來源的資料：正在觀察的變數（例如利率），以及根據先前歷史事件的單獨機率分布（例如年度經濟成長率）。歷史資料有助於把預測固定在現實世界中，以及防止預測失控。然後，隨著新資訊的出現，再根據公式，向上或向下調整結果。

利特曼發現，這種方法的效果好很多。事實上，他發現，賦予歷史資料更多的權重，而不是關注雜亂變數中的關係，可以提供最好的預測。

他的研究讓他在明尼亞波里斯聯邦準備銀行（Minneapolis Federal Reserve）找到工作，他在那裡精進了預測技巧。在麻省理工學院短暫執教後（他在那裡記取一個重要的教訓：他討厭教書），他專心協助創辦一家公司，那家公司是銷售經濟預測的統計軟體RATS，RATS是時間序列迴歸分析（Regression Analysis of Time Series）的縮寫。隨後，他又回到明尼亞波里斯聯邦準備銀行。在那裡，他的自我迴歸研究變成該銀行衡量經濟溫度的主要工具。

他記取的另一個重要教訓是：他發現，以過去的經濟溫度來預測未來的經濟溫度很難，不確定性的一大原因在於聯準會政策的隨機性。聯準會的一個關鍵角色，是不時地刺激金融體系，讓它從糟糕的經濟狀況中復甦。通膨太高了，那就升息；經濟低迷，那就降息。銀行與企業等經濟行為者，通常無法料到這類干預的確切時機，這些政策的結果可能是混亂的。因此，即使那些模型能夠根據過去的事件做出準確的預測，但混亂的刺激往往導致那些準確預測變得毫無價值。

一九八六年，高盛聯繫利特曼，該公司一直在探索計量交易策略。高盛最有名的員工是經濟學家費雪・布萊克（Fischer Black），他是布萊克—休斯的選擇權定價模型的共同開發者，也是效率市場假說的堅定信徒。一九八六年，布萊克面試了利特曼。

「利特曼，你是計量經濟學家，」他說，「你憑什麼認為計量經濟學家可為華爾街貢獻價值？」

利特曼被問倒了。為什麼計量經濟學家在華爾街沒有價值？在求職面試中，被布萊克這樣的大師問到這種問題，簡直是挑戰。利特曼能想到的最好回應是：「我想，可能有一些參數需要估計吧。」布萊克認為，靠預測經濟來賺錢是不可能的。那是隨機的，是一次又一次的拋硬幣。計量經濟學家試圖在經濟因素之間（例如利率與油價）找到相關性，以期預測未來的結果。在一九八二年的論文〈計量經濟模型的問題〉中，布萊克說那是白費功夫，那混淆了相關性與因果關係（布萊克在貼近觀察高盛的賺錢機制後，很快就發現，雖然從教授的講台上看，市場看似有效率，但大型投資銀行可從隨處可見的市場無效率中榨取大量的金錢）。

儘管布萊克心存疑慮，高盛還是雇用利特曼，讓他加入高盛的固定收益部門。不久，公司就要求他幫日本客戶（當時確實是非常富有的客戶）建構全球固定收益的投資組合。他去找布萊克幫忙。

布萊克說：「我的態度向來是從簡單的開始，如果那無法發揮效用，你總是可以再做一些更複雜的事情。」他建議使用一個根據馬可維茲的現代投資組合理論建構的標準風險報酬模型，那個理論鼓勵多角化投資（那正是史匹茲納格爾與塔雷伯鄙視的作法）。

結果沒效，至少一開始是如此。後來做了一系列的調整，再加上根據向量自我迴歸開發的新方法後，利特曼最終設計出一個模型，可以根據投資者的風險偏好，得出最適的資產配置。那個模型後來稱為布萊克—利特曼模型（Black-Litterman model），日後變成世界上最具影響力的資金管理工具之一。

一九九四年，利特曼晉升為高盛的風險管理長，但他更感興趣的是，使用他與布萊克開發的模型來做交易。在升任風險管理長的一年前，他曾向高盛的管理合夥人（未來的紐澤西州州長）喬恩·科爾津（Jon Corzine）申請投資組合管理部的一個職位。科爾津說：「不行，利特曼，我們為你安排更重要的任務。」

約莫那個時候，高盛聘請那時剛嶄露頭角的超級新星艾史尼斯，他是芝加哥大學經濟學家法馬的門生。一九九五年，艾史尼斯成立一個名為Global Alpha的交易部門，那個單位迅速成為高盛與其合夥人的搖錢樹，一九九六年與一九九七年的報酬率分別是九三%與三五%。利特曼對艾史尼斯的績效感到驚訝，也很高興得知艾史尼斯使用布萊克－利特曼模型，以及他在麻省理工學院短暫執教後幫忙開發的電腦程式RATS。艾史尼斯於一九九七年離開高盛，在格林威治創立AQR。

不久之後，利特曼終於如他所願，開始涉足交易。他開始為高盛資金管理公司（Goldman Sachs Asset Management，這是高盛的機構資產管理事業）設計計量策略。到了二〇〇〇年代中期，他的團隊，名為計量資源團隊（Quantitative Resources Group，簡稱QRG）——已變成全球最大的避險基金，管理的資產約一千五百億美元。

那一千五百億美元的資產在二〇〇八年受到重創。全球金融危機摧毀許多避險基金（除了寰宇那樣的例外）。高盛的共同營運長（後來獲得川普延攬）蓋瑞．科恩（Gary Cohn）接管了公司，試圖控制公司的損失。利特曼那時已經準備退休，他提出一些建議，但不再參與日常管理。

那段期間，高盛的營運長賴瑞・林登（Larry Linden）邀他共進午餐。

「你擔心環境嗎？」林登突然問道。

「我現在還有點忙。」利特曼回應。

但種子已經種下了。林登後來離開高盛，成為世界自然基金會（World Wildlife Fund，簡稱WWF）的主席。二〇一〇年，利特曼離開高盛，很快又與林登重新聯繫，林登邀他加入世界自然基金會的董事會。他也加入高盛一位前同事在同年創辦的奇保斯資本。

利特曼派給自己的首批任務之一是：解決全球暖化帶來的可怕經濟問題。過程中，他變成氣候變遷界的百變達人。他與魯柏・梅鐸（Rupert Murdoch）的左派兒媳凱薩琳・梅鐸一起擔任氣候領導理事會（Climate Leadership Council）的共同主席；加入Ceres（推動公司披露碳排放量和其他環境風險的組織）、氣候中心（Climate Central）、未來資源（Resources for the Future）、伍德威爾氣候研究中心（Woodwell Climate Research Center）、史丹佛伍茲環境研究所（Stanford Woods Institute for the Environment）、史丹佛自然資本專案（Stanford Natural Capital Project）等機構的董事會。他也擔任華盛頓特區中間偏右的智庫尼斯卡南研究中心（Niskanen Center）的董事長，該智庫主張對碳排放徵稅。

利特曼鑽研氣候變遷經濟學的具體細節時，發現這個領域有一個大問題。沒有人知道如何為全球暖化帶來的風險定價。他認為，那些嘗試過的人都做得很糟。

利特曼心想：「我知道如何為風險定價。」

氣候經濟學領域的權威是說話溫和的耶魯大學教授威廉・諾德豪斯（William Nordhaus）。他因畢生的研究，於二〇一八年與紐約大學的經濟學家保羅・羅默（Paul Romer）一起榮獲諾貝爾經濟學獎。諾德豪斯早年在明尼蘇達州的聯邦準備銀行擔任總經學家時，利特曼曾與他有短暫的接觸。

一九七〇年代中期，諾德豪斯在維也納度學術假時，開始專注全球暖化問題。他與一位氣候學家共用一間辦公室，那個人告訴他這個新出現的問題，當時全球暖化只是一小群專家以及埃克森美孚（Exxon）的科學家的臆測而已。在接下來的十五年裡，諾德豪斯致力建立一個模型，以整合氣候科學與經濟學。

他因此建構出「動態整合氣候經濟模型」（Dynamic Integrated Climate-Economy，DICE）。該模型檢視一系列相互關聯的因素，如人口、經濟成長（或衰退）、油價、全球暖化的各種影響。那是非常複雜的挑戰，部分原因在於這些因素之間的連結與動態，裡面充滿回饋迴圈。暖化加速，以及其可能造成的經濟傷害，可能會反常地減緩變暖，因為在經濟成長減緩下，排放量會減少。低排放可以限制損害，促進經濟成長並導致排放增加。

最重要的目標是：為碳排放定價。碳定價想要解決的核心問題是，排放是經濟學家所說的外部性，亦即成本不是由資源使用者承擔。由於把碳排放到大氣中幾乎不必負擔代價，我們以化石燃料啟動的現代文明其實正在剝奪後代子孫的經濟機會，因為總有一天，這種累積要嘛必須移除，要嘛可能造成無法承受的巨大經濟破壞。今天給碳定價，可以把成本拉回現在。那可以限制碳的消耗量，並鼓勵大家尋找替代能源。如此一來，碳與社會成本有了關聯。我們可以算出全球暖化將使人類付出多少代價，以及阻止或減緩全球暖化需要花多少成本。

諾德豪斯最終為碳的社會成本算出一個價格區間：約每噸三十美元到四十美元。這個價格會隨著時間的推移而逐漸上升，以逐漸減少經濟循環中的碳排放。

諾德豪斯的分析令利特曼感到困擾。這位耶魯大學教授思考風險的方式像經濟學家、學者一樣，而且不像華爾街的風險經理那樣，考慮到那確實攸關大筆金錢。諾德豪斯使用一個複雜的公式，為極度不確定的情境下，遙遠未來的預期經濟損失，賦予一個現在的價格。利特曼心想：「這太瘋狂了！」你為風險定價時，需要的是：潛在結果的全面機率分配，尤其是**災難性的結果**。保險公司可以在許多獨立事件中分散風險，他們只擔心預期損失。風險被分散了，轉嫁給其他各方。但是，沒有人能夠提供保險時（例如核戰），你絕對必須擔心最糟的情境（亦即破產問題），並增加風險溢價。利特曼認為，計算風險溢價是華爾街風險定價的本質（當然，塔雷伯認為這種「黑天鵝」風險是無法定價的）。

面對氣候風險，你需要做的是：現在馬上踩煞車。

利特曼開始研究為碳定價的模型。二〇一九年，他與哥倫比亞大學商學院的肯特・丹尼爾教授（Kent Daniel）及氣候經濟學家格諾特・華格納（Gernot Wagner）一起推出所謂的EZ氣候模型（EZ-Climate）。與諾德豪斯不同的是，該模型要求對碳排放設定極高的價格：每噸超過一百美元。

他們寫道：「壞消息代價高昂，遲來的壞消息代價更高，因為那更難以更積極的政策加以抵銷。由於我們無法預知好消息或壞消息何時到來，這正是及早做好準備的保險價值。」[70]

○○○○

二〇二〇年利特曼到參議院作證後，飛往加州。隨著疫情一個月又一個月的持續，搭機橫越東西岸確實變得非常危險，所以他和妻子決定長期留在加州。他們賣掉在紐澤西州肖特山莊（Short Hills）的房子，那感覺很奇怪。他們離開那個地方去旅行時，本來以為下週就會回家，現在卻再也看不到它了。

利特曼有很多事情要忙。他獲任為商品期貨交易委員會（Commodity Futures Trading

Commission，簡稱CFTC）的一個高階小組負責人，負責調查及報告全球暖化對金融界的風險。參與該專案的公司包括摩根士丹利、彭博社、美國酪農合作社（Dairy Farmers of America）、花旗集團、英國石油、環境保護基金會（Environmental Defense Fund）、先鋒集團（Vanguard）、康菲石油（Conoco Phillips）、CalPERS、摩根大通。

這項研究於二〇二〇年九月發布，針對穩步上升的全球氣溫中所潛藏的危險，提出驚人的發現：

- **氣候變遷對美國金融體系的穩定及其維持美國經濟的能力，構成重大的風險。**
- **我們並不知道監管機構的主要擔憂。**
- **與此同時，金融界不該只是被動因應，而是應該提出解決方案。**

這份報告有一百九十六頁，利特曼在前言中寫道：「在這份報告定稿之際，美國正陷入全球疫情中，因新冠疫情死亡的人數已逾十八萬人，經濟也隨之崩解。」他提到疫情與全球暖化之間的相似之處，包括拖延解決這兩個問題「可能是毀滅性的」。

這份報告是在二〇二〇年總統大選期間發布的，當時大家對新冠疫情的擔憂正在發酵，喬治．佛洛伊德（George Floyd）遇害在全美各地引發抗爭，所以這份報告幾乎沒有引起任何關注。利特曼並不感到意外，但他希望這份報告可做為未來解決這個問題的藍圖。

他也相信，加入CFTC委員會的化石燃料巨擘說他們想要幫忙是真誠的。許多公司公開呼籲徵收碳稅，雖然沒有人希望碳排放稅接近EZ模型建議的每噸一百美元。「我想他們已經變了，」利特曼告訴我，「我真的認為他們是真誠的。他們看到了這一天的到來，希望參與改變。」

參議員懷特豪斯曾在三月主持那場利特曼作證的參議院聽證會，他對此表示懷疑。他告訴利特曼，化石燃料公司雖然**口頭上表示**他們支持為碳排放定價，但他們的遊說組織仍在幕後反對。

二〇二一年六月，英國綠色和平組織（Greenpeace UK）公布一份祕密錄音。在那段錄音中，埃克森美孚的遊說者基斯．麥考伊（Keith McCoy）吹噓，這家石油巨擘支持碳稅是「拿來說嘴的好話題」，但永遠不會發生，這至少揭露了部分的真相。麥考伊說：「沒有人會提議對所有的美國人徵稅。我內心憤世嫉俗的那一面說：『是啊，我們對那種事略知一二。』」

20 賭博

二〇二一年一月二十七日，原子科學家公報表示，末日時鐘距離象徵世界末日的午夜零時剩一百秒，也就是說，與前一年一樣。那十二個月以來，發生了兩件大事。新冠疫情在全球各地造成許多人喪生，以及川普不再是美國總統。第二件事顯然多多少少抵銷第一件事的影響，至少科學家這麼認為。

科學家說，新冠疫情並沒有對人類構成生死存亡的威脅。它確實非常致命，但不足以殺死數十億人。它凸顯出的問題是，人類對時局的反應嚴重失當（或者說，至少是**多數**人類反應失當，因為有些國家的狀況還不錯，例如紐澳、南韓），才會導致數百萬人死亡。原子科學家公報的主席瑞秋．布朗森（Rachel Bronson）在年度的末日時鐘聲明中指出，這次疫情是一次「歷史性的警鐘」。大家對新冠肺炎的糟糕反應，顯示「各國政府與國際組織都沒有做好因應核武與氣候變遷，或其他危險（包括更致命的疫情與下一代戰爭）的準備，那可能在不久的將來威脅到文明。」

幸好，黑暗中還有一線曙光（但確實很微弱）。布朗森寫道，可再生能源「在動盪的能源環境中，一直展現出韌性」。她指出，在美國，煤炭目前的供電首次低於可再生能源。「在全球，大家對化石能源的需求減少了，對可再生能源的需求增加了。」

多數人可能對這種加速的轉變感到意外，但利特曼可一點也不意外，因為他在這上面押了數百萬美元的賭注。

二〇二一年四月，利特曼再次面對美國參議院的議員。[71]這次的場合是由佛蒙特州的參議員伯尼・桑德斯（Bernie Sanders）主持的參議院預算委員會。這次出席作證的除了利特曼以外，還有諾貝爾獎得主哥倫比亞大學的經濟學教授約瑟夫・史迪格里茲（Joseph Stiglitz），以及作家大衛・華勒斯—威爾斯（David Wallace-Wells）。華勒斯—威爾斯於二〇一九年出版的著作《氣候緊急時代來了》（*The Uninhabitable Earth*）以令人毛骨悚然的方式，闡述氣候變遷帶來的極端風險。

桑德斯參議員在開場時表示：「我認為，我們正經歷一個關鍵時刻，這不僅是我國歷史或全球歷史上的關鍵時刻，更是整個人類史上的關鍵時刻。」

參議員林賽・葛瑞姆（Lindsey Graham）是該委員會的資深成員，他坦言，全球暖化令人擔憂。「我認為，氣候變遷是真實存在的。人類的碳排放會產生溫室氣體效應，吸收熱量，所以你會看到海洋溫度與酸度上升……因此我相信科學是真實的。」葛瑞姆似乎很希望看到伊朗與俄羅斯等石油大國被迫去尋找另一種收入來源。他說：「想像一下這樣的世界：流氓政權沒有那麼容易取得化石燃料。想像一下，如果伊朗領袖或俄羅斯領袖無法依靠石油獲得近九〇%的收入，那是一個什麼樣的世界。我覺得有趣的是，改用潔淨能源商業模式，將對外交政策產生深遠的影響，進而徹底改變世界的地緣政治。」

華勒斯—威爾斯向參議員解釋，為什麼世界需要立即採取行動以減少碳排放，以及未能及早採取行動所錯失的機會。他說：「如果世界早在二〇〇〇年就開始除碳（decarbonization），每年的排碳量只需要下降兩三個百分點，就可以安全地避免全球增溫兩度；但因為我們沒有提早行動，如今每年的排碳量需要下降近一〇%才夠，如果再拖十年，那比例將增至二五%以上。」

在華勒斯—威爾斯之後，利特曼談到他那套用來檢查、衡量、定價氣候風險的新工具。他表示：「我們是使用資產管理公司用來定價的方法，來估計把風險納入考量的排碳價。」他說，「這個方法改進了以前的模型，例如諾貝爾經濟學獎得主諾德豪斯開發的模型。諾德豪斯的研究顯示，採取行動以減少碳排放會帶來可觀的淨效益。但是，在他的模型中，減排可能緩慢發生，溫度可能在過程中大幅上升。當我們在這些模型中考慮到風險時，包括發生最糟情境或小機率的『災難』情境時，研究結果就會激發出積極又迅速的反應。」

他解釋，考慮到風險與避免災難的價值時，降低碳排放的價值就**增加**了。現在就採取行動的代價，比等著看情況變多糟才行動的代價低很多。拖得越久，採取行動的代價越高。利特曼說：「這相當於為急踩煞車定價。」根據他的計算，拖十年才行動，將使全球經濟每年損失十兆美元，那等於十年損失一百兆美元。拖得更久，將導致成本大幅飆升。

私底下，利特曼認為，最好的方法是立即徵收碳稅：像他的EZ氣候模型算出來的那樣，每噸碳課徵八十至一百美元。但他也很了解現實狀況，知道國會永遠不會通過那種提案，尤其是目前這種以黨派為重的國會。

所以，他支持從二〇二三年起，先徵收每噸四十美元的碳稅，然後再逐年調高稅率（並隨著減碳效應的顯現而調降稅率）。這項稅制將從財務面鼓勵化石燃料的重度消費者——例如電力公司、大型工業廠商（如鋼鐵廠與化工廠）、汽車製造商——減少對石油與天然氣的依賴，轉而使用風力、太陽能等潔淨能源。個人可能會買電動車，而不是由耗油的內燃機所驅動的汽車。這也會向華爾街發出買進潔淨能源產業的訊號，引導大量資金流入該產業；同時向化石燃料的供應商與用戶發出賣出訊號。

利特曼說，稅收在人口中重新分配，將使低收入家庭受益，因為他們是低碳消費者；同時向社會上最富有的碳排放者課稅。

原本利特曼對於國會是否採取行動抱持樂觀的態度。但是到了二〇二一年底，他的樂觀開始消退。此外，在「聯合國氣候變遷綱要公約」（United Nations Framework Convention on Climate Change）的第二十六次締約方大會（COP26）上，世界各國的領導人齊聚蘇格蘭的拉斯哥，以討論全球暖化問題。但那次會議上，除了在追蹤碳排放方面有一些技術進展以外，似乎沒有取得什麼實質的進展。利特曼對那場會議的結果感到悲觀，那也顯示地球的前景黯淡。

他告訴我：「我認識的每個與會者抱持的期望都很低。」他認為，二〇一五年《巴黎協定》把全球氣溫的上升幅度控制在攝氏一．五度內的目標，已經不可能達到了。

他可以提出來講的個人成就之一是奇保斯資本。那個避險基金的投資策略是，賭大家會迅速過渡到除碳。到了二〇二二年的年中，儘管俄羅斯入侵烏克蘭導致油價大漲，以及潔淨科技股近期下跌，那個基金的價值比剛推出時上漲了近二二%。奇保斯資本的漲幅大多是來自特斯拉，索耐特認為特斯拉是個巨大的龍王泡沫（那時市值飆破一兆美元）。身為效率市場的信徒，利特曼相信特斯拉的價格精確地反映了投資者對其未來獲利的預期。

要是國會真的徵收碳稅，他的投資績效會更好，但他對國會充滿了懷疑。

利特曼日益好奇，人類擺脫毀滅性氣候危機的唯一途徑，會不會是一種名叫「太陽能地球工程」（solar geoengineering）的激進措施。那是指讓一批飛機飛上天空，把數十億噸的二氧化硫釋放到大氣中。隨著微粒子擴散，並接觸濕氣轉化為硫酸，可以把陽光反射回太空，進而冷卻地球。支持地球工程的科學家指出，一九九一年菲律賓皮納圖博火山（Mount Pinatubo）噴發，向大氣排放兩千萬噸的二氧化硫與火山灰。在接下來的兩年裡，光是那個事件就讓整個地球的溫度降低近華氏一度（約攝氏〇．五六度）。

地球工程還有其他的形式。一九九七年，以發明氫彈著稱的核子科學家愛德華．泰勒（Edward Teller）建議，在太空中放置巨大的鏡子。此外，我們也可以把碳酸鈣、甚至鑽石粉塵等微粒釋放到大氣中。

氣候科學家一想到，**在長達幾十年的時間內**，刻意一再地複製火山的劇烈噴發，大多不寒而慄。一旦人類開始接受那種地球工程計畫，就有可能永遠無法停止，因為那些微粒通常在幾年內就會從大氣中消失。一旦計畫停止執行，地球可能突然升溫，造成無法估量的混亂、破壞、死亡。《紐約客》的記者伊麗莎白．寇伯特（Elizabeth Kolbert）在二〇二一年的著作《在大滅絕來臨前》（*Under a White Sky*）中，形容這種影響就像「打開了一個地球那麼大的烤箱門」。

反對地球工程的另一個論點是，它會造成明顯的道德風險。要是那樣做奏效了，全世界那些為了減少排碳而投入的昂貴心血，就有可能失去支持。埃克森美孚的前執行長（也是川普的第一任國務卿）雷克斯・提勒森（Rex Tillerson）認為地球工程是很棒的概念，這有什麼好意外的嗎？

另外，還有一些未知的副作用，例如酸雨。那會對農作物產生什麼影響？降雨有影響嗎？世界上的某些地區會承受更大的痛苦嗎？那幾乎是肯定的。一些模型估計，地球工程可能消除或縮短亞洲的季風季，但有二十億人口的作物有賴季風才能生長。預防原則建議，連考慮地球工程都不要想。那影響是全面、系統性的，可能產生深遠的社會與環境影響，以及未知的生態臨界點。

儘管如此，多年來對全球暖化的危險發出警訊後，一些氣候科學家得出令人痛心的結論：我們可能別無選擇。ＥＺ氣候模型的共同開發者華格納正在推動重新評估地球工程。在二〇二一年出版的著作《地球工程：賭博》（*Geoengineering: The Gamble*）中，他寫道，二十年前，他第一次聽到地球工程時，心想那根本瘋了。「二十年後，在環境保護基金會研究這個主題，幫忙啟動哈佛大學的太陽地球工程研究計畫，又自己做了很多研究，寫了很多這方面的文章以後，我仍然認為，對地球工程抱持懷疑態度是一種健康的觀點。」

那是一種賭博，但他也承認，問題在於，不採取激烈行動來解決迅速變化的氣候問題是另一種賭博，甚至可以說是一種更大的賭博。

歸根究柢，地球工程是一種糟糕的解決方案。華格納權衡這種作法的利弊得失，可能太寬鬆看待地球工程了。全球暖化是一個眾所皆知的棘手問題（wicked problem）。「棘手問題」一詞，是設計理論家霍斯特．瑞特爾（Horst Rittel）與梅爾文．韋伯（Melvin Webber）在一九七三年的論文〈一般規劃理論的困境〉（Dilemmas in a General Theory of Planning）中自創的術語。棘手問題是極其複雜又獨特的，沒有先例。解決方案很難實施，而且整體來說無法測試。由於解決方案不可逆轉，它們無法透過試誤來研究。全球暖化這個棘手問題的一個面向是，在沒有大量可再生替代能源可用以前，迅速減少化石燃料的使用，可能帶來無法估量的經濟損失。有人可能死亡，經濟成長可能遭到犧牲。如今，有十億人仍沒有電，三十億人無法獲得潔淨的烹飪燃料，只能在室內燃燒煤炭、木炭、農作廢棄物或牛糞。那種室內汙染導致極端的健康後果。世界衛生組織（WHO）的資料顯示，這是「當今世界上最大的環境健康風險」，每年導致約四百萬人死亡。

此外，誠如葛瑞姆在參議院預算委員會的聽證會聲明中所說的，許多國家依賴生產化石燃料來創造收入。倫敦智庫「碳追蹤」（Carbon Tracker）估計，由於氣候政策與技術進步抑制大家對化石燃料的需求，有四十個石油國家的收入可能會驟減近五〇％——那是一個高達九兆美元的缺口。政策制定者除了含糊地建議這些石油國家要「多角化」發展經濟以外，幾乎沒有辦法讓數億人跨過這條龐大的經濟鴻溝。其中有許多國家位於中東與非洲的乾旱地區，它們最容易受到熱浪等氣候災害的衝擊。

但如果人類不解決氣候問題，數百萬人將會死亡——那也是一種破產問題。因此，關於該不該做地球工程，這個問題歸結到底是「一種生存風險VS另一種生存風險」。利特曼告訴我：「地球工程有風險，但地球暖化也有風險。我們會想辦法解決的。這實在令人遺憾，因為這原本是可以避免的。」

他說，也許一切已經太遲了。也許我們別無選擇，只能擲骰子，因為風險正迅速爆發。

瑞德認為，地球工程是一種帶有惡意的錯誤賭注，是為了逃避面對氣候災難的現實。

他認為，地球工程唯一的優點是，它凸顯出人類所處的可怕境地。以賭博術語來說，地球工程可能是一種加倍下注的形式。人類在環境中排放太多的二氧化碳，破壞環境的穩定，導致失控的全球暖化。因此，我們乾脆再次破壞環境的穩定，然後就祈禱吧。任何賭徒都知道，加倍下注很危險。這樣做太多次，結果肯定是破產。

我們應該避免擲骰子——如果那還是一種選項的話。

21 超越臨界點

二〇二一年十月，瑞德在倫敦的法院裡，面對一組地方法官。他知道他們會認定他有罪。前一年，他和另兩名社運分子前往西敏市（Westminster）的一棟建築，全球暖化政策基金會的總部就設在那裡。英國報紙《獨立報》稱，該政策組織是英國「否認氣候變遷的主要組織」。佩澤是該組織的負責人，二〇一三年他曾在海伊的哲學與音樂節上與瑞德辯論。

那些社運分子在該基金會的入口處，以噴漆寫上「謊言、謊言、謊言」等字眼。接著，瑞德拿起一桶紅色油漆，把油漆倒在樓梯上。

瑞德與那幾位社運分子是「作家反抗組織」（Writers Rebel）的成員。該組織的成立，是為了支持「反抗滅絕」運動的目標。莎娣．史密斯（Zadie Smith，《白牙》、《論美》等小說的作者）、厄文．威爾許（Irvine Welsh，《猜火車》的作者）、瑪格麗特．愛特伍（Margaret Atwood，《使女的故事》與其他反烏托邦故事的作者）、喬治．蒙比爾特（George Monbiot，這位英國環保主義者兼社運分子曾在肯亞感染腦性瘧疾後，被宣布臨床死亡）等知名作家都是該組織的成員。他們曾聚在一起，封住通往全球暖化政策基金會的德頓街（Tufton Street）。曾獲奧斯卡獎的英國演員馬克・勞倫斯（Mark Rylance，演過《間諜橋》、《狼廳》、《吹夢巨人》、《千萬別抬頭》等電影）為他們主持抗議活動。「有些人存心把科學塑造成一般觀點。」史密斯對人群說，「他們的目的是，把大家對氣候變遷的悲痛與內疚等真實感受，轉變為頑固的無知與積極的否認。」[72]

愛特伍在一段影片中說：「人類活動造成的氣候變遷不是一種理論，也不是一種觀點，而是一個事實。為了大筆金錢而否認這個事實，將導致我們這個物種滅絕。」

接著，瑞德、澳洲作家潔西卡・唐森（Jessica Townsend）、反抗滅絕運動的活動人士克蕾兒・法雷爾（Clare Farrell）來到基金會的位址（德頓街五十五號）抗議，並做出前述的破壞行為。他們立即遭到逮捕，並被控破壞建築罪。他們因此在活動群體中，被稱為德頓三人組（Tufton Three）。

一年後的這天，瑞德在法庭上對法官表示，檢方認為，他們的行動不是為了迫在眉睫的威脅實在很荒謬。他說：「我們的行動是必要的，因為全球暖化政策基金會對生命構成了持續且迫在眉睫的威脅。氣候行動因拖延解決與否認而受阻的每一天，氣候崩解的威脅都會成倍增加，籠罩著我們每個人、我們的生存，以及整個未來。」[73]

他說，他知道自己會被判有罪。理論上他有罪，因為他顯然把油漆倒在樓梯上。「但我現在請教您：我還能做什麼？如果我不能那樣做，我還能在哪裡表明我的立場？還有，如果現在不能表達，那麼何時才能表達？您要我們等到泰晤士河的防洪堤被沖斷嗎？等到西敏寺被洪水淹沒嗎？」

瑞德與他的抗議夥伴都被判有罪，但只被罰了一百英鎊的訴訟費及一百英鎊的賠償費。

○○○○

他們稱之為路西法（Lucifer，惡魔的意思）的熱浪終於出現了。二〇二一年八月，一股致命的熱浪席捲了義大利的南部，重創了西西里島，創下歐陸有史以來的最高溫：攝氏四八・八九度。致命的森林大火席捲地中海。在阿爾及利亞，大火造成六十五人死亡，其中包括二十多名被派去滅火的士兵。近六百場野火燒毀希臘各地的森林時，總理基里亞科斯・米佐塔基斯（Kyriakos Mitsotakis）表示，他的國家正面臨一場「史無前例的天災」。希臘尤比亞島（Evia）上有三分之一以上的地區陷入火海。米佐塔基斯說：「過去幾天是我國幾十年來最艱困的日子，氣候危機正影響著整個地球。」

對瑞德與坎布里亞大學的永續發展教授傑姆・班德爾（Jem Bendell）來說，米佐塔基斯發出的警訊不是什麼新聞。那股超級熱浪席捲希臘的幾個月前，他們兩人出版《深度適應：了解氣候混亂的真相》（*Deep Adaptation: Navigating the Realities of Climate Chaos*）一書。在全球暖化這個領域，適應通常是指努力避免或準備因應極端氣候危機所引發的災難，例如築起防洪牆、加固建築物以抵禦強風和風暴、把建築物架高到預測的水位之上。從這個意義上來看，適應是一種工具，通常是搭配另一種工具（緩解風險）一起使用。緩解風險是為了減少導致全球暖化的溫室氣體排放而做的長期抗戰。瑞德與班德爾認為，雖然大家需要盡一切努力減少碳排放，但大氣變暖已經引發無可避免的氣候變化，人類必須為這些變化做好準備與適應。

《深度適應》建議做徹底的社會變革，例如把大量人口遷離海岸線、讓城市景觀「恢復自然地貌」、轉向在地的社區農業。該書的書名是以班德爾二〇一八年發表的一篇爭議性報告為基礎。該論文主張，全球暖化加速，已使文明崩解變成必然；班德爾說人類只剩十年的光景（他後來不再宣稱文明崩解是必然，並承認那是他的強烈觀點）。他寫道：「如今活著的人，在有生之年想避免全球環境災難，為時已晚，現在是我們思考這句話意味著什麼的時候了。我們可能即將把全人類的生存拿來玩俄羅斯輪盤，兩發子彈已上膛了。」[74]

那篇報告在網上瘋傳[75]。《Vice》雜誌說，「這篇氣候變遷報告實在太令人沮喪，看完需要送醫治療」。[76]賓州州立大學的氣候學家邁克・曼恩（Michael Mann）說，那是一場「判斷錯誤又執迷不悟的完美風暴」。其他的批評也呼應瑞德之前受到的抨擊（他告訴年輕人，他們可能無法在氣候危機中倖存下來）。大家擔心的是，班德爾的悲觀情緒可能促成一種令人癱瘓的絕望感，使人無法採取行動來改善現況。

瑞德某種程度上也認同這種批評。他告訴我：「我認為，班德爾說文明崩解無可避免，把事情過於簡化了。這種觀點會使一些人鬆了一口氣，在心理上有點太簡單了，迴避了情況的複雜性。」即便如此，他還是同意與班德爾一起出版那本書。他想藉此表示，即使他們有一些意見分歧，但他們都認為，某種程度的大規模社會危害幾乎是必然的。瑞德覺得，深度適應是幫人類抵禦氣候危機最糟效應的終極保險。

這是在希望與恐懼之間拿捏平衡。當然，班德爾無法以數學那種嚴謹性來預測出全球暖化將在近期導致文明崩解。或許他的意圖更像是發布聲明，以喚醒大家注意即將到來的災難，就好像電影《千萬別抬頭》中，科學家告訴全世界，有一顆彗星即將撞毀地球一樣：「注意了！」

但這個故事還有另一面。

○○○○

北卡羅來納州的皮埃蒙特地區（Piedmont）是一片起伏的丘陵高原，位於從大西洋向西延伸到古老阿帕拉契山脈的平坦沿海平原上。拉蒙特・萊瑟曼（Lamont Leatherman）俯身在這個地區樹林深處的一塊蛋形巨石上。他的手撫摸著焦褐色岩石上的一道銀色條紋。

「你可以看到它在那裡。」這位五十五歲的地質學家告訴我，「這就是鋰。」

那是二〇二一年一月。萊瑟曼以及他所效勞的新創礦業公司皮埃蒙特鋰業（Piedmont Lithium）是在美國為可充電鋰離子電池供應製造原料的先鋒。可充電鋰離子電池是電動車、智慧型手機、平板電腦最常用的電源。幾個月前，皮埃蒙特鋰業才剛和特斯拉簽約。一旦該礦場開始投產，就可以為特斯拉供應鋰。

萊瑟曼的職涯大多是在加拿大追尋黃金與其他的熱門大宗商品，目前他從北卡羅來納州的皮埃蒙特地區調過來，住在卑斯省溫哥華島的一個藍莓農場上。那裡是全球第一座鋰礦的所在地，一九五〇年代為美國早期的核武庫生產零組件。萊瑟曼身材瘦高，一臉花斑，看起來像長時間待在戶外的人。他很清楚這片土地蘊藏著豐富的鋰礦。這些帶有銀色條紋的棕色岩石，散布在他童年的住家院子裡。到了二〇二〇年代初期，鋰已成為全球最熱門的大宗商品之一。

皮埃蒙特鋰業的執行長基斯・菲力浦斯（Keith Phillips）告訴我：「我們將在這裡建立很大的事業。」到了二〇二二年的夏季，皮埃蒙特鋰業的市值已逾十億美元。大家希望，這個礦場開始全面投產後，美國的充電電池製造商就有一個就近採購的選擇，不再那麼依賴中國與其他地方的大型鋰礦業者了。

這是美國與其他地方掀起綠色淘金熱的開端，我曾為《華爾街日報》做過這個報導，並為此採訪數十位參與這個重大轉變的人，包括一些全球最大公司的高層、避險基金經理人、礦業執行長，以及萊瑟曼這樣實地考察的地質學家。

我與萊瑟曼徒步穿越北卡羅萊納州的森林幾個月後，搭上大西洋中部地區的電力巨擘道明尼能源公司（Dominion Energy）的船。我們從維吉尼亞海灘的一個港口出發，目的地是大西洋深處的兩個巨大的海上風力渦輪機，那是美國僅有的兩個海上風力發電設施之一。

道明尼公司計畫在那裡再建造一百八十台渦輪機，使那裡變成美國最大的海上風力發電場。道明尼公司當時的財務長詹姆斯・查普曼（James Chapman）告訴我，在過渡到潔淨能源發電的過程中，「我們已經超越了臨界點」。該公司打算在二〇二六年以前，在潔淨能源上投入兩百六十億美元以上的資金，其中包括數十億美元投入海上風能。

皮埃蒙特鋰業與道明尼公司，以及數百家其他的公司，正努力加速從化石燃料轉向潔淨能源。它們這樣做幾乎都是出於自利的動機，這等於是在質疑班德爾那種懷疑論者所散布的世界末日情境。那些懷疑人類有能力遏制溫室氣體排放的人，往往忽視、甚至批評世界上這股日益強大的力量。或許這是地球避免氣候危機最糟效應的最大希望：潔淨能源技術正從華爾街吸收巨額的資金。

當然，多年來的失望讓人感到懷疑，是很合理的反應。幾個世紀以來，全球經濟發展一直是由化石燃料推動的，這一切可追溯到十八世紀為英國工業革命初期提供動力的煤礦。全球經濟仍然非常依賴燃燒東西來發電的方式。產業化的農業是另一個大量排碳的來源。但一些狂熱的樂觀者認為，既然資本主義讓我們陷入這種困境，或許它也有可能幫我們走出困境（在積極的政府政策與支出的幫助下）。如果世界真的要從石油與天然氣（可說是世界上最大的產業）轉向替代能源，藉此幫忙解決氣候混亂的問題，那種轉變可望成為幾個世代以來最引人注目的獲利機會之一。麥肯錫公司（McKinsey & Company）的資料顯示，在二〇五〇年以前達到全球零碳排放經濟（net-zero global economy，這是指所有的碳排放都以某種形式的「碳移除」〔例如林場〕來平衡），可能是「史上最大的資本重配置」，**每年**的支出將比現在增加一兆到三．五兆美元。

有令人鼓舞的跡象顯示，這些樂觀者的想法可能是正確的。截至二〇二〇年，太陽能與風能都是比其他替代能源更便宜的電力來源，這是數十年來創新的結果（其中有許多創新是來自共產中國）。電動車長期以來一直是富人的玩物，如今變得越來越平價。為電動車提供動力的充電電池，占電動車成本的四〇％左右。二〇一〇年以來，充電電池的成本下降了九〇％；太陽能板的成本降幅也差不多是這樣。

牛津大學的一組科學家在二〇二二年的一項研究中預測，根據一種名為「萊特定律」（Wright's law）的指標，成本的大幅下降可能會持續**數十年**。[77]這個鮮為人知的指標是以西奧多・萊特（Theodore Wright）的名字命名，他是一次大戰的飛行高手，也是一九三〇年代的飛機製造商。這個定律的基本概念是，某些技術（比如飛機）的產量每增一倍，它的成本就會下降一〇％到一五％。如果牛津大學的預測屬實，這表示二〇五〇年以前，全球能源生產將比現在便宜很多，對地球的破壞也會比現在小很多。事實上，科學家宣稱，這將促成數兆美元的淨節約。

「這些都是很重大的經濟轉變。」[78]柯林頓政府時期的聯邦通訊委員會（Federal Communications Commission）主席及綠色資本聯盟（Coalition for Green Capital）的創辦人里德・亨特（Reed Hundt）告訴我，「市場設定的方向是，盡可能使用最便宜的燃料，亦即風能與太陽能。」

推動這項轉變的是拜登政府的計畫。那些計畫將向潔淨能源與其他用來減少美國碳足跡的技術，投入數千億美元的聯邦支出與激勵措施。當然，華爾街也渴望搭上拜登的順風車。普華永道（PricewaterhouseCoopers）的資料顯示，到了二〇二六年，配置到重視環保與社會責任的資產金額，預計將達到三十四兆美元，高於二〇二一年的十八兆美元。像道明尼那種電力公司正把數百億美元轉移到風能與太陽能等潔淨能源上，並關閉燃煤發電廠。汽車製造商正斥資數十億美元，建造生產電動車與電池的新工廠。

綠色技術革命開始吸引地球上最大的投資者。二〇二一年，美國兩大銀行（摩根大通與美國銀行）承諾在未來十年提供四兆美元的氣候相關融資。約莫同一時間，全球最大的避險基金橋水基金（Bridgewater Associates）推出一個專注於永續投資策略的創投事業。這個創投事業的共同投資長凱倫・卡尼歐—坦布爾（Karen Karniol-Tambour）告訴我：「每天都有我們以為對綠色投資不感興趣的客戶寫信來說：『我也想投資這一塊。』」

這種轉變的前兆出現在二〇二〇年初，當時全球最大的投資管理公司貝萊德（BlackRock）的執行長賴瑞・芬克（Larry Fink）寫道，氣候變遷「已經變成公司長期前景的決定性因素，我認為金融界即將面臨徹底的改造」。[79]當城市為基礎設施的建設募資時，氣候危機如何影響市政債券的市場？全球暖化對抵押貸款有何影響？氣候變化中，不斷上漲的糧食價格如何影響通膨？新興市場最容易受到氣候危機的嚴重衝擊，這些新興市場會變成怎樣呢？

芬克提出上述問題及其他更多的問題，因此：「在不久的將來（而且比多數人預期的更快），資本將出現明顯的重新配置。」（不過，懷疑者質疑，芬克若發現環保投資組合的報酬較低，他還會堅持這樣投資嗎？）

那麼，「碳移除」產業（carbon-removal industry）的情況又是如何呢？它依然很小，但正迅速成長。這個趨勢只會加速，尤其是在二〇二二年八月，拜登總統通過降低通膨法案（Inflation Reduction Act）之後（該法其實與降低通膨幾乎沒什麼關係）。該法案為碳捕集產業（carbon-capture industry）提供很大的激勵措施，包括從空氣中移除二氧化碳可獲得每噸一百八十美元的稅賦抵免。

財力雄厚的大公司都發現這是有利可圖的商機。二〇二一年二月，《華爾街日報》報導：「各大公司都在做碳捕集。」[80]埃克森美孚是最新加入這股趨勢的公司，它成立一個新事業部門，把其碳捕集技術商業化。過去幾年，雪佛龍（Chevron）、西方石油（Occidental Petroleum）、全球最大的礦業公司必和必拓（BHP）都投資碳工程公司（Carbon Engineering）。該公司是由哈佛大學的應用物理學家大衛・基斯（David Keith）創立，他長期以來一直獲得比爾・蓋茲的支持。二〇二二年，西方石油公司表示，它計畫在二〇三五年以前為七十個碳工程公司的設施提供開發資金。歐洲飛機巨擘空中巴士（Airbus）、Shopify、賽默飛（ThermoFisher）正與碳工程公司簽約，以支付碳捕集的費用。

儘管許多企業趨之若鶩，但碳捕集要達到的目標（數字）仍是一大挑戰。化石燃料與工業活動**每年**約排放**三百五十億噸**的二氧化碳到大氣中。碳工程公司那七十家工廠，預計每家每年僅能捕集**一百萬噸**的碳排放。然而，根據負責研究全球暖化的科學及其未來風險的聯合國機構「政府間氣候變遷專門委員會（Intergovernmental Panel on Climate Change，簡稱IPCC）勾勒出來的幾乎每種情境，全球要達到《巴黎協定》的減排目標，某種形式的碳移除是必要的。

一些專家估計，二〇五〇年以前，至少需要在潔淨能源（風能、太陽能、電池、碳移除等）投資五十兆美元（根據其他專家的估計，可能是這個數字的兩倍），才能達到《巴黎協定》的目標。顯然，那還有很長、**很長**的路要走。二〇二一年普林斯頓大學研究人員發表的報告顯示，美國的風力發電場若要達到最具成本效益的零碳排足跡，其涵蓋的地區要相當於伊利諾斯州、印第安那州、俄亥俄州、肯塔基州、田納西州的**面積總和**。[81]太陽能發電廠若要產生類似的效果，其涵蓋的地區要相當於康乃狄克州、羅德島州、麻州的面積總合。

這項倡議的規模超出了想像，而且需要以閃電般的速度完成。儘管如此，隨著華爾街的大戶開始在綠能中看到獲利商機，這個領域正經歷一場前所未有又持久的變革。潔淨能源是二〇二一年與二〇二二年乃至於未來十年的最佳賭注之一，預示著發電與用電領域即將發生重大改革，可望重塑全球經濟。二〇二二年麥肯錫的技術報告發現，潔淨能源技術在前一年獲得兩千五百七十億美元的投資，金額超過人工智慧、5G與6G、元宇宙等其他技術。這一切要歸功於萊瑟曼這樣的科學家與地質學家，以及支持他們的華爾街金融家。

不出所料，瑞德對這一切都抱持懷疑的態度，他有充分的理由。在警告文明即將崩解的演講中，他說，把希望寄託在世界能源體系的徹底改造上是魯莽的。他說：「我們講的那種轉變，遠比大規模改用再生能源的轉變大多了。此外，我們也需要大幅減少世界各地的貨物與人員的運輸量，徹底地執行在地化，徹底地改變農業方式與農業的整體性質，徹底地減少國家的食肉量。那是一種我們從未見過的徹底轉變。」

瑞德真誠地希望這一切都會發生，但這種轉型規模是史上最徹底的社會與經濟變革，超越始於十七世紀與十八世紀的土地革命與工業革命，而且那些革命都經歷好幾個世紀，但潔淨能源革命需要在**幾十年**內發生。瑞德說：「把一切都押在這種完全史無前例的轉變上，是非常冒險的賭注。」他也絲毫不相信，埃克森美孚、西方石油等石油巨擘在碳捕集方面投入大量資金是出於善意。他認為，他們激起大家對那種實驗性技術的樂觀期待，然後持續在地球上開採大量的化石燃料，並利用那些實驗性技術提供短期的社會與政治掩護，根本是自私自利的舉動。

資金與技術都來得不夠快。隨著氣候危機年復一年變得更具破壞性與殺傷力，時間已經不多了。二〇二二年八月發表在科學雜誌《自然》上的一項研究顯示，北極變暖的速度是世界其他地區的四倍[82]，這種令人毛骨悚然的現象名叫極地放大效應（Arctic amplification），這加速冰河的融化和海平面上升的風險。約莫同一時間，加州大學洛杉磯分校（UCLA）發布的研究指出，南加州遭大洪水淹沒的風險越來越大，全球暖化加劇了這種洪水風險，可能造成一兆美元的損失，並導致多達一千萬人流離失所。[83]隨著美國西南部的特大乾旱加劇，河流乾涸，農作物枯萎，政府官員被迫減少科羅拉多河的供水以維持米德湖（Lake Mead）的水位，以免它降到胡佛大壩無法發電的「死池」（dead pool）水位。

就像全球暖化中的許多天氣模式一樣，科羅拉多河流域發生的情況也是前所未有的。加州的天然資源部長韋德．克勞福特（Wade Crowfoot）告訴美聯社（Associated Press）：「這整個河流系統正經歷從未發生過的情況。」[84]

更糟的是，世界秩序的支柱，也就是美國的民主，正搖搖晃晃地邁向混亂。

22 盲目飛行

「國會大廈西面！我們被包圍了，防線已經失守！」叛亂分子襲擊美國國會大廈的西側時，負責控制群眾的大都會警官羅伯特．格洛弗（Robert Glover）在無線電傳輸中驚慌失措地喊道。那是二〇二一年一月六日下午兩點十三分。一群川普的支持者闖進大樓，砸碎窗戶，湧入國會殿堂，以扭轉拜登當選的事實。暴徒在國會大廈的大廳裡遊行，高呼「吊死麥克．彭斯（Mike Pence）！」以宣洩他們對副總統的怒火。不久之後，兩點二十四分，川普在推特上發文，稱彭斯「沒有勇氣去做該做的事，以保護我們的國家與我們的憲法」[十五]。

在接下來那幾天與幾週裡，右派媒體把電視直播中那些暴徒襲擊國會的新聞，扭曲改寫成和平抗議者集會以捍衛民主的報導。事實是，美國的民主正處於南北戰爭以來最岌岌可危

十五、美國大選之戰中，川普總統一再呼籲副總統彭斯行使憲法權，拒絕爭議州的選舉人票，但彭斯一直態度不明。一月六日，在國會認證選舉結果前，彭斯發聲明表示，他無權拒絕選舉人票。川普對此表示失望，因此批評彭斯「沒有勇氣」。

的時刻。那場襲擊發生後，政治風險分析師兼作家伊恩・布雷默（Ian Bremmer）表示，世界面臨的最大威脅，是美國的政治兩極化。他寫道：「美國是世界上最強大、政治上最分裂、經濟上最不平等的工業民主國家。」

加州大學爾灣分校的政治學教授理查・哈森（Richard Hasen）告訴《大西洋月刊》的記者巴頓・蓋爾曼（Barton Gellman）：「民主危機已經到來。我們面臨一個嚴重的風險，我們所知道的美國民主將在二〇二四年終結。」[85]

民主不僅在美國陷入危機，自由之家（Freedom House）的全球民主指數在二〇二一年連續第十六年下滑。該監督組織在其二〇二二年的世界自由報告〈威權統治的全球擴張〉中寫道：「全球秩序正接近臨界點，如果民主的捍衛者不共同努力，幫忙保障所有人的自由，威權模式將會勝出。」

追蹤民主趨勢的多元民主中心（Varieties of Democracy）在二〇二二年八月的研究中指出，全球的民主水準達到一九八九年蘇聯解體以來的最低水準，獨裁統治也相應增加。[86]該組織警告：「民主在美國倖存下來，但仍受到威脅。」

然而，投資者完全不以為意，老神在在（道瓊工業指數在一月六日上漲四百三十八點），這對他們來說很危險。二〇二二年一月，布魯金斯學會（Brookings Institution）發表的研究顯示，美國民主受到的威脅，對資本市場構成系統性風險。[87]事實證明，威權主義通常對商業不利。布魯金斯指出：「因為自由市場與民主是相互依存的，根據定義，民主出現系統性風險時，自由市場也會出現系統性風險。」

即使美國民主不是面臨黑天鵝，至少潛在的灰天鵝（或索耐特所謂的龍王）也在天空中暗暗地盤旋。

在暴民襲擊國會大廈一個月後，某週二，德州電網監管機構「德州電力可靠度委員會（Electric Reliability Council of Texas）的一位委員在董事會上指出，下週德州會出現「極冷氣溫」。會中有關暴風雪的討論，持續不到一分鐘。隔週一，聖安東尼奥（San Antonio）一覺醒來就看到十五公分厚的積雪，氣溫驟降至攝氏零下十三度。

全美各地輪流陷入停電。一場巨大的極地風暴從加拿大襲來，在美國肆虐，衝擊了俄亥俄州、奧克拉荷馬州、密西西比州、路易斯安那州、德州與其他十幾個州。但「黑天鵝」是以復仇的方式降落在德州。德州的電網沒有做好因應長時間嚴寒的準備，最終癱瘓，導致近一千萬德州人無電可用，有些人甚至斷電數週，數百人凍死在家中。二月十四日晚上，電網差點崩垮，只差五分鐘就會發生可能持續數週、甚至數月的全州大停電。

這場風暴以驚人之姿提醒大家，不斷變化的混亂天氣模式，如何威脅專為一種氣候設計、如今卻被迫面對極端氣候的關鍵基礎設施。二〇二二年八月也發生類似的事件，洪水淹沒密西西比州傑克遜市的水處理系統，導致十五萬居民數週無淨水可用。這不是一種可逆轉的短期趨勢，而是一種新常態。非營利研究組織「氣候中心」（Climate Central）發現，截至二〇一九年的十年間，颶風、野火、熱浪、其他的極端天候事件所造成的美國停電次數，比前十年多了三分之二。

德州冰風暴過後，大火接著來襲。二〇二一年六月，太平洋西北地區（Pacific Northwest）的上空籠罩著高溫穹頂，把俄勒岡州波特蘭的氣溫推升到創紀錄的攝氏四十六度。極端的高溫把草原與森林變成隨時都可能起火燃燒的火種。八月，雷尼爾山（Mount Rainier）東南部因雷擊而引發的大火，在燒毀超過十萬英畝的土地後，到了九月被稱為超級大火。整個地區和加拿大的大火所產生的煙霧席捲整個大陸，導致紐約市的上空灰雲密布，也觸發多倫多與費城的健康警報。

隨著高溫加劇，西雅圖一位天氣預報員指出：「由於在地的氣候紀錄從未出現目前的狀況，我們沒有類似的資料可以參考，這有點令人不安。」[88]

八月二十七日上午，颶風艾達（Hurricane Ida）逼近路易斯安那州時，美國海軍學院的一架直升機把一台儀器放入墨西哥灣測量水溫，[89]偵測到海面附近的溫度極高，這是不利的訊號。當天稍後，極端天氣追蹤機構木星情報公司（Jupiter Intelligence）的科學研究員派特・哈爾（Pat Harr）發了一封電郵給客戶，信中寫道：「正在發展的颶風艾達，將會經過墨西哥灣一些海洋熱含量（ocean heat content）極高的地區，可能在一段時間內快速增強，達到三至五級。目前的軌跡顯示，週日晚上颶風艾達將在密西西比三角洲以西的洛杉磯海岸，變成大颶風。」

這是出乎意料且出奇準確的預測，當時艾達只是一個較弱的一級颶風。兩天後，也就是颶風卡崔娜（Hurricane Katrina）十六周年之際，艾達在登陸富爾雄港（Port Fourchon）時已達四級，持續風速為每小時一百五十英里，追平該州有史以來遇過最強的風暴紀錄。艾達留下的水氣，給紐澤西州與紐約州帶來傾盆大雨，導致紐約市的地鐵系統關閉，十多名受困地下室的人罹難。

在墨西哥灣異常炎熱的海水推動下，艾達的迅速增強打亂了準備計畫。氣候專家開始擔心，他們可能必須淘汰那些用來預測颶風路徑與強度的舊模型。傑西・基南（Jesse Keenan）專門研究極端天候事件下的財產曝險，他告訴我：「快速氣旋發展的整個加速時間序列，有效地抵銷了應急管理的許多事前反應，這大幅增加人員與資產的曝險。日益加快的氣候變化速度，抵銷我們在氣候情報方面的任何技術優勢。我們正逼近一個全憑直覺、盲目飛行的狀態。」

○○○○

網路攻擊、氣候災難、恐怖主義、流行病、致命的停電、叛逆ＡＩ、充滿極端的未來。這是馬克斯．施瑪巴赫（Marcus Schmalbach）的世界，他的老本行，他的事業。這位年輕的德國保險業高層是Ryskex的執行長兼創辦人，Ryskex是一家專注於系統性災難的新型保險公司，例如摧毀公司供應鏈的颶風、導致航空公司機隊停飛的致命事故、破壞公司聲譽的網路攻擊、導致大批員工死亡的病毒。

施瑪巴赫利用人工智慧與區塊鏈，創造一種全新、可交易的資產類別：系統性風險。有了Ryskex，避險基金與銀行可以買賣系統性風險，就像買賣一蒲式耳玉米那樣。《財星》五百大企業可以利用它來避免自己受到災難性衝擊。

在二〇一〇年代的末期，這仍是一種剛起步的商業模式。一開始，施瑪巴赫就像史匹茲納格爾剛創立寰宇那樣，他推出的商品獨特又奇怪，幾乎乏人問津。後來，新冠疫情爆發，系統性風險突然具體了起來，變成大家每天在早報上（或早上喝咖啡刷推特時）看到的東西。二〇二一年底，施瑪巴赫已談定六筆交易（該公司在柏林與紐約都有辦事處）。他的客戶包括兩家為因應氣候變遷事件而投保的汽車製造商，以及一家為了避免業務中斷（例如因疫情衝擊）而投保的歐洲大型航空公司。

這不是普通的保險。這些合約是以區塊鏈簽訂，區塊鏈是一種可有效追蹤金融交易的網路帳簿。傳統的保險可能需要幾個月或幾年的時間才能理賠，這種保險不一樣，它是所謂的參數型保險（parametric insurance）。有了參數型保險，只要達到某個觸發點，理賠就會自動發生。假設X公司買了 Ryskex 保險，以防毀滅性的大洪水導致其股價下跌二〇％。當洪水氾濫導致股票下跌時，理賠會透過區塊鏈自動執行。承擔風險的人（亦即提供保險的人）通常是渴望獲得穩定保費的避險基金，就像那些出售崩盤時可獲利的深度價外賣權給寰宇的公司。

很難知道這種概念是否會成功。施瑪巴赫認為，系統性風險代表著一兆美元的資產類別（或許更多）。Ryskex 的有趣之處在於，它試圖做一件保險業大多認為不可能的事情：為系統性風險定價，也就是說，用美元來衡量黑天鵝事件。

○○○○

施瑪巴赫從小就受到保險業的一個特點所吸引。歐洲的再保險業每年都會舉辦兩次大會

（再保險是指保險公司為了出乎意料的鉅額理賠而買來自保的保險），其中一場在蒙地卡羅（Monte Carlo），另一場在巴登─巴登（Baden-Baden），那是位於德國西南部「北黑森林」（Northern Black Forest）的一個古雅溫泉小鎮，施瑪巴赫就是在那裡成長的。每年當地都會突然湧現一大群穿著考究的企業人士，他們戴著名錶，開著跑車，看起來相當富有，施瑪巴赫也想加入他們的行列。

在大學修了保險學後，他加入德國金融巨擘安聯當實習生，後來又到另一家德國巨擘慕尼克再保險公司（Munich Re）任職。在那裡，他開始攻讀博士學位，也教授保險與金融課程。二〇一五年的某天，下課後，一名學生走向施瑪巴赫。「區塊鏈正在發生一些事情，」他說，「感覺越來越重要，我覺得那會摧毀你所在的產業。」[90]

施瑪巴赫長久以來一直在尋找取代傳統保險形式的替代方案。他覺得傳統保險形式變得效率低下，受到冗長、墨守法規、極其複雜的貨幣供給鏈所阻礙。學生的話促使他開始研究區塊鏈，他很快就意識到區塊鏈是提供保險的替代方法。區塊鏈提供所謂的「智慧合約」，那是一種軟體，可以在符合某些條件時自動執行交易，這使它成為參數型保險的理想工具。參數型保險正是施瑪巴赫的專長。如果一家航空公司為可能衝擊其營運的五級颶風投保，當五級颶風真的發生並損及航空公司的事業時（達到某些具體指標，例如機場關閉逾一週），那個合約就會立即觸發並支付賠款。

施瑪巴赫回想起二〇〇八年他攻讀博士學位時讀過的一本書：《黑天鵝效應》。一場災難性事件（亦即黑天鵝事件）使特斯拉或蘋果這樣的大公司破產的機率有多大？《財星》五百大企業面臨的生存風險是什麼？什麼樣的事件可能對一家公司的資產負債表產生不可逆的深遠影響？

我們可能無法想像特斯拉或蘋果突然破產。二〇〇八年，大家也無法想像貝爾斯登、雷曼兄弟或AIG破產。「這是系統性風險。」施瑪巴赫告訴我，「網路攻擊、流行病、氣候變遷……因此，我們為它定義，並把風險設計成一種資產類別。」

他放眼整個保險業，以尋找為罕見災難性風險提供保險的類似策略，卻發現只有一家保險公司提供這種保單，那就是有數百年歷史的英國著名保險公司倫敦勞合社（Lloyd's of London）。伊莉莎白時代，愛德華・勞埃德（Edward Lloyd）在泰晤士河附近創立的勞埃德咖啡館（Lloyd's Coffee House），是水手與船東最喜歡的聚集場所。船東（其中有很多人擁有奴隸船）開始對一種為託運人設計的熱門商品感興趣，那就是海上保險。災難保險就是從那個概念發展而來。

施瑪巴赫詢問勞合社的熟識，他們是如何評估及定價系統性風險。他很快就發現，他們沒有一個嚴格的模型，是全憑感覺設計。與其說是風險管理，不如說是賭博。

他認為 Ryskex 得自己開發模型。於是，他聘請一些特別擅長ＡＩ的分析公司，開始把大量資料輸入他們的模型，以編制出一套全球風險指數，讓 Ryskex 可以拿來衡量個別企業的風險。那個模型從網路上收集資料，尋找極端事件的型態與相關性，並掃讀《紐約時報》、《華爾街日報》等報紙。那個模型不是像索耐特的ＬＰＰＬＳ模型那樣專注於**預測**極端事件，而是根據多種因素來評估機率，以協助客戶更了解他們在災難發生時的曝險。例如，美國的暴力事件顯著增加時，通常會導致前往美國的歐洲人減少，那可能會損害航空公司的獲利；恐怖攻擊爆發，會導致汽車銷量下滑；萬一新冠疫情再掀一波，那個模型會顯示你的供應鏈會發生什麼事。

施瑪巴赫使用他的ＡＩ系統，開發出ＶＵＣＡ世界風險指數（VUCA World Risk Index）。ＶＵＣＡ是波動性（volatility）、不確定性（uncertainty）、複雜性（complexity）、模糊性（ambiguity）的縮寫。一九八〇年代末期冷戰結束之際，美國陸軍戰爭學院（U.S. Army War College）引入ＶＵＣＡ。後來許多產業及大批企業管理顧問也採用ＶＵＣＡ，做為幫高層因應危機與災難的模式。施瑪巴赫的演算法採用這個指標，並把它自動化，以衡量流行病、網路犯罪、全球暖化、恐怖攻擊等風險。理論上，該指數可以顯示企業的脆弱性，以及如何利用該模型來限制自身的風險。

目前為止，這還只是概念。也就是說，施瑪巴赫有一個獨特的想法，但沒有客戶。他必須走進市場，引起大家的興趣才行。他接觸的多數公司都對此不感興趣。他意識到，他的推銷方法錯了，他不該把它當成保險來推銷。後來，他改口說，那是**風險融資**。他解釋，你暴露在這種風險中。只要你支付X金額，就可以降低這個曝險，就像寰宇的投資者花錢消除（或至少降低）崩盤的風險那樣。這種推銷方式似乎對幾家公司有效。

接著，他開始接觸華爾街中他認為可能有興趣為那些風險融資的機構：投資銀行。他去拜訪摩根大通、高盛、摩根士丹利等公司的高層。他們的一致反應是：我們為何要那樣做？那似乎太冒險了。

施瑪巴赫開始與約翰．湯姆森（John Thomson）討論他的計畫。湯姆森是保險業的資深人士，也是哈特福德大學（University of Hartford）巴尼商學院（Barney School of Business）的副院長。湯姆森認為這個概念很棒，但也可以理解施瑪巴赫面臨的挑戰。湯姆森告訴他，他最大的錯誤是在佛蒙特州成立這家公司，因為那裡很適合某些類型的保險公司，但缺乏金融資源。

湯姆森告訴施瑪巴赫：「如果我是你，我會以不同的方式來看待這件事。你需要接近世界金融之都，佛蒙特州的伯靈頓不是這種地方。我覺得你應該盡可能地靠近紐約、紐澤西、康乃狄克這三州，那裡才是世界金融之都，那是更好的地方。」

施瑪巴赫說：「佛蒙特州的人說他們想跟我合作。」他指的是該州的保險監管單位。

「他們當然會那樣說。」湯姆森回應，「但那不重要。」

湯姆森的意思是說，施瑪巴赫有一個有趣的概念，但缺乏金融資源。

他應該去有錢的地方。

二〇二〇年的秋天，施瑪巴赫接到康乃狄克州的保險監理官員安德魯．梅斯（Andrew Mais）的電話。梅斯從湯姆森那裡聽到施瑪巴赫的概念，很感興趣。他覺得，新冠疫情期間，保險業的應對很糟，讓許多企業面臨無法預見的風險。保險公司也無法避免企業與家庭受到極端氣候日益嚴重的衝擊。

梅斯告訴施瑪巴赫，他可以幫他取得湯姆森所說的金融資源。

他指的是塔雷伯與史匹茲納格爾的老地盤——避險基金群聚的地方：康乃狄克州的格林威治。

施瑪巴赫很快就去格林威治，逐一造訪每家避險基金公司。許多公司對那個概念抱持懷疑的態度。那種產品可能風險很高，因為區塊鏈機制使理賠幾乎完全自動化，通常是在四十八小時內理賠，不像一般保險公司是幾個月或幾年後才理賠。這表示，提供保險的避險基金需要隨時準備好理賠。此外，那也與龐大、某種程度上無法量化的風險綁在一起。

但有些公司對此很感興趣。那種交易有一些有趣又複雜的面向，像花蜜吸引蜜蜂那樣，吸引著偏重計量的避險基金。到了二〇二一年底，施瑪巴赫已簽訂六筆合約，價值約三十億美元（也就是說，那些產品承擔三十億美元的風險）。

到了二〇二一年，施瑪巴赫再次聽從湯姆森的建議，在康乃狄克州的哈特福德（Hartford）開了辦事處，那裡離該州的保險監管機構很近，離格林威治僅四十五分鐘的車程。從好的方面來看，想要避免網路攻擊、野火、洪水等系統性風險的公司看來為數不少。

企業界的高層告訴施瑪巴赫，氣候相關風險是他們最大的擔憂。加州、德州、佛羅里達州和其他地方的公司越來越擔心颶風、大洪水、野火衝擊他們的設施與供應鏈。

另一個令人擔憂的問題是，隨著監管機構日益要求公司在報告中披露碳排放量，公司的供應鏈深處隱藏著碳排放的風險。一家德國豪華車廠告訴施瑪巴赫，它越來越擔心其延伸供應鏈所產生的碳排放量，比報告中披露的還多。萬一監管機關發現公司提交的碳排放報告不準確，公司可能面臨數十億美元的罰款。它擔心的不是它的直接零組件供應商，甚至不是這些供應商的供應商，而是延伸得更遠，往供應鏈底下延伸好幾層級的供應商。例如，如果泰國一家公司供應的一種成分最終進入汽車的油漆中，而這家泰國公司又是溫室氣體的主要排放者，這家汽車製造商擔心，它可能會因為沒有披露這個資訊而遭到罰款，即使它根本不知道那些碳排放情況。

不過，當施瑪巴赫把保護這家德國車廠的金融商品提交給避險基金時，那些基金想收的保費遠比德國車廠肯支付的還高。事實證明，無形的系統性風險可能很難用一個具體的金額來衡量。

公司面臨的另一個日益嚴重的氣候相關風險是，美西野火的失控蔓延。微軟、Google、蘋果、亞馬遜等科技巨擘在美西設立價值數十億美元的大型資料儲存中心。如果火災造成停電，導致這些公司的資料中心癱瘓，使他們的所有客戶跟著業務停擺，這可能嚴重影響聲譽與財務。這種事件的發生機率很低，卻有災難性的嚴重衝擊。

解決方案是：Ryskex 及它找來的避險基金願意承擔這種風險。

天曉得 Ryskex 會不會成功。二〇二二年，隨著歐洲爆發一場重大的陸戰，核戰再次成為嚴重的威脅，每個人都擔心系統性風險。氣候變遷、沒完沒了的疫情、總是迫在眉睫的網路攻擊威脅，世界似乎一直處於即將陷入某種新災難的邊緣。Ryskex 似乎可為那些想要避免這類緊迫威脅的公司提供一種解決方案。

對施瑪巴赫來說，認為這個概念可能奏效並不瘋狂。歷史上有很多小眾金融工具變成華爾街核心商品的例子。一九七〇年代，很少交易員聽過選擇權，更遑論如何定價了。一九九〇年代，另一種有保險性質的商品——信用違約交換（CDS）——只不過是華爾街越來越多計量分析師在白板上勾勒出來的一種理論結構。但是到了二〇〇八年，價值數兆美元、歐元、日元的信用違約交換就像傳染性病毒一樣，在全球金融體系的內部蔓延開來。後來它們爆炸了，導致系統崩解，差點無法復原。

○○○○

二〇二〇年代初期，施瑪巴赫不是保險界唯一想處理系統性風險的人。長久以來，系統性風險一直是保險業的禁忌話題。保險的數學支柱是大數法則，也就是鐘形曲線中那段可預測、安全、中庸的穩定狀態領域。七十五歲老菸槍的死亡風險是多少？亞利桑那州銅礦的工傷率是多少？十六歲男性駕駛撞車的頻率是多少？保險業可以在一瞬間算出這些數字，而且精確到小數點後第N位。

但情況正在改變。水災保險、火災保險、巨災保險都被徹底顛覆了，因為過去不再是未來的可靠預測。系統性風險突然變成一個熱門話題。保險公司的老闆幾乎隨處都可以看到塔雷伯所說的可怕黑天鵝。英美保險巨擘怡安集團（Aon PLC）表示，它不是把焦點放在黑天鵝上，而是放在灰天鵝上，那是某種程度上可預測的極端、罕見事件，像索耐特的「龍王」事件。

二〇二一年四月，怡安的執行長葛列格．凱斯（Greg Case）介紹新的研究專案《尊重灰天鵝》（*Respecting the Gray Swan*）時表示：「我們在全球都看到，客戶的優先要務徹底地重新排列了。這也是為什麼聲譽危機依舊是世界各地任何組織所擔心的一大風險，而且現在比以前更嚴重。顯然，領導者如何因應這些長尾或『灰天鵝』風險，是衡量其領導力與事業整體實力的關鍵指標。」[91]

二〇二〇年，倫敦勞合社或許是與施瑪巴赫討論後受到啟發，推出政府擔保的黑天鵝再保險計畫，以避免企業受到系統性衝擊，例如網路攻擊、太陽風暴、流行病（兩年後，它仍然只是一個思想實驗）。二〇二一年二月，勞合社推出 FutuReset 專案，重新思考保險業在風險與混亂日益加劇的世界中所扮演的角色。那個專案包含一系列名為「系統性風險大師課」（Systemic Risk Masterclass）的網路直播對話，聚集世界頂尖的思想家與保險業領袖。

在該系列節目的開場演講中，勞合社的執行長約翰．尼爾（John Neal）表示，系統性風險是該產業需要解決的挑戰，但這是一個非常棘手的問題。

「什麼是系統性風險，或者說，什麼是系統性災難事件？」他問道，「系統性風險，或稱黑天鵝事件，是最難量化、了解、防範的。隨著它們發展成系統性的災難事件，其影響可能是全球性的，往往會同時衝擊多個產業、多個國家、數十億人，而且可能帶來災難性的後果。」這類事件的一個例子是新冠疫情。尼爾說，未來的流行病「可能更嚴重，產生破壞性更大的後果」。

尼爾列舉其他幾個迫在眉睫的系統性風險，例如，極端的地磁太陽風暴可能導致全球的關鍵電力、GPS、交通基礎設施故障數天或數月。全球暖化加速可能導致風險倍增，加劇野火、洪水、其他天災。動物疾病、糧食或關鍵資源短缺，可能衝擊全球供應鏈。大範圍的停電，廣泛的通訊故障，全面的網路攻擊。

尼爾警告：「這些情況往往看似極端，但在這個密切相連的社會中，它們發生的機率比大家所想的高出許多。」

23 風險的大難題

二〇二一年的年初，塔雷伯躺在貝魯特一棟房子頂層的床上，戴著氧氣罩。他染上新冠肺炎，而且是重症。他前往貝魯特是為了幫忙生病住院的年邁母親，他不確定自己是怎麼染上病毒的。他猜想，很可能是在醫院跟醫學生交談時染上的。整整十五天，他沒見到半個人。一名斯里蘭卡籍的護士透過Google翻譯與他溝通，並利用升降機為他送餐。他把所有的時間都拿來研讀新冠肺炎的報告，他很害怕。

他最終康復了，但身體依然虛弱，呼吸短促，他有時懷疑自己可能罹患所謂的「長新冠」（long COVID），也就是說，令人虛弱的病症持續困擾著患者，可能長達數年。塔雷伯運氣不好，在可普遍施打疫苗之前感染了新冠病毒，那又增加長期症狀的可能性。二〇二一年的大部分時間，他老是覺得疲憊不堪，早上與下午都需要小睡一會兒。為了恢復健康，他開始每天步行十六公里。

與塔雷伯合撰「預防原則」的諾曼則是開始擔心**疫苗**是問題所在。它們是實驗性的，又在數十億人口上測試。他對疫苗接種強制令格外不安，他說那對人類構成系統性風險。他在 Substack 上寫道：「廣泛的強制令肯定會導致大規模的影響，大到足以影響系統本身，因此足以對系統本身造成傷害。而且，這是不可逆轉的。」

他擔心疫苗的有害影響，但他的擔心並不是很具體，總歸一句是「我們不知道」。諾曼認為，沒有人確定施打疫苗會有什麼後果，大規模做這種事情實在很糟糕。

塔雷伯覺得諾曼的分析令人惱火，是誤用預防原則。塔雷伯在推特上指出，疫苗不像病毒那樣有繁殖力。如果你的鄰居接種了疫苗，那不表示你有接種疫苗的風險。然而，如果你的鄰居沒有接種疫苗，那會**增加**你感染病毒的風險。二〇二一年十二月，他在推特上寫道：「反對疫苗的人都是瘋子。」他說，接種疫苗的樣本規模那麼大（他發推文時，約有四十億人接種疫苗），任何可能的系統性傷害早就被發現了。

美國各地民眾普遍反對各種抑制病毒傳播的措施（諸如口罩強制令、篩檢病毒的要求、接種免費的救命疫苗）。這些普遍、但往往害了自己的民眾反應，逐漸使塔雷伯反對史匹茲納格爾長期支持的政治理念：自由意志主義（他自己偶爾也是支持者）。他認為，病毒暴露這個理念的內在矛盾。這個理念把個人自由視為社會最重要的道德價值。問題是，一個人的個人自由何時開始侵犯到他人的自由呢？

二〇二〇年五月，塔雷伯在推特上寫道：「自由意志主義者根本前後矛盾，他們剝奪商店要求客人戴口罩的權利，限制別人的自由，卻又要求個人自由……這與自由意志主義無關，而是一群愚蠢的神經病與怪人，把他們對人類的仇恨發揮到極致。」

當然，塔雷伯與史匹茲納格爾的友誼依然牢固，只是多年來他們之間的眾多分歧又多了一個罷了。他們的關係比政治理念上的爭執深厚多了，而且完全體現在一個地方：寰宇。

○○○○

史匹茲納格爾最近在密西根州北部從事一項很熱門的活動：獵鹿。不過，他不是使用長步槍，而是使用訂製的德國複合弓。

二〇二一年十月的某天，史匹茲納格爾尋找野鹿的蹤跡，忙了一整天，但一如既往毫無斬獲。他從田園農場樹梢上的狩獵架爬下繩梯，戴著頭燈穿過茂密的灌木叢。他走出樹林時，來到一片開闊的櫻桃園，四周靜得出奇。接著，他聽到了一聲尖叫，後來又出現更多聲。突然間，尖叫聲包圍了他，彷彿戰場上的吶喊聲。是土狼！他以前在農場的山上、樹林的深處聽過那種聲音好幾次，但從來沒有直接面對過牠們。牠們似乎一直埋伏在那裡，等著這位避險基金的交易員離開樹林的掩蔽。他可以看到牠們，他把頭燈轉向四面八方時，可以看到好幾雙眼睛盯著他。他的腦中突然閃過一個新聞標題：〈黑天鵝交易員慘遭土狼吞噬〉。他開始加快腳步，接著跑了起來，朝著停在幾百碼外灌木叢中的卡車跑去。狼群緊隨其後，當他衝過一片開闊的田野時，他可以聽到牠們的腳爪撲地的聲音，以及四面八方傳來的嚎叫。他跑到卡車邊，連忙鑽進車內。此後，他晚上冒險進入樹林時，總是會帶著手槍。

史匹茲納格爾遇上狼群的驚險經歷，與他管理寰宇的日常工作形成了鮮明的對比。對這家避險基金來說，二〇二一年比較平靜。隨著股市持續上漲，波動性減弱，寰宇仍持續依循黑天鵝協定：買有爆炸性上漲潛力的便宜賣權，並等待下一次崩盤。史匹茲納格爾一如既往，不知道那些賣權何時會有獲利。可能是幾個月後，也可能是幾年後。但屢創新高的股市讓投資者感到不安，那感覺像泡沫。許多投資者為了避免受到崩盤的衝擊，主動找上寰宇。

通膨緩慢攀升，是市場陷入困境的一個跡象，也顯示聯準會正全力維持貨幣刺激政策。各種因素，例如供應鏈受阻、美國消費者的強勁需求、全球經濟從二〇二〇年的災難中反彈、俄羅斯入侵烏克蘭後的油價飆升，開始導致各種商品（從牛肉到玩具，再到汽車等）的價格飆升。到二〇二二年的夏季，美國與世界其他地區的通膨率已經達到令人頭痛的水準。

為了對抗通膨高漲，聯準會開始升息。經過十三年多的極度寬鬆政策後，聯準會被迫收緊貨幣政策以壓低通膨。

二〇二一年，史匹茲納格爾的第二本書《黑天鵝策略》（*Safe Haven: Investing for Financial Storms*）出版。這本短短兩百零八頁的著作是其投資策略的精華，大致上不像《資本的秩序》那樣岔題去談奧地利經濟學派（但收錄一些德國哲學家尼采的概念）。這本書基本上是直接挑戰現代投資組合理論，以及受制於該理論的龐大資金管理業。塔雷伯在該書的前言中表示，這本書是史匹茲納格爾「對投資業的嚴詞痛批」。

簡言之，史匹茲納格爾在《黑天鵝策略》中的論點是，投資者可以**同時**降低風險及提高報酬。事實上，只要操作得宜，更低的風險可以、也應該帶來的**直接結果**是更高的報酬。這與現代投資組合理論（MPT）的關鍵原則相互矛盾：在風險與報酬之間取捨。為了增加賺大錢的機會，你需要承擔損失慘重的風險。一家新創的電動車製造商比在地的電力公司更有獲利潛力，但風險也大了許多，可能使你賠光一切。史匹茲納格爾把這個難題稱為**風險的巨大困境**（great dilemma of risk）。

理論上，使用現代投資組合理論（MPT）構建的投資組合會調整風險與報酬，以提供最佳收益。這種方法通常是衡量一項投資相對於美國公債之類的穩定資產的歷史波動性。它也會衡量一項投資相對於它過去的績效。多年來，這種方法經歷多次修改。利特曼的「布萊克—利特曼模型」只是這個基本概念的一種變體。

史匹茲納格爾說，寰宇的策略和這種「風險─報酬」計算正好相反。他在《黑天鵝策略》中寫道：「大家把降低風險視為一種麻煩的責任，有礙財富創造，因為一般情況是如此。然而，寰宇至少是一個真實的個案研究與樣本外測試。它明確地證明我們不必以這種方式來看待『緩解風險』（risk mitigation）這件事。緩解風險可以、也應該被視為，隨著時間的推移，可提升投資組合價值的事情──也就是說，透過正確的風險緩解方式。」

他說，更棒的是，有效的風險緩解策略可以讓你承擔**更多的**風險。回想一下，史匹茲納格爾在寫給投資者的信以及《巴倫周刊》的報導中所提到的多種投資組合。他假設的寰宇投資組合是把九七％的資金投入股票，三％投入可能獲得爆炸性報酬的賣權。相較之下，其他的投資策略只把七五％或更低比例的資金投入股票。以那些崩盤時可獲得爆炸性獲利的賭注來避免巨額虧損，你就可以把幾乎所有的籌碼都投入股市。好的防守策略可以讓你的進攻策略更具攻擊性，你可以做更多孤注一擲的長傳；猛力揮出更多的全壘打；投出更多的三分球；開得更快，全速前進。

某種程度上來說，寰宇的做法是一種「**總是趁早慌**」。史匹茲納格爾一直在為他的投資者感到恐慌，好讓投資者不必慌。

這一切的背後邏輯可能令人望而生畏。在《黑天鵝策略》中，史匹茲納格爾有時使用過於複雜的語言，導致他的論點看起來更加複雜（例如，他寫道：「身為投資者，我們真正做的是，試圖對這個對數目標函數（logarithmic objective function）做數學最佳化，以追求幾何報酬的最大化。」）。

巴菲特或許說得最好，也最簡單。投資有兩大原則，第一是不要賠錢，第二是不要忘記第一原則。

雖然寰宇本身定期出現小額虧損，但這種策略與大量的股票投資部位結合起來，一直產生獲利。十三年來，寰宇的黑天鵝避險策略每年平均比標普五百的績效高三%以上。史匹茲納格爾在《黑天鵝策略》中宣稱，它是靠「承擔小得多的風險」做到這點。

史匹茲納格爾的論點吸引《紐約時報》的財經撰稿人彼得・柯益（Peter Coy）。[92]二〇二一年十一月，他寫了一篇《黑天鵝策略》的書評，標題是〈風險—報酬的取捨都是假的〉。他寫道：「傳統的投資理論主張，風險與報酬之間需要取捨。為了獲利豐厚，你必須冒著損失慘重的風險。若是追求穩健，你可能必須勉強接受微薄的報酬。投資者史匹茲納格爾表示，降低風險其實可以增加報酬，他有證據可以證明。」

柯益寫道，史匹茲納格爾發現「業內其他人都該注意到的事情。他的基本理念很簡單：生存最重要。如果一個投資組合平均表現良好，但因運氣不好而遭受一系列的重大損失，那可能永遠無法回本。因此，避免任何時期損失慘重非常重要，別指望隨著時間的推移價值會回升：如果一個投資組合沒有獲得很好的保險，隨著時間的推移，它爆掉及賠光一切的風險只會上升，不會下降。」

柯益指出，降低風險以提高報酬的概念，「對任何讀過現代投資組合理論的人來說，是違反直覺的。現代投資組合理論可說是商學院的必修內容。」

這就是為什麼塔雷伯說，《黑天鵝策略》是史匹茲納格爾「對投資業的嚴詞痛批」。他告訴我：「避險基金經理人很討厭我的書。」因為基本上他是在主張，他們所做的幾乎每件事（多角化投資、市場擇時、購買黃金與債券、利用槓桿來提高報酬）都是錯的，只不過是在作秀罷了。他說：「整個資產配置產業都建立在一個空洞的敘事上。」

史匹茲納格爾確實覺得，巴菲特及其恩師班傑明．葛拉漢（Benjamin Graham）那樣的價值投資者是破例。價值投資者專門尋找價值遭到嚴重低估的冷門股。那些股票因各種原因而乏人問津，因此價格低於其真實價值，有大幅上漲的機會。它們通常也比熱門股的風險低，因為它們的價格已經重創。這也表示，他們不必表現非常亮眼，就能提供扎實的報酬。巴菲特曾在給合夥人的信中寫道：「這是我們投資理念的基石。永遠不要指望高價賣出，只要以誘人的價格買進，連普通的賣價也能帶來不錯的報酬。」

史匹茲納格爾告訴我：「價值投資法與我的投資策略密切相關。我投資別人認為不值錢的東西，大多時候確實是如此。」

當然，這並不容易。價值投資法根據定義是一種逆向投資，它的運作方式是逆勢而動，許多投資者覺得那很難做到。更重要的是，有時股票之所以價格低迷是有原因的，它們是所謂的「價值陷阱」，例如，受到管理不善或商業模式過時等根深柢固的缺陷所影響。在二十世紀初，你不會想要投資馬車生意，無論它有多便宜。但價值投資的好處很多，它不僅提供大幅上漲的機會，也避免投資者受到黑天鵝崩盤的影響（黑天鵝崩盤可能摧毀風險較高的投資組合）。價值型股票的價格已經重創，這使它們不太容易再暴跌。

塔雷伯則是推薦他所謂的槓鈴策略（barbell approach）。那個概念是這樣的：在槓鈴的一邊，把你約八〇％的財富投資在超安全的資產上，比如短期公債。另一邊，把剩下的財富投入一堆高風險的東西，比如新創科技公司、生技公司或新興的潔淨能源股，這些股票的價格有可能暴漲。塔雷伯把高風險投資提供的曝險稱為**正向**黑天鵝。雖然多數賭注不會有報酬，但有報酬的那些賭注，比如投資界的亞馬遜、蘋果、特斯拉，可能彌補損失後還剩很多。

塔雷伯的觀點是，一般散戶的投資組合應該專注於保本，避免受到黑天鵝事件的衝擊，而不是押注股市將長期持續上漲。

一些學術研究證實這項策略。喬治梅森大學（George Mason University）的財務教授德里克・霍斯邁耶（Derek Horstmeyer）在二〇二二年七月的《華爾街日報》上寫道：「槓鈴策略有部分是根據這樣的觀點：投資者因行為偏誤，容易避開任何變數或資產特徵（如估值）的極端，因此資產類別的極端情況往往遭到高估。」霍斯邁耶對股票與債券的槓鈴策略做了分析，結果顯示，利率上升時期（亦即市場崩盤機率較高的時期），槓鈴策略的績效往往優於大盤。

二〇二〇年九月，一支名為「簡化美國股票加下行凸性」（Simplify US Equity PLUS Downside Convexity，股票代碼SPD）的新型ETF基金上市，為想要避免受到大幅下跌影響的投資者，提供一種有趣的新選擇。這支基金是由太平洋投資管理公司（PIMCO）的前ETF經理保羅・金（Paul Kim）創立。對散戶投資者來說，它可能是一支迷你的寰宇基金。它把很大一部分的資產投入市場，並把一小部分（約三％）投入在市場崩盤時會飆漲的深度價外賣權。

「這是一種寰宇使用、但一般大眾無法投資的尾部避險策略。」金告訴我，「我們把它放進一支ETF中。」聽起來很像史匹茲納格爾描述他的崩盤策略。金指出，ETF「會發揮作用，避免你受大幅下跌的影響，最終你會獲得更好的幾何報酬。你留在市場上，繼續投資。」

到二〇二三年初，簡化美國股票加下行凸性ETF約有二・五億美元的資金。這支基金是二〇二〇年市場監管轉變下的產物。那轉變讓零售基金在選擇投資種類上，享有更大的自由（可投資衍生性商品）。金認為，這種轉變是為大眾提供類似避險基金策略的大好機會。當然，金的基金和他的公司「簡化資產管理公司」（Simplify Asset Management）所推出的許多其他ETF大致上沒有經過測試。雖然波動性在二〇二二年飆升，但這還不足以驅動該基金承諾在崩盤期間提供的爆炸性獲利。同樣不明朗的是，在市場持續走高的漫長等待期，金與其團隊是否能夠管好執行這項策略的成本：日復一日的小虧損。即使是最老練的投資者，這段漫長的等待期也是耐心的一大考驗。

誰知道未來會怎樣呢？或許，隨著越來越多的投資者意識到避免自己受到崩盤衝擊的好處，這類產品會開始流行起來。或許，比方說，十年後，在另一次市場崩盤的廢墟中，調查人員可能指出，二〇二〇年放寬散戶基金投資高風險衍生性商品的機會，其實助長了那次崩盤。

不出所料，史匹茲納格爾對那些花俏的新ETF抱持懷疑的態度。他認為，光是費用支出，就會把投資者生吞活剝殆盡。他告訴我：「這種基金只會一直讓大家付出的代價，遠遠超過他們期望在崩盤時賺到的獲利。」對所有的投資者來說，關鍵在於知道他們正在承擔什麼風險，以及他們錯過了什麼。沒有什麼神奇的公式，每個投資者都有自己處理風險的獨特能力。三十歲的會計與七十歲的退休鋼鐵工人的風險狀況完全不同。投資者應該努力避免的是，根據股市將上漲或下跌的預感，甚至消息靈通的預測，而把現金投入或撤出市場——那肯定會導致賠錢。

史匹茲納格爾一直承認自己是很糟的預測者，因為二十多年來，他年復一年地警告市場將出現可怕的崩盤（就像俗話說的，壞掉的鐘一天總會準兩次那樣，偶爾幾次預測正確）。那其實是寰宇背後的投資訣竅之一。相較之下，索耐特認為他可以從市場的徵兆中偵測到龍王，史匹茲納格爾不一樣，他不需要預測就能成功。

24 通往末日的台階

塔雷伯在基輔機場過海關時，他思考著烏克蘭與俄羅斯的通關程序有多麼不同。在烏克蘭，海關人員幾乎不看他的護照一眼，就在護照上蓋了章，揮手示意他通過。在俄羅斯，官員仔細檢查他的護照，好像裡面藏了某種神祕又邪惡的祕密似的。每次造訪莫斯科，他總是很緊張，因為他知道，當地的官員隨時都有可能要求看他的護照，而且不知道會有什麼後果。在烏克蘭，他可以放鬆。

那是二〇二一年八月。塔雷伯是應烏克蘭第一夫人歐蓮娜・澤倫斯基（Olena Zelenska）之邀前來基輔。澤倫斯基在有千年歷史的聖索菲亞主教座堂（St. Sophia Cathedral），規劃了一場慶祝烏克蘭獨立三十週年的高峰會。一位大會代表告訴塔雷伯：「她很喜歡你的書，你能來嗎？」在那裡，塔雷伯短暫會見烏克蘭的總統弗拉基米爾・澤倫斯基（Volodymyr Zelensky）。當時澤倫斯基在烏克蘭以外的地方，因在不知情下參與了前總統川普抹黑喬・拜登（Joe Biden）與他的兒子亨特（Hunter）的施壓運動而聞名，那次事件導致川普首次遭到彈劾[十六]。

塔雷伯對澤倫斯基不以為然，他認為澤倫斯基只是一個疲於因應國際政治的平庸喜劇演員。他心想：「這傢伙要如何面對普丁那種冷酷殺手呢？」（後來他很快就對澤倫斯基改觀了。）塔雷伯也會見了烏克蘭的國會議員，討論各種政治制度如何因應風險。他與烏克蘭商人、政客、教授一起暢飲，離開時覺得烏克蘭在許多方面和俄羅斯一樣，但多了自由。

就在塔雷伯造訪烏克蘭前不久，他的一篇報告在華爾街引起轟動。該文宣稱，當時很熱門的加密貨幣比特幣的價值為**零**。塔雷伯在那篇名為〈比特幣、通貨與脆弱性〉（Bitcoin, Currencies, and vulnerability）的研究中指出，比特幣不能當成通貨使用，不是短期或長期的價值儲存工具，不是通膨避險工具，也不是投資的避風港，因為它與市場高度相關。比特幣不像黃金和其他貴金屬，沒有內在價值，所以需要比特幣的挖礦者持續維護，以支撐比特幣的價值（比特幣的挖礦者，是使用複雜公式以創造出越來越多比特幣的電腦高手）。由於挖比特幣的人可能在某個時點對比特幣失去興趣，而在理論上使比特幣的價值降為零，他認為比特幣的現值是零。導致塔雷伯對數位貨幣更不屑的一個原因可能是，在二〇二〇年三月的

十六、這是指「川普—烏克蘭醜聞」，也稱「川普電話門」，是指美國總統川普與私人律師朱利安尼在二〇一九年五月到八月連番向烏克蘭政府施壓，透過電話要求調查民主黨的總統候選人拜登及其兒子亨特的事件。

危機中，它的跌幅甚至超過市場，可見它做為因應黑天鵝事件的尾部避險工具，顯然毫無價值。

比特幣在新冠疫情期間暴跌後，於二〇二一年反彈，並於十一月達到六萬七千八百零一美元的歷史新高。[93]但二〇二二年，隨著聯準會開始提高利率，比特幣與其他的加密貨幣崩盤，使更廣泛的加密貨幣市場蒸發約兩兆美元。

隨著比特幣暴跌，一位加密貨幣的億萬富翁正廣泛地動用各種力量，以及他的數十億美元資金來拯救比特幣。[94]三十歲的山姆・班克曼—弗里德（Sam Bankman-Fried）是一個龐大加密帝國的大亨，他開始從加拿大到日本收購營運困難的加密貨幣交易所。為了提高大眾對加密貨幣的興趣，這位加密貨幣交易所ＦＴＸ（FTX Trading）的機靈執行長，與超級名模吉賽兒・邦臣（Gisele Bundchen）一起出現在雜誌廣告中，並在二〇二二年的超級盃期間，斥資數百萬美元拍攝拉里・大衛（Larry David）主演的加密貨幣廣告。

班克曼—弗里德以蓬亂的卷髮及厭惡西裝聞名，他推崇一種影響力越來越大的半末日世界觀「長期主義」（longtermism）。這種世界觀與塔雷伯的預防原則有一些共同的元素。那是二〇〇〇年代一種道德理念「有效利他主義」（effective altruism，簡稱ＥＡ）的產物。有效利他主義是一種量化的慈善方法，目的是估算機率，以了解哪些理念對人類的福祉最重要。減少全球的貧窮會比為下一次疫情做準備更有效益嗎？為殺手ＡＩ做好準備，會比花錢把一群人送到火星殖民更有效嗎？到了二〇二〇年代初期，已經有四百多億美元投入有效利他主義運動，其成員為聯合國與美國政府的高階官員提供諮詢建議。這個運動的核心信條是，ＥＡ的追隨者把收入的一大部分捐給有意義的理念。那激勵像班克曼—弗里德那樣的人去追求能夠產生最高收入的職業選項，以便盡可能地增加捐款，這種慈善模式稱為「薪力行善」（earning-to-give）。ＥＡ的追隨者不是從事醫藥或化學工作，而是到華爾街和矽谷，或加密貨幣領域尋找工作。

到了二〇二〇年代初期，長期主義已在美國的許多科技巨擘中形成一股強大的力量。支持者是使用複雜的公式以創造出越來越多比特幣的電腦高手，也包括馬斯克、比爾・蓋茲、傑夫・貝佐斯（Jeff Bezos）等富豪。這個理念是源於瑞典哲學家尼克・伯斯特隆姆（Nick Bostrom）的研究。伯斯特隆姆是牛津大學人類未來研究所（Future of Humanity Institute，簡稱ＦＨＩ）的創立者，該研究所研究人類面臨的極端風險（馬斯克向ＦＨＩ的姊妹組織「未來生命研究所」捐了一百五十萬美元）。這個信念體系背後的核心理念是，只要做對決定，人類的潛在未來是無限的，在數百萬年、甚至數十億年間，未來的人類數量會遠遠超過如今地球上活著的人數，或曾經活過的人數（伯斯特隆姆在他的計算中，也包含活在電腦模擬中的人）。既然如此，今天的人類對數兆名尚未出生的未來人類或數位人類肩負著重大的責任，那些人將生活在非常遙遠的未來，一個無窮無盡、令人眼花撩亂的未來。在那個未來中，人們將與電腦融合，遍布在宇宙中。伯斯特隆姆與其他人把這個思想實驗的邏輯推向極端中的極端——人類的長期存在才是最重要的。

這促成一些激進的結論。二〇二二年九月，《華盛頓郵報》的社論〈「長期主義」的麻煩〉（The Trouble with 'Longtermism'）指出，由於拯救人類是唯一的優先要務，「在避免生存風險方面，不管得到的進展再怎麼微小，都比拯救今天數百萬人的生命更有價值。」[95]從數字上來看，這意味著貧困、全球健康等短期問題（有些人說也包括全球暖化問題），其實對人類未來的生存沒有太大的影響。氣候危機？那在人類未來主宰銀河系的道路上，只不過是一個減速丘罷了。

真正需要擔心的是什麼？人類工程創造出來的劇毒病原體（班克曼—弗里德資助總部位於華盛頓特區的政治行動組織「防範流行病」〔Guarding Against Pandemics〕，那是他弟弟蓋布經營的），或是有如科學怪人的AI開始叛逆（這是伯斯特隆姆在他的二〇一六年暢銷書《超智慧：AI風險的最佳解答》〔*Superintelligence: Paths, Dangers, Strategies*〕中思考的主題，該書封面引用比爾・蓋茲的話：「我極力推薦這本書。」馬斯克也在推特上宣傳了這本書：「我們需要對AI非常小心，它可能比核武更危險。」）……或是致命的小行星衝撞地球……或者，沒錯，核武也是。

表面上看來，這些擔憂似乎反映《預防原則》中有關全球毀滅的警告。不同的是，預防原則大致上是被動的，建議大家不要做可能對人類構成極端危險的行動（雖然也有主動預防的例子，例如美國航太總署〔NASA〕的開創性DART計畫，目的是避免地球受到小行星的撞擊）。長期主義比較有規範性，其支持者在太空探索與殖民、人類與AI之間的共生（以期超越或擊敗未來的超智慧AI霸主）、基因工程（人類、動物、食品）上，押下數十億美元的賭注。某種程度上，它與預防原則背道而馳，提倡孤注一擲的極端實驗，以確保人類無限的未來。

長期主義者比較不關心的議題是什麼？貧窮（但這一開始是推動有效利他主義運動的議題）、醫療保健、貧富不均的肇因、國家之間的貧富落差。長期主義者的辯論，引發詭異的反烏托邦觀念：誰該存活下來或誰該死。牛津大學著名的長期主義者尼克．貝克斯特德（Nick Beckstead）在博士論文中寫道，由於富國「有更多的創新，其勞工的經濟生產力高出許多」，他認為，「在富國挽救一條生命，比在貧國挽救一條生命重要多了」。伯斯特隆姆提議，在世界上的每個人身上安裝追蹤器，以確保沒有人在自家的地下室製造殺死人類的病毒。

普林斯頓大學的哲學家兼倫理學家彼得・辛格（Peter Singer）的研究，啟發許多有效利他主義的創始人，但他認為長期主義思維是一種威脅。[96]二〇二一年十月，他在一篇文章中寫道：「把滅絕風險視為人類最關切的問題，這樣做的危險應該是顯而易見的。從人類生存風險的角度去看當前的問題，可以把這些問題縮小到幾乎不存在，同時為任何促進人類長久生存以擴散到地球以外的事情辯解。」

瑞德認為，諷刺的是，長期主義者這樣做，反而可能招致他們一心想要抵禦的末日。二〇二二年七月，他寫道：「所謂的『末日使者』，他們身上帶著我同事塔雷伯所說的『沉默的風險』：他們在試圖鞏固自己的權力、甚至在試圖（我確信是出於善意）降低人類面臨的長期生存風險的過程中，反而對文明、甚至對地球上的生命構成可怕的風險。」[97]瑞德認為，藉由輕描淡寫當前的風險（例如氣候亂象，因為他們不認為這是攸關生死存亡的問題），並藉由把人類的未來押注在技術烏托邦式的科學突破上，長期主義者正在進行一場危險的賭博，可能適得其反。

塔雷伯只覺得他們的數學不好。二〇〇八年，他在牛津的一次晚宴上遇到伯斯特隆姆，並很快將他歸結為一個可能是善意、但不切實際的夢想家，缺乏常識。他告訴我：「這些傢伙都瘋了，他們在做模型，但萬一模型是錯的怎麼辦？我懷疑他們根本沒有機率概念。在殖民火星以前，先確保地球運轉正常吧。」

班克曼—弗里德的交易所FTX在二〇二二年宣告破產時，他很大程度上驗證塔雷伯的觀點：加密貨幣是一個燒錢的紙牌屋。當FTX傳出流動性吃緊的傳言時，其客戶感到不安，搶著提領現金。幾天內，FTX的資金從銀行帳上的數十億美元，暴跌到幾乎為零（或者，實際上是負幾十億美元）。某天，FTX的估值是三百二十億美元，但隔天幾乎一文不值。對年輕的班克曼—弗里德來說，這是一個殘酷的教訓，讓他體認到由「黑天鵝」與「龍王」主導的金融市場本質上是混亂、往往是粗暴的。當然，後來事實證明，班克曼—弗里德的困境大多是他自己造成的，因為有人指控他帶著FTX客戶的資金逃逸（班克曼—弗里德否認這些指控，並在紐約的傳訊中提出無罪抗辯）。到了二〇二三年初，這位有效利他主義者的未來肯定會有不少時間是在美國法庭上度過，或是面對更大的挑戰。

〇〇〇〇

與此同時，隨著股市在政府刺激與寬鬆貨幣政策的推動下飆升至歷史高位，寰宇持續吸引新的投資者。二〇二一年十一月，道瓊工業指數首次突破三萬六千點。投資者在那瘋狂的高處喜不自勝，但許多人越來越擔心派對可能在一瞬間結束。當你害怕黑天鵝潛伏在暗處時，你很難繼續開心地笑下去。

二〇二二年一月二十日，原子科學家公報把末日時鐘設在午夜前一百秒，和二〇二〇年一月新冠肺炎在全球爆發以來的位置一樣。原子科學家說，雖然拜登當選美國總統緩解了緊張局勢，但那還不足以扭轉文明與災難共跳死亡之舞。美國、中國與俄羅斯之間的緊張關係；北韓的核武擴張；烏克蘭邊境的可怕軍事對峙；不斷擴大的生化武器發展；新冠疫情與未來疫情的威脅；溫室氣體無節制地排放，導致全球暖化更加惡化；網路上有害的假資訊亂竄，使數百萬美國人相信二〇二〇年美國總統大選結果有舞弊，以及其他許多攸關生死存亡的風險，這一切都把世界推到了懸崖邊緣。

科學家寫道：「末日時鐘仍處於有史以來最接近文明終結的時刻，因為世界仍陷於極其危險的狀態。二〇一九年，我們稱之為新異常。很遺憾，這種狀況持續存在……通往末日的台階不宜逗留。」

一個月後，二月二十四日上午，俄羅斯總統普丁下令數千名俄羅斯大軍入侵烏克蘭。他宣稱這是一次「特殊軍事行動」，目的是使烏克蘭「去納粹化」（denazify）。專家預計，敵對行動將在幾天內結束，俄羅斯資金充足的精銳軍隊將迅速擊敗烏克蘭的烏合之眾部隊，占領基輔，並以一個對俄羅斯政府效忠的傀儡政府來取代澤倫斯基政府。多數人預計澤倫斯基會攜家帶眷逃離俄羅斯。當然，這並未發生。相反的，這位電視喜劇演員出身的總統留在烏克蘭的首都。據報導，他告訴主動提議協助他逃亡的美國官員：「戰場就在這裡，我要的是彈藥，而不是搭便車。」

隨著澤倫斯基成為西方的英雄，塔雷伯意識到他對烏克蘭總統的第一印象，是他一生中最大的個人誤解之一。澤倫斯基是名副其實有切膚之痛，切身投入。與此同時，塔雷伯也跟世界各地的許多人一樣，開始重新評估普丁。儘管俄羅斯在車臣與敘利亞發動殘酷的戰爭，而且普丁又喜歡暗殺國內的反對者，但他仍設法在西方領導人與商界人士之中維持一定程度的尊重。塔雷伯曾把他的政權視為溫和的民族主義形式，邪惡程度較低，雖令人不快，但不至於威脅全球秩序。他在《不對稱陷阱》中，略帶認同地寫道，普丁身為不必面對選舉的獨裁者，這讓他可以「像自由公民那樣，與一群需要委員會、需要別人批准的奴隸[十七]對抗。那些奴隸當然會覺得他們的決定必須符合大眾的要求」。

塔雷伯後來告訴我：「事實證明，根本沒有溫和的民族主義形式。」

十七、這裡的奴隸，是指公眾紅人或透過選舉產生的元首。

那場戰爭引發波及全球的經濟與金融連鎖反應。油價飆升，進一步刺激了因新冠疫情及疫情抑制全球供應鏈而造成的通膨壓力。股市暴跌，幾週內陷入空頭市場。三月，米迪奧拉姆國際基金（Mediolanum International Funds）的市場策略長布萊恩．歐萊利（Brian O'Reilly）對晨星（Morningstar）表示：「市場受到震撼。」[98]由於俄羅斯是鎳礦的最大生產國之一，市場擔心戰爭將擾亂鎳的取得，鎳價因此在一天內暴漲了一倍。烏克蘭是全球最大的小麥生產國之一，黑海的港口受阻，導致穀物價格飆漲。國際貨幣基金組織（IMF）表示，戰爭導致的糧食價格飆升，造成至少自二〇〇八年以來最嚴重的全球糧食危機，使社會動盪的風險越來越大，這是巴爾楊多年來一直在研究的風險。

油價飆升扭轉化石燃料業多年來的跌勢，投資者預計普丁掀起的這場戰爭將為他們的投資帶來創紀錄的獲利。與此同時，由於拜登政府難以通過一項解決氣候危機的支出法案，潔淨能源的聲勢似乎有所減弱。西維吉尼亞州的參議員喬．曼欽（Joe Manchin）的財富與煤炭有關，他以擔心通膨為由，一再阻撓那項法案通過。

十幾年來，塔雷伯與史匹茲納格爾一直預測通膨飆升（二〇一〇年塔雷伯預測出現惡性通膨，並建議投資者放空美國公債市場）。但多年來，儘管聯準會推出各種刺激措施，通膨仍在掌控中。後來，二〇二二年，基於多種因素，物價飆升。聯準會主席傑洛姆．鮑爾

（Jerome Powell）因此開始升息，以遏制美國經濟過熱。

這為債券之類的固定收益資產帶來了麻煩，因為它們的價格與利率走勢相反。於是，債市與股市同時下跌（標普五百指數跌了二〇％，是該指數半個多世紀以來最糟的年中表現）。長久以來，許多投資者最愛「股六債四」的投資組合。股債市同時下跌，對長期依賴這種投資組合的投資者來說是一大災難。在二〇二二年上半年，股六債四的投資組合下跌了二〇％，這是該策略自一九七六年以來表現最疲弱的上半年。在下半年，股債市持續下滑，使股六債四的投資組合面臨一九三七年以來表現最糟的年度。[99]

向來抱持懷疑態度的史匹茲納格爾擔心，如果聯準會持續升息，債市可能會出現大崩盤。他告訴彭博社，全球金融體系正處於「人類歷史上最大的信貸泡沫」，這是由十多年的極低利率與其他形式的經濟刺激促成的。[100]他說：「要是這種信貸泡沫破裂，那會是有史以來最慘烈的市場失靈。不過，讓我們祈禱這種情況不會發生吧。」

二〇二三年一月，史匹茲納格爾在致投資者的信中，進一步強調他對市場大崩盤的診斷。那封信也在整個華爾街觸發了警訊。「我們正活在一個巨大的火藥桶與定時炸彈裡，」他寫道，「客觀上，這是金融史上最大的火藥桶，比一九二〇年代末期的火藥桶還大，很可能造成類似的市場後果。」

盤，那是滿大膽的預測。」

○○○○

索耐特回到蘇黎世，為人生的重大改變做準備。六十五歲的他，在瑞士聯邦理工學院做了十五年的創業風險教授後，即將退休。四月，為了紀念退休，他為學生與教職員工做了一場告別演講，題目是〈動態風險管理與龍王：預測與因應狂野世界〉。[101]他提到他最喜歡的主題，包括他畢生對極端事件的關注，他對冒險與重機的熱愛，他成功的市場預測，他對塔雷伯黑天鵝概念的蔑視（他說黑天鵝概念是「錯誤且危險的」，因為它讓參與製造災難的人，尤其是銀行家與政治家可以卸責）。他說，只要你知道該尋找什麼，龍王是可預測的。索耐特認為他做到了。

他談到，他與一群以前的學生在預測地震方面的最新進展。他們一起推出一個網站，名叫RichterX。那是以所謂的流行病式餘震序列模式（Epidemic Type Aftershock Sequence Model，簡稱ETAS）為基礎。根據ETAS，地震會引發其他地震，那又會引發越來越多的地震，造成像流行病一樣的連鎖反應，或混亂的市場崩盤。該網站掃描全球，並即時預測地震出現的可能性。用戶幾乎可以點擊世界上的任何地方，就能得到一個預測。例如，點擊印尼的某個地點，你可能會得到以下資訊：「未來七天內，一百公里內至少發生一次五級以上地震的可能性是〇．二％。」

該網站的一個獨特功能是：用戶可以開一個帳戶，把錢存進去，並與 RichterX 團隊的預測對賭。索耐特對觀眾說：「這套系統讓任何預測更準確的人與我們對賭。如果你贏了，就會得到報酬，金錢！」接著，該網站可以從成功的押注中學習。

索耐特也證明，在地震中觀察到的相同動態，也可以在金融市場與崩盤中偵測到。他是以二〇〇八年建立的金融危機觀察站來追蹤這些因素。他解釋，多數崩盤不是由外部或所謂的「外生」事件引起的（例如壞消息，比方說某季財報盈餘不佳）。相反的，崩盤大多是由市場**內部**發生的「內生」事件引起的。策略會對策略做出反應，連鎖反應會導致進一步的連鎖反應，就像地震引發更多的地震一樣。他指出，類似的模式也可以在其他領域看到，例如圖書銷售、物種滅絕、社會動盪等。

演講結束時，他提到一個迫在眉睫的問題，他說這是現今世界上他最關切的問題，那就是從化石燃料轉向潔淨能源。索耐特說，他覺得，目前從全球經濟中「除碳」的行動，背後的言論大多是「充滿抱負的幼稚幻想」，沒有考慮到這是一種「能源**取代**」計畫，而不是增加新能源。這種行動的規模就像二次大戰那麼龐大，而且是發生在全球廣大地區都強烈要求**更多**能源的時候。

索耐特警告：「印度來了，非洲來了。」

我們需要的是，創造一個在新能源創新方面承擔風險的「社會泡沫」。索耐特說，這需要包含核能。這些「有用的泡沫」就像把人類送上月球的阿波羅太空計畫，會催生許多其他的技術，例如百得吸塵器（Black & Decker Dustbuster vacuum）。然而，索耐特對這樣的發展並不樂觀。經歷了全球金融危機與新冠疫情等衝擊後，如今冒險已變得像瀕危物種一樣罕見。

「我們是一個零風險的社會。」他說，「我們是一個病態的社會，那是死的。」

○○○○

隨著二〇二二年夏季的到來，無可避免的氣候災難以驚人的頻率展開。嚴酷的熱浪襲擊了歐洲，使倫敦的氣溫升到攝氏三十八度以上。中國大片地區酷熱難耐，兩百六十多個氣象站創下歷史最高溫紀錄，居民紛紛躲到地下防空洞避暑。另一個高溫穹頂籠罩在西雅圖的上空，使氣溫連續六天超過攝氏三十二度，創下歷史新高。南亞連續幾個月來**幾乎天天**都超過攝氏三十八度。在法國，環法自行車賽期間，人行道必須澆水以防柏油路融化。那年歐洲土地因火災受損的面積，是二〇〇六年至二〇二一年間平均值的兩倍。巴基斯坦的洪水，有部分是冰河融化造成的，導致該國三分之一的地區淹水成災，數百人喪生，三千多萬人流離失所。

聯合國的祕書長安東尼歐・古特瑞斯（Antonio Guterres）在巴基斯坦首都伊斯蘭馬巴德（Islamabad）的記者會上表示：「這太瘋狂了，根本是集體自殺。我們應該結束與大自然的戰爭，現在就投資可再生能源。隨著危機越演越烈，顯然多數國家都還沒有做好準備。」[102]

布朗大學的氣候科學家金・卡柏（Kim Cobb）在接受《華盛頓郵報》的採訪時表示：「今年夏天簡直就是恐怖場景。」[103]

到了秋天，情況並未好轉，反而更加惡化。九月下旬，致命的四級超級颶風伊恩（Hurricane Ian）像一個由水與空氣組成的電鋸那樣，衝擊佛羅里達州的西海岸。NBC新聞的氣象播報員比爾・卡林斯（Bill Karins）在美國史上最強大的颶風之一登陸時說：「我們正處於破壞階段。」[104]邁爾斯堡海灘（Fort Myers Beach）的一名居民說：「我真不敢相信大自然竟然會做出這種事，我的天啊！」[105]該海灘受到颶風的直接衝擊。

氣候方面出現一些罕見的正面進展，那甚至可能鼓舞瑞德或索耐特等堅定的悲觀者。八月，西維吉尼亞州的參議員曼欽改變對拜登氣候法案的立場，終於不再阻撓法案。國會迅速通過一項近四千億美元的組合計畫，以提升對電動車以及風能、太陽能等可再生能源的投資。氣候專家表示，該法案將大幅幫助美國達到二〇三〇年前把溫室氣體排放量從二〇〇五年的水準減半的目標。隨著潔淨能源類股的上漲，利特曼等綠色能源領域的投資者歡呼雀躍。

不過，令利特曼失望的是，該法案中並未包括課徵碳稅。

○○○○

二〇二二年九月二十六日，美東時間晚上七點十四分，美國航太總署的一架小太空船以時速兩萬四千一百四十公里的速度，撞上一顆一百六十米寬的小行星衛星迪莫弗斯（Dimorphos），因此略微改變它的軌跡。[106]這是航太總署DART任務的成功演示，DART是雙小行星改道測試（Double Asteroid Redirection Test）的縮寫。行星防禦任務（Planetary Defense mission）證實，NASA有能力引導距離地球數百萬英里的太空船與小行星相撞，以使小行星偏轉。這個技術稱為動態撞擊（kinetic impact）。航太總署表示，DART的成功「展示一種可行的風險緩解技術，可在發現小行星或彗星朝著地球飛來時，避免地球受到撞擊」。雖然航太總署的行星防禦任務，看似好萊塢暑假強檔大片的智囊團所推出的老掉牙作品，但那其實是一個由極其嚴肅的科學家所領導的嚴肅專案。雖然小行星撞上地球是極其罕見的事件，但那對人類的生存構成威脅。即使這種事有多麼不可能發生，採取措施以防範如此可怕的事件是完全合理的。

航太總署其實是在採取預防原則。

○○○○

回到寰宇，二〇二二年的波動高峰正適合寰宇蓬勃發展，那是他們的舒適圈，就像在平靜的水域中航行一樣。六月，市場暴跌二〇%時，寰宇的計量系統顯示，他們獲利了結的時候到了。另一次獲利機會是出現在秋季，那時聯準會與全球各地的央行眼看著通膨跡象持續不止而一再升息，導致股市進入空頭市場。

史匹茲納格爾隱身在田園農場，經常透過Zoom與寰宇的交易員討論交易。由於史匹茲納格爾曾警告債市有如火藥桶，他告訴交易員，他很懷疑聯準會是否會積極取消貨幣政策刺激。這表示股市可能反彈，市場會持續上漲。

他告訴團隊：「他們在虛張聲勢。」他指的是聯準會。他認為，如果經濟開始萎縮，或者通膨減緩，聯準會主席鮑爾會在瞬間逆轉立場。歷史上，央行很少在經濟放緩時收緊政策。史匹茲納格爾告訴我，在經濟可能衰退之際升息，「需要一位有自殺傾向的聯準會主席」，而且那可能導致比二〇〇八年更嚴重的經濟崩解。

但他很快就承認，他可能錯了。他也很快承認，如果他錯了，那對寰宇及其投資者來說是好事，但是對幾乎所有其他人來說，都是很可怕的。投資人因為擔心聯準會、通膨及其他迫在眉睫的風險，依然搶著投資寰宇。《機構投資者》（*Institutional Investor*）的資料顯示，二〇二二年底，寰宇為大約兩百億美元的資產提供崩盤保護，這是它成立十五年來的最高水準，使其成為世界第二十四大避險基金。在寰宇只有二十一位員工之下，每個員工平均承擔近十億美元的資產。

快到年底時，密西根北部偏遠的原野地帶，氣溫驟降至零度以下。史匹茲納格爾站在狩獵架的邊緣，凝視著周圍茂密的森林，瞄準他的複合弓，掃描四周是否有動靜。他站在九米高的狩獵架上，追蹤一頭他用農場的多部攝影機鎖定的獵物。多年來，他一直想獵捕牠。目前為止，這頭雄鹿的行蹤一直很隱密。史匹茲納格爾前一晚睡在樹林裡，從黎明開始就一直在那裡默默地等待。他有時覺得，追蹤那頭雄鹿，有點像在寰宇為混亂做準備。你等著射擊，也許要等很長一段時間，你只有一次機會。只要稍有猶豫，獵物就逃進叢林了。

時間一分一秒地過去，天色已晚，他覺得很冷。他決定收拾弓箭，今天就到此為止，返回北港的家，並隨時注意周遭有沒有土狼。

他並不介意空手而返，他知道總有一天會射中。

○○○○

二〇二三年一月二十四日，原子科學家公報將末日時鐘的指針，提前到距離午夜只剩九十秒的位置，這是它設立以來最接近全球災難的一次，主因是普丁對烏克蘭發動戰爭。科學家警告：「俄羅斯幾乎不加掩飾地威脅使用核武，這提醒全世界，衝突的升級，無論是出於意外、故意，還是誤判，都是一種可怕的風險。」

與此同時，氣候科學家警告，有「末日冰河」之稱的南極洲史威茲冰河（Thwaites Glacier）正邁向崩解。英國南極調查局（British Antarctic Survey）的研究人員在《自然》雜誌上表示，溫暖的海水正滲入冰河表面下八百公尺處的裂縫。科學家用名為「冰鰭」（Icefin）的水下機器人，在冰河上鑽了六十公尺的鑽孔。他們偵測到的證據顯示，儘管冰棚下的融化速度可能比預期慢一些，但冰河內的裂縫融化速度比之前所想的快很多。

這片跟佛羅里達州差不多大小的冰河非常重要，因為它就像一座堅固的冰壩，擋住南極洲西部陸地上更大的冰河。一旦這個冰壩崩解，其他的冰會開始滑入大海，導致全球海平面大幅上升。

這可能在什麼時候發生？科學家也不知道。

謝辭

首先，也是最重要的，我要感謝愛妻艾莉諾（Eleanor）。十幾年前，她就提議寫一本有關末日預言家的書，她發現了當時還鮮為人知的法國屠龍俠索耐特。當然，我也要感謝對我充滿耐心又求好心切的編輯瑞克．霍根（Rick Horgan），他現在為我編了三本著作。感謝我在作家之家經紀公司（Writers House）的經紀人麗莎．迪莫納（Lisa DiMona）。她聽我提出許多不太可行的寫作概念，直到二〇二〇年初疫情肆虐時，我們才終於決定寫這本書。如果沒有史匹茲納格爾、塔雷伯、雅克金的合作，我不可能寫出這本書。感謝瑞德總是鼓勵我及熱情地回應；感謝巴爾楊耐心地回答我有關複雜系統理論的問題，提供真知灼見與指導；感謝大忙人利特曼從來不會因為太忙而不回我電話或電郵；感謝另一位大忙人索耐特特地撥冗打電話來，說明他屠龍的精彩歷程；感謝艾克曼；感謝亞倫．布朗在幾個方面都提供了極大的幫助，並為書中的許多主題及其朋友塔雷伯的複雜個性提供了巧妙的見解。感謝我在《華爾街日報》的編輯肯．布朗（Ken Brown）在我從報社請假去寫書的過程中，給予我的支持。

附註

序言

本文是根據我對艾克曼的採訪以及多篇關於其交易的文章，其中包括Liz Hoffman, "Bill Ackman Scored on Pandemic Shutdown and Bounceback," *Wall Street Journal*, January 31, 2022, https://www.wsj.com/articles/bill-ackman-scored-on-pandemic-shutdown-and-bounceback-11643634004.

艾克曼交易的一些細節，是摘自Emil N. Siriwardane, Luis M. Viceira, Dean Xu, and Lucas Baker, "Pershing Square's Pandemic Trade," Harvard Business School, July 2021, https://www.hbs.edu/faculty/Pages/item.aspx?num=60603.

第一部　黑天鵝還是龍王？

史匹茲納格爾與塔雷伯在金融界的職涯細節，是根據我對他們兩人及他們的熟識與共事者的數十次訪問。有些細節是摘自他們出版的書籍。

第一章　砰！

1. Justin Baer, "The Day Coronavirus Nearly Broke the Financial Markets," *Wall Street Journal*, May 20, 2020, https://www.wsj.com/articles/the-day-coronavirus-nearly-broke-the-financial-markets-11589982288?mod=e2tw.
2. Nassim Taleb Looks at What Will Break and What Won't," *Economist*, November 22, 2010, https://www.economist.com/

news/2010/11/22/nassim-taleb-looks-at -what-will-break-and-what-wont.
3. https://arxiv.org/pdf/1410.5787.pdf.

第二章 破產問題

4. https://necsi.edu/systemic-risk-of-pandemic-via-novel-pathogens-coronavirus-a-note.

第三章 更糟的還在後頭

5. Miguel Centano, Peter Callahan, Paul Larcey, and Thayer Patterson, "Globalization as Adaptive Complexity: Learning from Failure," in Adam Izdebski, John Haldon, and Piotr Filipkowski (eds.), *Perspectives on Public Policy in Societal-Environmental Crises*, (Springer, 2022).
6. Larry Diamond and Edward B. Foley, "The Terrifying Inadequacy of American Election Law," *Atlantic*, September 8, 2020, https://www.theatlantic.com/ideas/archive/2020/09/terrifying-inadequacy-american-election-law/616072/.
7. https://www.washingtonpost.com/politics/2022/01/01/post-poll-january-6/.
8. https://www.pnas.org/doi/10.1073/pnas.2102149118.
9. Thomas B. Edsall, "America Has Split, and It's Now in 'Very Dangerous Territory,'" *New York Times*, January 26, 2022, https://www.nytimes.com/2022/01/26/opinion/covid-biden-trump-polarization.html.
10. "How Is Climate Change Impacting Russia?," *Moscow Times*, November 2, 2021, https://www.themoscowtimes.com/2021/11/0 2/how-is-climate-change-impacting-russia-a75469.
11. 這篇論文包括另一位作者：石溪大學的拉斐爾・杜阿迪（Raphael Douady），但塔雷伯說他的貢獻微乎其微，所以這裡沒提到他。

第四章 滋滋熱

12. Scott McMurray, "Riding High: Tom Baldwin's Trades in Chicago T-Bond Pit Can Move the Market," *Wall Street Journal*, February 4, 1991.

第五章　塔雷伯眼中的世界

13. Malcolm Gladwell, "Blowing Up," *New Yorker*, April 22, 2022, https://www.newyorker.com/magazine/2002/04/22/blowing-up.
14. https://merage.uci.edu/~jorion/oc/ntaleb.htm.

第六章　火雞問題

15. Ann Davis, Henny Sender, and Gregory Zuckerman, "What Went Wrong at Amaranth: Mistakes at the Hedge Fund," *Wall Street Journal*, September 20, 2006, https://www.wsj.com/articles/SB115871715733268470.
16. https://www.statista.com/statistics/271771/assets-of-the-hedge-funds-worldwide/.
17. 曼德博的演講內容，與約莫同一時間他在麻省理工學院所做的演講類似。塔雷伯說，那和他在柯朗研究所的演講內容一樣。https://www.youtube.com/watch?v=ock9Gk_aqw4.
18. "Daniel Kahneman Changed the Way We Think About Thinking.But What Do Other Thinkers Think of Him?," *Guardian*, February 16, 2014, https://www.theguardian.com/science/2014/feb/16/daniel-kahneman-thinking-fast-and-slow-tributes.
19. Alex Berenson, "Fannie Mae's Loss Risk Is Larger, Computers Show," *New York Times*, August 7, 2003, https://www.nytimes.com/2003/08/07 /business/fannie-mae-s-loss-risk-is-larger-computer-models-show.html.

第七章　尋龍者

本章和其他關注索耐特的章節，主要是根據我對他的多次採訪，以及他於二〇〇三年出版的著作《股市為何會崩盤：複雜金融系統中的關鍵事件》（*Why Stock Markets Crash: Critical Events in Complex Financial Systems*）(Princeton University Press)。一些細節（比如針插氣球的比喻）是摘自《華爾街的物理學》（*The Physics of Wall Street*）中有關索耐特的一章：James Owen Weatherall, (Mariner Books, 2013)。

20. https://arxiv.org/abs/cond-mat/9510036.

第八章 那會使人瘋狂

21. Joseph Nocera, “A Skeptic Who Merits Skepticism,” *New York Times*, October 5, 2005, https://www.nytimes.com/2005/10/01/business/a-skeptic-who-merits-skepticism.html.
22. David A. Shaywitz, “Shattering the Bell Curve,” *Wall Street Journal*, April 24, 2007, https://www.wsj.com/articles/SB117736979316179649.
23. Gregg Easterbrook, “Possibly Maybe,” *New York Times*, April 22, 2007, https://www.nytimes.com/2007/04/22/books/review/Easterbrook.t .html.

第九章 極暗隧道

24. Vikas Bajas, “Panicky Sellers Darken Afternoon on Wall Street,” *New York Times*, October 9, 2008, https://www.nytimes.com/2008/10/10/business/10markets.html.
25. Phil Izzo, “Economists Expect Crisis to Deepen,” *Wall Street Journal*, October 10, 2008, https://www.wsj.com/articles/SB122349368554816267.
26. Bill Condie, “Secret of the Black Swan— How a Trader Forecast the Crash and Cashed In,” *Evening Standard*, April 11, 2012, https://www.standard.co.uk/business/secret-of-the-black-swan-how-a-trader-forecast-the-crash-and-cashed-in-6867331.html.
27. 我出席了這場演講。

第十章 夢想與夢魘

28. “Overheard,” *Wall Street Journal*, February 14, 2009, https://www.wsj.com/articles/SB123457658749086809.
29. https://www.wsj.com/articles/SB10001424052748704471504574443600711779692.
30. Paul Krugman, “The Big Inflation Scare,” *New York Times*, May 28, 2009, https://www.nytimes.com/2009/05/29/opinion/29krugman.html.

31. https://www.pewresearch.org/social-trends/2020/01/09/trends-in-income-and-wealth-inequality/.
32. 塔雷伯第一次告訴我他參與前沿基金會大師課的情況。文中的引述是取自Edge.org網站的簡報影片，https://www.edge.org/events/the-edge-master-class-2008-a-short-course-on-synthetic-genomics.
33. John Naughton, "John Brockman: The Man Who Runs the World's Smartest Website," *Guardian*, January 7, 2012, https://www.theguardian.com/ technology/2012/jan/08/john-brockman-edge-interview-john-naughton.

第十一章　閃電崩盤

34. https://www.wsj.com/articles/SB10001424052748704340504575447950667158906.
35. Jane J. Kim, "Preparing for the Next 'Black Swan,'" *Wall Street Journal*, August 21, 2010, https://www.wsj.com/articles/SB10001424052748703791804575439562361453200.
36. https://arxiv.org/ftp/arxiv/papers/0911/0911.0454.pdf.
37. Seth Lubove and Miles Weiss, "Black Swans Boom as So Much Else Goes Bust," *Financial Review*, October 7, 2011, https://www.afr.com/markets/black-swans -boom-as-so-much-else-goes-bust-20111007-i46pg.

第十二章　混亂聚落

38. 塔雷伯與雅克金向我描述塔雷伯與薩默斯的辯論。這場辯論的語錄是摘自https://www.yahoo.com/entertainment/news/larry-summers-takes-fight -nassim-172010890.html與https://www.marketwatch.com/story/too-big-to-fail-battle-between-larry-summers-nassim-taleb-1400205931.
39. Video, 37:40, https://arxiv.org/ftp/arxiv/ papers/0911/0911.0454.pdf.

第十三章　波動性末日

40. 我訪問藍納多。

41. Corrie Driebusch and Riva Gold, "Wild Week for Stocks Ends in Gain-Final-Hour Bounce Caps Worst Week in Two Years for U.S. Equities, With Volatility Seen Ahead," *Wall Street Journal*, February 10, 2018.
42. https://www.berkshirehathaway.com/letters/2017ltr.pdf.
43. https://www.calpers.ca.gov/docs/board-agendas/201908/invest/transcript-ic20190819 _a.pdf.

第十四章　現實世界就是這樣

44. David Wallace-Wells, "Why Was It So Hard to Raise the Alarm on the Coronavirus?," *New York*, March 26, 2020, https://nymag.com/intelligencer/2020/03/why-was-it-so-hard-to-raise-the-alarm-on-coronavirus.html.
45. 我訪問塔雷伯。
46. William D. Cohan, "'No Longer Tethered to the Fundamentals': A Nassim Taleb Protege on How to Prepare for the Coming Market Crash," *Vanity Fair*, February12, 2020, https://www.vanityfair.com/news/2020/02/nassim-taleb-protege-on-how -to-prepare-for-coming-market-crash.
47. https://www.youtube.com/watch?v=xiBjBkXBHLw.
48. 我訪問史匹茲納格爾。
49. https://www.wsj.com/articles/wall-street-and-white-house-diverge-on-coronavirus-11583553510.

第十五章　樂透彩券

50. https://www.institutionalinvestor.com/article/b1l6npn5lqyd8g/Board-Member-Says-CalPERS-Kept-Quiet-About-Cutting-Tail-Hedge-Strategy.
51. https://www.institutionalinvestor.com/article/b1lft49hkwdjpv/CalPERS-CIO-Called-Out-By-Ex-Head-of-Tail-Risk-Program.
52. Cezary Podkul, "Calpers Unwound Hedges Just Before March's Epic Stock Selloff," *Wall Street Journal*, April 18, 2020, https://www.wsj.com/articles/calpers-unwound-hedges-just-before-marchs-epic-stock-selloff-11587211200.
53. https://www.wsj.com/articles/hedge-fund-star-behind-4-000-coronavirus-return-peers-into-crystal-ball-11586343603.

54. https://www.forbes.com/sites/antoinegara/2020/04/13/how-a-goat-farmer-built-a-doomsday -machine-that-just-booked-a-4144-return/?sh=556697a3b1ba.
55. https://dealbreaker.com/2020/04/long-tail-universa-aqr-covid-19.
56. Julia Segal, "The Inside Story of CalPERS' Untimely Tail-Hedge Unwind," *Institutional Investor*, April 14, 2020, https://www.institutionalinvestor.com/article/b1l65mvpw5xpts/The-Inside-Story-of-CalPERS-Untimely-Tail-Hedge-Unwind.
57. Thornton McEnery, "Billionaire Cliff Asness' Hedge Fund AQR Hit with $43B COVID-19 Losses," *New York Post*, April 9, 2020, https://nypost.com/2020/04/09/billionaire-cliff-asness-hedge-fund-aqr-hit-with-43b-covid-19-losses/.
58. https://papers.ssrn.com/sol3/papers.cfm?abstract_id=3599179.

第十六章　這個文明完蛋了

本章主要是根據我對瑞德的多次採訪以及他的演講影片。

59. https://www.weforum.org/agenda /2020/01/greta-speech-our-house-is-still-on-fire-davos-2020/.
60. https://www.theguardian.com/science/2018/sep/01/swedish-15-year-old-cutting-class-to-fight-the-climate-crisis.
61. https://www.youtube.com/watch?v=H8prVarP-rQ.
62. https://longplayer.org/lettersto-nassim-nicholas-taleb/.
63. https://iai.tv/video/in-the-beginning-was-nature.

第十七章　轉向滅絕

這一章主要根據我對巴爾楊的多次採訪以及廣泛閱覽他的研究。

64. https://necsi.edu/how-community-response-stopped-ebola.

第十八章　破產是永遠的

這裡可以看到《預防原則》：https://arxiv.org/pdf/1410.5787.pdf.

65. https://www.nytimes.com/2021 /08/18/magazine/superweeds-monsanto.html.
66. https://www.theguardian.com/environment/2022/jan/18/chemical-pollution-has-passed-safe-limit-for-humanity-say-scientists.
67. http://noahpinionblog.blogspot.com/2014/01/of-brains-and-balls-nassim-talebs-macro.html.
68. https://necsi.edu/climate-models-and-precautionary-measures.

第十九章　那太遲了

這一章是根據我對利特曼做的多次採訪，以及他在明尼亞波里斯聯邦準備銀行的職涯描述。https:// www.minneapolisfed.org/article/2019/interview-with-robert-litterman.

69. https://www.democrats.senate.gov/climate/hearings/climate-crisis-committee-to-hold-hearing-on-economic-risks-of-climate-change.
70. https://www.pnas.org/content/116/42/20886.

第二十章　賭博

71. https://www.budget.senate.gov/imo/media/doc/Robert%20Litter man%20-%20Testimony%20-%20U.S.%20Senate%20Budget%20Committee%20Hearing.pdf.

第二十一章　超越臨界點

72. https://www.theguardian.com/environment/2020/sep/02/ground-zero-of-lies-on-climate-artists-protest-at-london-thinktanks.
73. https://writersrebel.com/rupert-reads-court-statement/.
74. https://lifeworth.com/deepadaptation.pdf.

75. https://www.vice.com/en/article/vbwpdb/the-climate-change-paper-so-depressing-its-sending-people-to-therapy.
76. https://www.bbc.com/news/stories-51857722.
77. https://www.cell.com/joule/fulltext/S2542-4351(22)00410-X.
78. https://www.wsj.com/articles/green-finance-goes-mainstream-lining-up-trillions-behind-global-energy-transition-11621656039.
79. https://www.blackrock.com/us/individual/larry-fink-ceo-letter.
80. Jinjoo Lee, "Exxon's Well-Timed Hop onto Carbon-Capture Bandwagon," *Wall Street Journal*, February 8, 2021, https://www.wsj.com/articles/exxons-well-timed-hop-onto-carbon-capture-bandwagon-11612785602.
81. 傑西・詹金斯教授（Jesse Jenkins）在二〇二二年九月接受《Ezra Klein Show》播客的訪問。
82. Mika Rantanen et al., "The Arctic Has Warmed Nearly Four Times Faster Than the Globe since 1979," *Nature*, August 11, 2022, https://www.nature.com/articles/s43247-022-00498-3.
83. Louis Sahagun, "Risk of Catastrophic California 'Megaflood' Has Doubled Due to Global Warming, Researchers Say," *Los Angeles Times*, August 12, 2022, https://www.latimes.com/environment/story/2022-08-12/risk-of-catastrophic-megaflood-has-doubled-for-california.
84. Sam Metz and Kathleen Ronayne, "Crisis Looms Without Big Cuts to Over-Tapped Colorado River," *Associated Press,* August 19, 2022, https://apnews.com/article/las-vegas-arizona-lakes-colorado-91409f8e5f4e2270899d19b3e0 e41985.

第二十二章　盲目飛行

85. Barton Gellman, "Trump's Next Coup Has Already Begun," *Atlantic*, December 6, 2021, https://www.theatlantic.com/magazine/archive/2022/01/january-6-insurrection-trump-coup-2024-election/620843/.
86. https://v-dem.net/media/publications/dr_2022.pdf.
87. https://www.brookings.edu/research/is-democracy-failing-and-putting-our-economic-system-at-risk/.
88. https://www.knkx.org/2021-06-28/the-pacific-northwest-has-limited-a-c-making-the -heat-wave-more-dangerous.
89. 我訪問木星情報公司的執行長瑞奇・索爾金（Rich Sorkin）。
90. 我訪問施瑪巴赫。

91. https://www.aon .com/reputation-risk-report-respecting-grey-swan/index.html.

第二十三章 風險的大難題

92. Peter Coy, "The Risk-Return Trade-Off Is Phony," *New York Times*, November 15, 2021, https://www.nytimes.com/2021/11/15/opinion/risk-investing-market-hedge.html.

第二十四章 通往末日的台階

93. Elaine Yu and Caitlin Ostroff, "Bitcoin's Price Climbs Above $20,000 After Sharp Crypto Selloff," *Wall Street Journal*, June 19, 2022, https://www.wsj.com/articles/bitcoins-price-falls-below-20-000-11655542641.
94. Alexander Osipovich, "The 30-Year-Old Spending $1 Billion to Save Crypto," *Wall Street Journal*, August 23, 2022, https://www.wsj.com/articles/crypto-bitcoin-ftx-bankman-fried-11661206532.
95. Christine Emba, "Why 'Longtermism' Isn't Ethically Sound," *Washington Post*, September 5, 2022, https://www.washingtonpost.com/opinions/2022/09/05/longtermism-philanthropy-altruism-risks/.
96. https://www.project-syndicate.org/commentary/ethical-implications-of-focusing-on-extinction-risk-by-peter-singer-2021-10.
97. https://www.abc.net.au/religion/rupert-read-the-dangers-of-longtermism/13977152.
98. https://www.morningstar.com.au/insights/stocks/219544/global-market-report-09-march.
99. Akane Otani and Karen Langley, "The Classic 60-40 Investment Strategy Falls Apart," *Wall Street Journal*, November 13, 2022, https://www.wsj.com/articles/investment-retirement-stocks-bonds-market-11668015638.
100. https://www.bloomberg.com/news/articles/2022-06-03/black-swan-investor-watching-for-greatest-credit-bubble-to-pop.
101. https://oc-vp-distribution03.ethz.ch/mh_default_org/oaipmh-mmp/8f881c6a-93c1-48e5-8119-f0d6ed75ace6/933bfbad-a6c1-43c1-adf8-541139d05d3b/20220412 _HGF30_AV_Sornette.mp4.
102. https://www.un.org/sg/en/content/sg/press-encounter /2022-09-09/secretary-general%E2%80%99s-remarks-press-conference-the-foreign-minister-of-pakistan-bilawal-bhutto-zardari.

103. Editorial Board, "Foreboding New Studies Show the Climate Battle Is Not Over," *Washington Post*, August 14, 2022, https://www.washingtonpost.com/opinions/2022/08/14/climate-change-studies-warming-antarctica/.

104. https://twitter.com/msnbc/status /1575139361133404161.

105. Zachary T. Sampson, "Absolute Devastation: Hurricane Ian Decimates Fort Myers Beach," *Tampa Bay Times*, September 29, 2022, https://www.tampabay.com/hurricane/2022/09/29/absolute-devastation-hurricane-ian-decimates-fort-myers-beach/.

106. "NASA's DART Mission Hits Asteroid in First-Ever Planetary Defense Test," September 26, 2022, https://www.nasa.gov/press-release/nasa-s-dart-mission-hits-asteroid-in-first-ever-planetary-defense-test.

財經企管 BCB828

黑天鵝投資大師們

洞悉極端事件的本質，在混沌時局發現投資機會的那群人

Chaos Kings: How Wall Street Traders Make Billions in the New Age of Crisis

作者 —— 史考特．派特森（Scott Patterson）
譯者 —— 洪慧芳

總編輯 —— 吳佩穎
總監暨責任編輯 —— 陳雅如
校對 ——林映華、蘇鵬元
封面設計 —— 陳文德

出版者 —— 遠見天下文化出版股份有限公司
創辦人 —— 高希均、王力行
遠見・天下文化 事業群榮譽董事長 —— 高希均
遠見・天下文化 事業群董事長 —— 王力行
天下文化社長 —— 王力行
天下文化總經理 —— 鄧瑋羚
國際事務開發部兼版權中心總監 —— 潘欣
法律顧問 —— 理律法律事務所陳長文律師
著作權顧問 —— 魏啟翔律師
社址 —— 台北市 104 松江路 93 巷 1 號

讀者服務專線 —— 02-2662-0012 ｜ 傳真 —— 02-2662-0007, 02-2662-0009
電子郵件信箱 —— cwpc@cwgv.com.tw
直接郵撥帳號 —— 1326703-6 號　遠見天下文化出版股份有限公司

電腦排版 —— 綠貝殼資訊有限公司
製版廠 —— 東豪印刷股份有限公司
印刷廠 —— 祥峰印刷事業有限公司
裝訂廠 —— 聿成裝訂股份有限公司
登記證 —— 局版台業字第 2517 號
總經銷 —— 大和書報圖書股份有限公司 電話／ (02)8990-2588
出版日期 —— 2024 年 02 月 22 日第一版第 1 次印行

定價 —— NT 500 元

ISBN —— 978-626-355-628-7
EISBN ——978-626-355-627-0（EPUB）、978-626-355-626-3（PDF）

書號 —— BCB828
天下文化官網 —— bookzone.cwgv.com.tw

國家圖書館出版品預行編目（CIP）資料

黑天鵝投資大師們：洞悉極端事件的本質，在混沌時局發現投資機會的那群人 / 史考特．派特森（Scott Patterson）著；洪慧芳譯 .-- 臺北市：遠見天下文化出版股份有限公司，2024.02
384 面；14.8x21 公分（財經企管；BCB828）
譯自：Chaos kings : how Wall Street traders make billions in the new age of crisis
ISBN 978-626-355-628-7（平裝）

1. CST：財務策略 2. CST：金融危機 3. CST：股票投資 4. CST：美國

494.7　　112022773

天下文化

BELIEVE IN READING